高等院校数学课程改革创新系列教材

计算机数学

游安军　编　著

電子工業出版社
Publishing House of Electronics Industry
北京 · BEIJING

内容提要

“计算机数学”是计算机类专业的一门基础课，它描述了计算机科学离散性的特点。全书共分6章，深入浅出地介绍了数字系统，集合、关系和函数，命题逻辑、谓词和量词、推理规则，算法基础（欧氏算法、递归算法等），图论，树和二叉树等基础知识。同时各章节配备了适量的习题供读者练习，以便读者切实掌握相应的数学知识，增强应用能力。

本书编排方式新颖，例题丰富详尽，语言通俗易懂，叙述清新自然，是计算机类专业数学基础的极佳入门教材，尤其体现了数学课为计算机技术人才培养服务的理念，特别适合作为高等学校应用型本科和高职高专计算机类专业的数学教材，也可供计算机领域的其他工程技术人员阅读和参考。

图书在版编目（CIP）数据

计算机数学/游安军编著．—北京：电子工业出版社，2013.9
高等院校数学课程改革创新系列教材
ISBN 978-7-121-21429-5

Ⅰ.①计… Ⅱ.①游… Ⅲ.①电子计算机-数学基础-高等学校-教材 Ⅳ.①TP301.6

中国版本图书馆CIP数据核字(2013)第212284号

策划编辑：朱怀永
责任编辑：朱怀永
印　　刷：涿州市般润文化传播有限公司
装　　订：涿州市般润文化传播有限公司
出版发行：电子工业出版社
　　　　　北京市海淀区万寿路173信箱　邮编100036
开　　本：787×1092　1/16　印张：16.25　字数：416千字
版　　次：2013年9月第1版
印　　次：2023年9月第10次印刷
定　　价：32.80元

凡所购买电子工业出版社图书有缺损问题，请向购买书店调换。若书店售缺，请与本社发行部联系，联系及邮购电话：(010)88254888。

质量投诉请发邮件至zlts@phei.com.cn，盗版侵权举报请发邮件至dbqq@phei.com.cn。

服务热线：(010)88258888。

前　言

作为计算机数学的入门教材，本书主要介绍计算机技术、信息科学中所涉及的最基础的数学知识。其目的是不仅展示数学的应用性，而且通过数学知识的扩展来培养学生的逻辑思维和抽象能力，为计算机专业学生的可持续发展建立必要的基础。

编写说明

20 世纪著名数学家，德国哥廷根学派的重要成员 R. 柯朗在其名著《What is Mathematics》(1941 年)中说，"两千多年来，人们一直认为每一个受教育者都必须具备一定的数学知识。但是今天，数学教育的传统地位却陷入了严重的危机之中，而且遗憾的是，数学工作者要对此负一定的责任。……数学研究已经出现一种过分专门化和过于强调抽象的趋势，而忽视了数学的应用以及与其他领域的联系，不过，这种状况丝毫不能证明紧缩数学教育的政策是合理的。相反，那些醒悟到培养思维能力的重要性的人，必然会采取完全不同的做法，即更加重视和加强数学教学。"转眼 70 多年过去了，数学教育中"忽视了数学的应用以及与其他领域的联系"的状况仍然没有实质性的改观，我国学校教育尤其如此。近十多年来，随着我国高等教育的大众化和普及化，尤其是高等职业教育的迅速发展，这种状况已经到了迫不得已必须要变革的时候了。也就是说，大学数学课程再也不能仅仅停留在"培养思维能力"的层面，还必须为学生的专业知识学习和能力发展提供实在的支持。鉴于这种考虑，很长时间以来我们一直都在思考计算机专业的数学课程建设问题。为此，我们认真学习了国内许多学者编写的《计算机数学》教材，虽然受到一些启发，但还是觉得不满意。这主要表现在：一是内容选取不恰当，没有体现出为计算机专业服务的个性特点；二是沿袭着比较传统的学科体系的编写思路。于是，我们把眼睛转向了国外比较流行的相关教材，通过不断地学习、比较和实践，我们采取了与国内诸多教材完全不同的编写思路和内容设计。

这门课程的内容可以有不同选择。国内多个版本的《计算机数学》教材都包含着传统的微积分，或者个别教材使用数学软件 Mathematica 或 Matlab 进行编程实践。我们认为，对计算机专业来说，这些内容并不是最重要的，其实用价值也不是最高的。于是，我们放弃了比较传统的微积分和线性代数等内容，而把离散数学作为计算机数学的主体。它包括数的进制，集合、关系和函数，命题逻辑和量词，算法基础，图论、树和二叉树等基础知识。这与大家已经见到的、由国内学者编写的《计算机数学》有非常大的差异。

同时，那些教材基本上没有算法实践，而本教材比较重视编程和算法设计。算法是计算机数学应用的重要方面，教材中的算法程序(段)和过程都以伪代码的形式给出。这样做能更好地把数学知识与计算机应用融为一体，通过接触不同的算法来培养学生的编程能力，从而体现作为专业基础的数学课程直接为计算机专业服务的理念。

再者，本教材所列出的主题有自己特别的安排顺序。经验告诉我们，过早地介绍命题与逻辑，效果可能并不理想。考虑到学生的数学基础，先讲解集合、关系和函数等相对比较熟悉的内容可能是恰当的；然后再对逻辑给出清晰的阐述。而所有的不同都体现了我们对这门课程的独特理解。

尽管我们已经付出了十分艰辛的努力，但本教材仍然会存在诸多不足，尤其是在内容选取和编排方式上。如果读者朋友有任何的改进教材的建议，请发送邮件到 anjun65@sina. com，我们会非常认真地听取并做出积极的响应。

致学生

对于刚刚结束高中阶段学习进入到大学计算机专业的学生来说，也许并不喜欢数学，但在大学第一年的学习中，数学是重要的必不可少的基础课程。计算机及其相关领域里的许多工作都与编程或编程思想有着千丝万缕的联系，而其中但凡有点创造性的工作都是基于编程的。这些工作对逻辑思维和抽象能力有比较高的要求，学习数学是达到这种要求的重要途径。因此，我们建议读者根据“取法其上，得乎其中；取法其中，得乎其下；取法其下，则法不得也”的思路，尽自己的最大努力多学一些数学知识，给自己预留多一点发展空间。尽管这样做有时候是比较辛苦的，而一旦掌握了数学知识，你就会发现，在计算机领域之外，这些知识也大有裨益。

阅读本书基本上不需要微积分和计算机方面的知识预备。但是，如果你已经掌握了基础水平的高中数学，或曾经历过程序设计方面的练习，读起来会更加轻松自如。考虑到同学们以前的数学基础和学习兴趣，我们花费了相当大的精力尽量把数学知识讲得更加的浅显易懂，但初学者可能还是会感到有点不适应。此时你需要沉静和一些耐心，以及咬住青山不放松的勇气。人类历史上最伟大的数学家牛顿和高斯之所以能在数学上做出如此多的贡献，不仅因为他们天资聪慧，还因为他们在伟大工作上的长期准备和不间断地思考。因此，只要我们不间断地思考，就应该相信自己在老师和周围同学的帮助下能够克服暂时的困难，取得实质性的数学进步。

数学不像其他学科，如历史学、医药学、法律等，有大量的内容需要记忆。数学学习最重要的是理解和运用，而理解与运用总是相互依存的。为了获得理解，经常需要从一些特例出发，再推及较大或更广的范围，从而达到抽象的层次；或者是反复考察数学定义所涉及的正面和反面的例证。读数学书时一定要养成用实例论证的习惯。因此，本书包含了极其丰富的例题和适量的习题，它们是每一章节的重要组成部分。解决这些问题是你理解数学知识和扩展抽象能力的必要环节。因为无论一个概念看上去是多么的简单，如果不通过实例的演练，你根本无法完全掌握。尽可能多地做练习，你才能从本书中获得最大的益处。

虽然本书的附录提供了许多习题的解答，但我们还是期待读者能够通过自己的努力解决它们，因为解题所需要的抽象力、理解力是其他任何人都无法代为传授的，它们是在

“做”与“思”的过程中所达到的对数学知识的升华。

致教师

对于长期讲授连续性数学(比如微积分)的教师来说,本书中的个别内容或许有点陌生。但是,所有的这些内容对计算机专业来说都是基础的和重要的。尽管我们习惯于在自己熟悉的知识领域里工作,计算机专业的数学教师还是应该在课程内容的取向上做出积极的改变。就内容的针对性而言,《计算机数学》比传统的《高等数学》更能为计算机技术课程提供必要的知识基础,所以我们尝试着做出这种改变。虽然我国高等职业院校已经有学者编写并出版了类似名称的教材,但如此巨大的改变在已经过去的十多年时间里几乎没有存在过。而把这门课程付诸实践,必然会调整数学教师的知识结构和教学方法。这一切都需要相当的勇气和持之以恒的努力。

关于本教材,建议的学时数约为 72 个左右,各个学校可根据自己的实际情况适当安排。同时,我们建议本课程与“C 语言程序设计”课程同期进行教学,而且担任本课程教学的数学教师懂一点 C 语言知识。我们推荐师生协同的小组合作学习模式,让学生充分地参与到教学过程之中讨论学习内容,并自主完成相应的练习,这样做的效果会比较好。不要低估学生的自主学习能力,相反,要改变的是自己的教学观念、教学设计和课堂管理。而算法部分的许多内容还需要老师组织学生写出相应的 C 程序,并上机实践。

致 谢

首先感谢国内外的许多学者,美国的 Richard Johnsonbaugh, David Makinson, Kenneth H. Rosen 及中国的邓辉文等。他们的著作给我们提供了重要材料和写作思路。同时也非常感谢珠海城市职业技术学院工程与信息学院院长刘辉珞教授。他不仅深深地知道数学在技术性学科和经济管理中的重要性和应用性,而且对高等职业教育数学课程改革的难度有充分的估计。因此,多年来他一直鼓励我们要抓住高等职业发展教育的契机,从课程和教材建设入手,真正地行动起来,在高等职业教育领域的数学课程建设与教学改革方面做出一些有影响的创新性工作。本书的写作和出版承载着他厚厚的期待。

感谢珠海城市职业技术学院工程与信息学院计算机教研室的所有同事,从与这个集体里众多优秀老师的交流和讨论中,我们获得了许多有益的意见。珠海城市职业技术学院李平老师和人文社科系 2009 级胡晓珠、陈颖和叶聪玲等同学为本书的写作付出了大量的时间和精力,计算机应用技术专业 2011 级詹宏棍、曾碧芳等同学也为本书做了得力工作。珠海城市职业技术学院图书信息中心流通阅览部王海英主任为本书提供了重要的参考资料。珠海市第九中学的黎华女士耐心地绘制了本书中绝大多数的图表。在此一并致谢。

也要真诚地感谢帮助自己成长的许多朋友,而以下诸位是不得不提到的。他们是珠海城市职业技术学院原教务处处长张建夕副教授、工程与信息学院陈国康副教授、人文社科系方守金教授、艺术设计系林跃明教授,以及沈国辉老师等。自 1993 年从湖北大学数学系硕士生研究生毕业到今天，我还能坚持自己的信念，忠于自己的土壤，尽自己的能力做一些有益于学生和学术的事情，这都得益于诸多朋友的提醒、督促和帮助。感谢他们坚定了我的发展方向。

最后要感谢电子工业出版社束传政和朱怀永先生，正是因为他们对高等职业教育数学课程与教材建设有着独到的、前瞻性的认识，才使得本书最终能与广大读者见面。

著　者

2013 年 6 月于珠海

目　录

第 0 章　数字系统

计算机是一个逻辑运算机器。它借助于电子线路的 on(开)和 off(关)两种状态的组合来表达信息,这两种状态在数学里被解释为 1 和 0。而其他的数、文字或字符都要通过这两个数字进行相应的编码,才能被计算机理解。因此,以 0 和 1 为代码的二进制是计算机技术的数学基础。本章主要介绍二进制计数系统和位的简单知识。

0.1　数的进制

十进制是我们熟悉的计数系统,它用十个符号 0,1,2,3,4,5,6,7,8,9 来表示整数。在表示一个整数时,符号的位置(也就是我们过去常说的位置值原则)是重要的:从右边开始,第一个符号表示 1($1=10^0$)的个数,第二个符号表示 10($10=10^1$)的个数,第三个符号是 100($100=10^2$)的个数,…,第 n 个符号代表 10^{n-1} 的个数,等等。例如,$73854=7\times10^4+3\times10^3+8\times10^2+5\times10^1+4\times10^0$。我们把系统所基于的那个数(十进制系统就是 10)称为基数。

计算机科学要用到 10 以外的基数。比如,二进制就是以 2 为基数的计数系统。下面我们讨论二进制系统。

在二进制数字系统(基数为 2)中,只用两个符号 0 和 1 来表示一个整数。从右边开始,第一个符号表示 1($1=2^0$)的个数,第二个符号表示 2($2=2^1$)的个数,第三个符号是 4($4=2^2$)的个数,第四个表示 8($8=2^3$)的个数,…,第 n 个位置的符号表示 2^{n-1} 的个数。比如,二进制数 101011111_2 可以化为十进制数

$$1\cdot2^8+0\cdot2^7+1\cdot2^6+0\cdot2^5+1\cdot2^4+1\cdot2^3+1\cdot2^2+1\cdot2^1+1\cdot2^0=351$$

如果不知道使用的是什么数制系统,一个数字所表示的意义将是含混的。比如,101101 在十进制中表示某个数,在二进制中则表示完全不同的另一个数。通常情况下,读者能从上下文知道所用的是什么数制。但是,如果我们要完全地明确表示一个数,就把基数作为下标来标记所用的数制系统——十进制用下标 10,二进制用下标 2,等等。例如,二进制的 101101 用 101101_2 来表示,十进制的 101101 用 101101_{10} 来表示。

例 0.1.1

二进制数 101101_2 表示此数由一个 1、没有 2、一个 4、一个 8、没有 16、一个 32 等组成。它可以表示为

$$101101_2=1\cdot2^5+0\cdot2^4+1\cdot2^3+1\cdot2^2+0\cdot2^1+1\cdot2^0$$

用十进制计算上面式子的右边,得出

$$
\begin{aligned}
101101_2 &= 1\cdot 2^5+0\cdot 2^4+1\cdot 2^3+1\cdot 2^2+0\cdot 2^1+1\cdot 2^0\\
&=32+8+4+1\\
&=45_{10}
\end{aligned}
$$

此例告诉我们,如何把一个二进制数转换为一个十进制数。

下面考虑相反的问题——把一个十进制数转换为一个二进制数,例如,要把十进制数 91 转换为二进制数。首先我们用 91 除以 2,得到

$$91=2\cdot 45+1 \tag{0.1.1}$$

再把 45 除以 2,得

$$45=2\cdot 22+1 \tag{0.1.2}$$

把上式的 45 代入式(0.1.1),得

$$
\begin{aligned}
91 &= 2\cdot 45+1\\
&=2\cdot(2\cdot 22+1)+1\\
&=2^2\cdot 22+2+1
\end{aligned} \tag{0.1.3}
$$

再把 22 除以 2,得

$$22=2\cdot 11$$

将它代入式(0.1.3),得

$$
\begin{aligned}
91 &= 2^2\cdot 22+2+1\\
&=2^2\cdot(2\cdot 11)+2+1\\
&=2^3\cdot 11+2+1
\end{aligned} \tag{0.1.4}
$$

再把 11 除以 2,得

$$11=2\cdot 5+1$$

将它代入式(0.1.4),得

$$91=2^4\cdot 5+2^3+2+1 \tag{0.1.5}$$

再把 5 除以 2,得

$$5=2\cdot 2+1$$

将它代入式(0.1.5),得

$$
\begin{aligned}
91_{10} &= 2^5\cdot 2+2^4+2^3+2+1\\
&=2^6+0+2^4+2^3+0+2+1\\
&=1011011_2
\end{aligned}
$$

上面的计算表明,当 N(或商)逐次被 2 除时所得的余数,就给出了 N 的二进制表示的各个位置上的数。在(0.1.1)式中,第一次被 2 除的余数就是最低位(1 的个数),在(0.1.2)式中,第二次被 2 除的余数就是代表 2 的个数的位,等等。

例 0.1.2

把十进制 131 写为二进制。

下面的计算表明,逐次被 2 除,余数就是从右边开始的各个二进制位。

2) 131　余数=1　2^0 的位
2) 65　余数=1　2^1 的位
2) 32　余数=0　2^2 的位
2) 16　余数=0　2^3 的位
2) 8　余数=0　2^4 的位
2) 4　余数=0　2^5 的位
2) 2　余数=0　2^6 的位
2) 1　余数=1　2^7 的位
0

直到所除得的商数为0时，停止计算。第一次被2除的余数就是最低位(1的个数)，第二次被2除的余数就是表示2的个数的位，等等。也就是说，将所得余数从下往上排列为从左向右的形式，我们就得出：

$$131_{10}=10000011_2$$

十进制数相加的方法也可以用于二进制数相加，但是，我们要把十进制加法表用二进制加法表代替，见表0.1.1。

表 0.1.1

+	0	1
0	0	1
1	1	10

在十进制中，1+1=2，且 $2_{10}=10_2$。所以，在二进制中，1+1=10。

例 0.1.3

把二进制数10011011和1001011相加。

我们把问题写为

$$\begin{array}{r} 10011011 \\ +\quad 1001011 \\ \hline \end{array}$$

与十进制加法一样，我们从右边开始，把1和1相加，其和为 10_2，于是我们写出0并有进位1。此时计算成为

$$\begin{array}{r} 1\\ 10011011 \\ +\quad 1001011 \\ \hline 0 \end{array}$$

下面，把三个1相加，得 11_2 写出1，还有进位1。此时，计算成为

$$\begin{array}{r} 1\quad \\ 10011011 \\ +\quad 1001011 \\ \hline 10 \end{array}$$

继续此法,我们得出

$$
\begin{array}{r}
1001\ 1011 \\
+\quad 100\ 1011 \\
\hline
1110\ 0110
\end{array}
$$

在计算机系统中,重要的数制还有八进制和十六进制的系统。下面我们讨论十六进制系统,而把八进制系统作为练习题。

在十六进制系统中,表示整数的符号是:0,1,2,3,4,5,6,7,8,9,A,B,C,D,E 和 F 共 16 个字符,其中的符号 A~F 代表十进制数的 10~15(一般来说,N 进制的系统,需要 N 个不同的符号来表示 0,1,2,…,$N-1$)。在表示一个整数时,从右边开始,第一个符号表示 1 的个数,第二个符号表示 16 的个数,第三个符号表示 16^2 的个数,…,第 n 个位置的符号表示 16^{n-1} 的个数,等等。

例 0.1.4

把十六进制数 B4E 转换为十进制数。

我们有

$$
\begin{aligned}
B4E_{16} &= 11\cdot 16^2 + 4\cdot 16^1 + 14\cdot 16^0 \\
&= 11\cdot 256 + 4\cdot 16 + 14 \\
&= 2816 + 64 + 14 \\
&= 2894_{10}
\end{aligned}
$$

类似于二进制的讨论,要把一个十进制数转换为十六进制数,我们逐次把它(或者商)除以 16,所得的余数就给出了十六进制的各个数位上的符号。

例 0.1.5

把十进制数 20385 转换为十六进制数。

用 20385(或商)依次除以 16,余数就是从右边开始的各个十六进制位上的符号。

16)20385	余数=1	16^0 的位
16) 1274	余数=10=A	16^1 的位
16) 79	余数=15=F	16^2 的位
16) 4	余数=4	16^3 的位
0		

一直到商数为 0 时,停止计算。第一次被 16 除的余数就是最低位(1 的个数),第二次被 16 除的余数就是 16 的位置上的数,如此等等,我们得出:

$$20385_{10} = 4FA1_{16}$$

下面的例子表明,我们可以用十进制数相加的方法来进行十六进制数的相加。

例 0.1.6

把十六进制数 84A 和 42EF 相加。

问题可以写为

$$\begin{array}{r} 84A \\ +\ 42EF \\ \hline \end{array}$$

我们从最右边开始，把 F 和 A 相加。由于 F 是 15_{10}，A 是 10_{10}，所以

$$\begin{aligned} F + A &= 15_{10} + 10_{10} \\ &= 25_{10} \\ &= 19_{16}\text{（满 16 进 1，写出余下的 9）} \end{aligned}$$

$$\begin{array}{r} 1 \\ 84A \\ +\ 42EF \\ \hline 9 \end{array}$$

下面我们把 1，4 和 E 相加，满 16 进 1，写出余下的 3，得 13_{16}。

$$\begin{array}{r} 1 \\ 84A \\ +\ 42EF \\ \hline 39 \end{array}$$

继续照此进行，得到

$$\begin{array}{r} 84A \\ +\ 42EF \\ \hline 4B39 \end{array} \quad \text{对应的十进制加法是} \quad \begin{array}{r} 2122 \\ +\ 17135 \\ \hline 19257 \end{array}$$

例 0.1.7

将二进制数转换成八进制数或十六进制数的方法是：从最低位开始向左边按每 3 位（转换成八进制数）或每 4 位（转换成十六进制数）分组，最后不满 3 位或 4 位的，则填 0 补充，再将每组用对应的八进制数或十六进制数代替，即可得相应的八进制数或十六进制数。

把二进制 1110110100 转换成八进制。

二进制	1,110,110,100	每 3 位一组
	001,110,110,100	最高位补 0
八进制	1　6　6　4	结果

于是，$1110110100_2 = 1664_8$

把二进制 1110110100 转换成十六进制。

二进制	11,1011,0100	每 4 位一组
	0011,1011,0100	最高位补 0
16 进制	3　B　4	结果

于是，$1110110100_2 = 3B4_{16}$

例 0.1.8

将八进制数或十六进制数转换成二进制数的方法是:将八进制数和十六进制数的每一位用对应的 3 位或 4 位二进制数来表示即可(参见表 0.1.2)。

把八进制 327 转换成二进制。

八进制　　3　2　7

二进制　　011　010　111

于是,$327_8=011010111_2$

把十六进制 7A 转换成二进制。

十六进制　　7　　A

二进制　　0111　　1010

于是,$7A_{16}=1111010_2$

表 0.1.2

十进制	0	1	2	3	4	5	6	7	8	9	10	11	12	13	14	15
十六进制	0	1	2	3	4	5	6	7	8	9	A	B	C	D	E	F
八进制	0	1	2	3	4	5	6	7	10	11	12	13	14	15	16	17
二进制	0	1	10	11	100	101	110	111	1000	1001	1010	1011	1100	1101	1110	1111

习题 0.1

1. 把下列各二进制数改写为十进制数和十六进制数。

(1) 100101　(2) 101011　(3) 10011011　(4) 1100000

2. 把各十进制数表示为二进制数和十六进制数。

(1) 34　(2) 61　(3) 403　(4) 1024

3. 把下列二进制数相加。

(1) 1011+1110　　(2) 101011+1101

(3) 110110+101101　　(4) 101101+110101

4. 把十六进制数表示为十进制数和二进制数。

(1) 3A　(2) 1E9　(3) 3F7C　(4) A03

5. 把下列各十六进制数相加。

(1) 4A+B4　(2) 49F7+C6E　(3) 3B9C+9E2D

6. 2010 是一个二进制数吗?是一个十进制数吗?是一个十六进制数吗?

7. 1001010 是一个二进制数吗?是一个十进制数吗?是一个十六进制数吗?

8. 完成表 0.1.3 所列的八进制加法表。

表 0.1.3

+	0	1	2	3	4	5	6	7
0								
1								
2								
3								
4								
5								
6								
7								

9. 把下列八进制数转化为十进制数、二进制数、十六进制数。

(1) 73　　(2) 7654　　(3) 632　　(4) 207

0.2　位的知识

计算机中的数据和信息都要表示为 1 和 0 的组合。在这种组合的表达式中，我们把每 8 个二进制位合称为一个字节。比如，1101 0101 就是一个字节，0100 0001 1001 1101 就是两个字节，其中的每一个二进制位称为一个比特。我们可以从左至右给一个字节的 8 个位排序(依次记为从 7 至 0)。现在想象有这么一个字节，如图 0.2.1 所示。

	(最高位)							(最低位)
字位数	7	6	5	4	3	2	1	0
	0	1	0	0	1	0	0	1
位置值	128	64	32	16	8	4	2	1

图 0.2.1

在上图中，$128=2^7$，$64=2^6$，…，依此类推。因此，一个字节所能表示的最大数是各位均被置为 1 的数：1111 1111。该二进制数的值等于：

$$128+64+32+16+8+4+2+1=255$$

最小的二进制数是 0000 0000。所以，一个字节能存放从 0 到 255 这个范围内的数，总共有 256 个可能的值。

大多数计算系统的内存储器是由许许多多被称为字节的单元组成的。每一个字节有一个地址。每一个存储单元存放一个数据或一条指令。在微型机中一般以 4 个字节存放一个实数，以 2 个字节存放一个整数。为简化起见，下面我们只用一个字节存放一个整数。

如果存放的是带符号的数，通常将第 7 个字位放置符号，非负整数置为 0，负整数置为 1。比如，

+7　的原码为　0000 0111(最左边的 0 表示非负整数)

−7　的原码为　1000 0111(最左边的 1 表示负数)

二进制数 111 代表十进制的 7。如果用 2 个字节存放一个整数，情况是一样的。比如 +7 的原码为 0000 0000 0000 0111。

根据以上规则，0 的原码如下：

+0　的原码为　0000 0000

−0　的原码为　1000 0000

这样一来,表示同一个数 0 的 +0 和 −0 在内存中就有两个不同的形式,也就是说 0 的表示不是唯一的。这显然不适合于计算机的运算。下面介绍反码。

如果一个数值为正,则它的反码与原码相同。比如,

+7　的反码为　0000 0111

127　的反码为　0111 1111

+0　的反码为　0000 0000

如果一个数值为负,则其符号位仍为 1,其余各位是对原码取反(也就是把 0 换为 1,1 换为 0 所得)。比如,

−7　的反码为　1111 1000

−127　的反码为　1000 0000

−0　的反码为　1111 1111

此时,0 的表示仍是不唯一的。

原码和反码都不便于计算机的运算,因为在运算过程中要先判断各自的符号位,然后才能对后 7 位进行相应的处理,很不方便。为了将符号位和其他位进行统一处理,对减法也能按照加法来处理,这就需要补码。补码是这样规定的。

如果一个数是正数,其原码、反码、补码都相同。比如,

+7　的补码为　0000 0111

如果一个数是负数,其补码的最高位仍为 1,其余各位为原码的取反,然后对整个数再加 1。比如,

−7　的补码为　1111 1001

−0　的补码为　0000 0000

+0　的补码为　0000 0000

此时,+0 和 −0 的补码表示是相同的,也就是说,0 的补码是唯一的。十进制数与补码的对应关系见表 0.2.1。

表 0.2.1

数　值	补　码
0	0000 0000
−1	1111 1111
−2	1111 1110
…	…(往下不断减 1)
−127	1000 0001
−128	1000 0000
1	0000 0001
2	0000 0010
…	…(往下不断加 1)
126	0111 1110
127	0111 1111

从上表可以看出，一个字节能够存放从－128 到 127 这个范围内的符号数，总计仍是 256 个值。

由以上分析可知，计算机是以补码的形式存放数据的。那么十进制数减法在机器里是如何运算的呢？

例 0.2.1

计算机如何做 33－15？

首先，我们做一个变换，即换成加法思路。

$$33-15=33+(-15)$$

这里 33 是正数，其原码、反码和补码都相同，$33=0010\ 0001_2$。

而－15 是负数，$-15=1000\ 1111_2$，－15 的原码是 1000 1111。接着，符号位不变，对其他位取反(把 0 换为 1，1 换为 0)得－15 的反码为 1111 0000。再将反码的最低位加 1，得到－15 补码为 1111 0001。在计算机内，－15 就表示为 1111 0001。那么，

$$\begin{array}{r}33\\ \underline{+(-15)}\end{array}=\begin{array}{r}0010\ 0001\\ \underline{+\ 1111\ 0001}\\ 1\ 0001\ 0010\end{array}$$

在结果之中舍去最前面位上的 1(因为一个字节只能容纳 8 个二进制位)，答案为 $00010010_2=18$。这里的最前一位是 0 说明答案是非负的，此时它的原码、反码、补码是相同的。

例 0.2.2

计算 15－33。

首先要看成是 15＋(－33)，将－33 写成补码形式：1101 1110＋1＝1101 1111，于是

$$\begin{array}{r}15\\ \underline{+(-33)}\end{array}=\begin{array}{r}0000\ 1111\\ \underline{+\ 1101\ 1111}\\ 1110\ 1110\end{array}$$

在结果 1110 1110 之中的最左边一位是 1，这说明答案是负的。为了将负数的补码转换为十进制形式，要进行如下处理：补码的最高位不改动，其余各位取反，再加 1，这样就得到负数的原码。对 1110 1110 来说，最高位不动，其他位取反，得 1001 0001；再加上 1，得原码 1001 0010，因为 $0001\ 0010_2=18$，所以结果是－18。

无论采用什么样的大小模式，可以表示的整数大小都是有限的。一旦超过这个大小，就会产生一个具有溢出错误的结果。比如，用一个字节表示下式的运算：

$$\begin{array}{r}117\\ \underline{+\ 88}\end{array}=\begin{array}{r}0111\ 0101\\ \underline{+0101\ 1000}\\ 1100\ 1101\end{array}$$

这里的左边一位是 1，表明答案是负的。这说明在做两个正数的加法时，得出了一个负数，产生了一个溢出错误。在此，若用两个字节来表示，就不会出现溢出错误了。

在计算机中，表示集合的方式是多种多样的。一种办法是将集合的元素无序地存储

起来。如果是这样,做集合的并、交、差等运算时会浪费许多时间,因为这些运算将需要大量的元素检索。另一种方法是将全集中的元素按某种顺序存放,这种方法比较容易计算集合的组合。

设全集 U 是有限的。首先给 U 中的元素规定一个顺序,例如 $U=\{a_1,a_2,\cdots,a_n\}$。于是,可以用长度为 n 的位串表示 U 的子集 A:如果 $a_i\in A$,则位串中的第 i 位是 1;否则位串中的第 i 位是 0。

如果要系统地表示给定的非空集合的子集,也可以采用一种被称为 Gray 码(Gray code)的编码方案(参见参考文献[5]第 111 页)。

例 0.2.3

令 $U=\{1,2,3,4,5,6,7,8,9,10\}$,而且 U 的元素是从小到大排序的,也就是 $a_i=i$。下面用位串表示 U 中所有奇数的子集、所有偶数子集和不超过 5 的整数的子集。

表示 U 中所有奇数的子集$\{1,3,5,7,9\}$的位串,其第 1,3,5,7,9 位为 1,其他位为 0,即 10 1010 1010。

表示 U 中所有偶数的子集$\{2,4,6,8,10\}$的位串,其第 2,4,6,8,10 位为 1,其他位为 0,即 01 0101 0101。

表示 U 中不超过 5 的整数的子集$\{1,2,3,4,5\}$的位串为 11 1110 0000。

例 0.2.4

接上题,如果集合 $B=\{1,3,5,7,9\}$的位串是 10 1010 1010,那么我们可以求集合 B 的补集的位串。

用 0 取代 1,用 1 取代 0,即可得 01 0101 0101,这对应着集合$\{2,4,6,8,10\}$。

计算机的信息一般用字位的组合来表示,每个字位有两个可能的值,即 0 或 1。信息就是用 0 和 1 表示的字符序列或字位串。对字位可以进行一定的逻辑运算,这种字位运算对应于第 2 章所讨论的逻辑联结词,而对位串的运算也就是处理信息。为方便应用,列表于此,见表 0.2.2。

表 0.2.2

x	y	x∨y	x∧y
0	0	0	0
0	1	1	0
1	0	1	0
1	1	1	1

注:符号∨为逻辑运算或,∧表示运算与。

例 0.2.5

求位串 01 1011 0110 和 11 0001 1101 的按位或∨、位与∧进行的位运算。

解：

$$
\begin{array}{l}
01\ 1011\ 0110 \\
11\ 0001\ 1101 \\
\hline
11\ 1011\ 1111(\text{按}\vee) \\
01\ 0001\ 0100(\text{按}\wedge)
\end{array}
$$

例 0.2.6

令 $U=\{1,2,3,4,5,6,7,8,9,10\}$，集合 $A=\{1,2,3,4,5\}$ 和 $B=\{1,3,5,7,9\}$ 的位串分别是 11 1110 0000 和 10 1010 1010，我们可以用位串找出它们的并集的位串：

$$11\ 1110\ 0000 \vee 10\ 1010\ 1010=11\ 1110\ 1010$$

它对应的集合是 $\{1,2,3,4,5,7,9\}$。

它们的交集的位串：$11\ 1110\ 0000 \wedge 10\ 1010\ 1010=10\ 1010\ 0000$，它对应的集合是 $\{1,3,5\}$。

关于位运算的更多知识，读者可以参见参考文献[7]第 255 页。

习题 0.2

1. 写出下列各个十进制数的原码、反码和补码。

(1) 11　(2) -23　(3) 56　(4) -128

2. 仿照前面的例题，运用补码表达 $7+6$，$7-6$，$-7+6$ 的计算过程。

3. 写一个算法，使它能从一个给定的二进制数的原码得到该数的补码。

第 1 章 集合与关系

集合与函数的概念对应用数学来说是最基本的。所有的数学，以及依赖于数学的计算机科学(如程序设计、数据结构、数据库和软件工程等课程)都要使用这些基本概念。本章主要讲述集合、关系、关系数据库和函数等知识，其中有些是我们已经熟悉的。

1.1 集 合

集合用于把对象组合在一起，它已渗透到自然科学和社会科学的各个研究领域。在非数值信息的表示与处理中，可以借助于集合实现数据的查找、删除、插入、排序以及描述数据之间的关系。

集合论的创始人是著名的德国数学家康托(G. Cantor，1845—1918)。根据康托的朴素集合论观点，集合是具有某种特定性质的一些对象的整体。集合中的对象称为该集合的元素。例如，$C=\{a,b,c,\mathrm{d}\}$表示含有 4 个元素 a,b,c 和 d 的集合。注意，小写字母通常用来表示集合中的元素。通常情况下，一个集合中的元素都有相似的性质。例如，我们学校目前在册的所有学生可以组成一个集合。同样，某学校选修计算机数学课程的学生可以组成一个集合。

对集合进行描述有几种方式。如果一个集合是有限的或者是不太大，我们可以用列出其中的所有元素来对它进行描述。例如，式子

$$A=\{1,3,5,7,9\} \tag{1.1.1}$$

描述了一个有 5 个元素 1,3,5,7 和 9 的集合。一个集合由其中的元素确定，与元素排列的次序无关。因此，A 也可表示为

$$A=\{1,7,3,5,9\}$$

一般地，组成集合的每个元素是各不相同的，或者说集合中的每个元素只出现一次。

如果集合很大或是无限的，我们可用列出其元素所具有的必要性质来描述它。例如，式子

$$B=\{x \mid x\text{是正偶数}\} \tag{1.1.2}$$

是由所有正偶数组成的集合，即 B 由 2,4,6,8,…组成。垂直短线"｜"可以读为连接词"而且"。式(1.1.2)可读为"集合 B 由所有的 x 组成，而且 x 是一个正偶数"。此处成员具有的性质"是一个正偶数"。注意，性质表述在垂直短线"｜"之后。

在数学里经常用到下面的集合，人们已经习惯用固定的符号表示它们。比如

$$\text{自然数集 } N=\{0,1,2,3,\cdots\}$$

$$\text{整数集 } Z=\{\cdots,-2,-1,0,1,2,\cdots\}$$

正整数集 $Z^{+}=\{1,2,3,\cdots\}$

有理数集 $Q=\{p/q \mid p,q$ 是整数，且 $q\neq 0\}$

实数集 R

注意，有的人认为，0 不是自然数的成员，所以在阅读不同的数学教科书时你需要检查自然数的定义。

但是，有些集合中的元素表面上看起来可能会毫不相干。例如，集合{a,2,Fred,China,Jerry,p/q}中的6个元素就没有什么具体实在的联系。

计算机中的数据类型就是建立在集合概念之上的。其中的结构体类型就是编程者自己根据实际需要使用基本的数据类型而构造的一种新的数据类型。这种类型能把多个不同类型的信息作为一个整体。比如，在数据结构中经常见到下面的程序段：

```
Struct my_struct
{
  char  name[20];
  int  age;
  float  height;
  float  weight;
}my_friend;
```

这里关键字 **Struct** 声明了一个结构 my_struct，它是一个存放着字符型、整型、浮点型的不同数据的集合。再例如，在C语言中，下面程序用来求出6个数中的最小值。

```
#include<stdio.h>
main()
{
        int s[6],min,i;
        printf("input 6 numbers:\n");
        for(i=0;i<6;i++)
            scanf("%d",&s[i]);
        min=s[0];
        for(i=0;i<6;i++)
            {
                if(min>s[i])
                    min=s[i];
            }
        printf("min=%d\n",min);
}
```

其中的主函数 main()就是一个由具有不同功能的句子所组成的集合。

给出集合 $\boldsymbol{X}$ 的如式(1.1.1)或式(1.1.2)那样的描述和一个对象 x，我们可以确定 x 是否属于集合 $\boldsymbol{X}$。如果 $\boldsymbol{X}$ 的描述如式(1.1.1)那样，简单地看 x 是否被列出就行了。如

果 X 的描述是式(1.1.2)的形式，那就要检验 x 是否具有所要求的性质。如果 x 在集合 X 中，我们写为 $x \in X$；如果 x 不在集合 X 中，我们写为 $x \notin X$。例如，对式(1.1.1)和式(1.1.2)来说，如果 $x=3$，则 $x \in A$，但 $x \notin B$。

没有元素的集合称为空集，用符号$\varnothing$表示。

如果两个集合 X 和 Y 的所有元素都相同，我们就说这两个集合相等，并记为 $X=Y$。两个集合相等的另一种说法是：如果 $x \in X$，则必 $x \in Y$；而且如果 $x \in Y$，则必 $x \in X$。这是证明两个集合相等的基本方法。

例 1.1.1

如果 $A=\{x \mid x^2+x-6=0\}$，$B=\{2,-3\}$，则 $A=B$。

设 X 和 Y 是集合，如果 X 的所有元素都是 Y 的元素，我们说 X 是 Y 的子集，写为 $X \subseteq Y$。

例 1.1.2

如果 $C=\{1,3\}$ 和 $A=\{1,2,3,4,5\}$，则 C 是 A 的一个子集，即 $C \subseteq A$。

由于 X 的任意元素都在 X 中，所以，任何集合 X 都是其本身的子集。如果 X 是 Y 的子集，并且 X 不等于 Y，我们就说 X 是 Y 的一个**真子集**。

规定，空集是任何集合的子集。

例 1.1.3

集合$\{-7,Z,Q,5/2\}$包含了 4 个元素，其中的 Z 和 Q 是集合，这说明集合可以包含其他的集合作为其元素。

请读者思考集合$\varnothing$，$\{\varnothing\}$，$\{\{\varnothing\}\}$的不同之处。

集合 X 的所有子集(不管是否真子集)组成的集合，称为 X 的**幂集**，用 $P(X)$表示。

例 1.1.4

如果 $A=\{a,b,c\}$，则 $P(A)=\{\varnothing,\{a\},\{b\},\{c\},\{a,b\},\{b,c\},\{a,c\},\{a,b,c\}\}$。除其中的集合$\{a,b,c\}$外，其他的都是 A 的真子集。

请读者思考：空集的幂集是什么？进一步地，$P(\{\varnothing\})=$？

如果 X 是一个有限集合，令

$$|X| = X \text{ 中元素的个数}$$

在此例中则有 $|A|=3$，$|P(A)|=2^3=8$。

一般地，我们有如下结论。

定理 1.1.5

n 个元素的集合 X 的幂集 $P(X)$的元素个数为 2^n。即，如果 $|X|=n$，则

$$|P(X)|=2^n \tag{1.1.3}$$

证明 1:用乘法原理。

集合 X 的一个子集可以由 n 步来构造:选择 x_1 或者不选择 x_1,选择 x_2 或者不选择 x_2,…,选择 x_n 或者不选择 x_n。每一步有两种方法,故子集数目为 $2\times2\times\cdots\times2=2^n$。

所以,集合 X 有 2^n 个子集。

证明 2:$\varnothing$是 X 的一个子集,由 X 中 1 个元素构成的子集有 C_n^1 个,由 X 中 2 个元素构成的子集有 C_n^2 个,…,由 X 中$(n-1)$个元素构成的子集有 C_n^{n-1} 个,由 X 中 n 个元素构成的子集有个 C_n^n,由排列组合的加法原理知,集合 X 的所有子集共有

$$1+C_n^1+C_n^2+C_n^{n-1}+C_n^n=2^n$$

任意给定集合 X 和 Y,我们可以有许多方法把 X 和 Y 联合起来,构成一个新的集合。比如,集合

$$X\cup Y=\{x \mid x\in X \text{ 或 } x\in Y\}$$

称为 X 和 Y 的并集。并集由属于 X 或 Y(可都属于)的所有元素组成。集合

$$X\cap Y=\{x \mid x\in X \text{ 且 } x\in Y\}$$

称为 X 和 Y 的交集。交集是由同时属于 X 和 Y 的所有元素组成的。

如果 $X\cap Y=\varnothing$,就说 X 和 Y 不相交。

令 S 表示由一些集合组成的集合,如果 S 中任意两个不同的集合 X 和 Y 都是不相交的,就说 S 是两两不相交的。

集合

$$X-Y=\{x \mid x\in X \text{ 且 } x\notin Y\}$$

称为差集。差集 $X-Y$ 是由属于 X,但不属于 Y 的元素组成的。

例 1.1.6

学校主修计算机科学的学生集合与主修数学的学生集合的并集,是或主修数学或主修计算机科学或同时主修这两门课的学生组成的集合。

例 1.1.7

如果 $A=\{1,3,5\}$,$B=\{4,5,6\}$,则

$$A\cup B=\{1,3,4,5,6\};A\cap B=\{5\};A-B=\{1,3\};B-A=\{4,6\};$$

例 1.1.8

集合$\{2,4,5\}$和$\{3,6,7\}$是不相交的。

集合的集合 $S=\{\{1,4,5\},\{2,6\},\{3\},\{7,8,9,10\}\}$则是两两不相交的。

有时我们所讨论的一些集合,它们全都是某个集合 U 的子集。此集合 U 称为全集。全集 U 通常在叙述中明确地给出或者是根据问题情境能够推断出来。给出一个全集 U 和 U 的一个子集 X,集合 $U-X$ 称为 X 的补集,并表示为 $\overline{X}$。

例 1.1.9

令 $A=\{1,3,5\}$，全集 U 给定为 $U=\{1,2,3,4,5,6,7\}$，则 $\overline{A}=\{2,4,6,7\}$。如果给定 $U=\{1,3,5,7,8,9,10\}$，则 $\overline{A}=\{7,8,9,10\}$。

很显然，补集依赖于全集的定义。

定理 1.1.10

令 U 为一全集，A,B,C 为其子集，则下列性质成立：

(1) 结合律

$$(A\cup B)\cup C=A\cup(B\cup C),\quad (A\cap B)\cap C=A\cap(B\cap C)$$

(2) 交换律

$$A\cup B=B\cup A,\quad A\cap B=B\cap A$$

(3) 分配律

$$A\cap(B\cup C)=(A\cap B)\cup(A\cap C)$$
$$A\cup(B\cap C)=(A\cup B)\cap(A\cup C)$$

(4) 同一律

$$A\cup\varnothing=A,\quad A\cap U=A$$

(5) 互补律

$$A\cup\overline{A}=U,\quad A\cap\overline{A}=\varnothing$$

(6) 幂等律

$$A\cup A=A,\quad A\cap A=A$$

(7) 上下界律

$$A\cup U=U,\quad A\cap\varnothing=\varnothing$$

(8) 吸收律

$$A\cup(A\cap B)=A,\quad A\cap(A\cup B)=A$$

(9) 对合律

$$\overline{\overline{A}}=A$$

(10) 零一律

$$\overline{\varnothing}=U,\quad \overline{U}=\varnothing$$

(11) 德·摩根律

$$\overline{A\cup B}=\overline{A}\cap\overline{B},\quad \overline{A\cap B}=\overline{A}\cup\overline{B}$$

上面的这些性质都是能够证明的。证明集合相等的一种方法是：证明两者中的任一个都是另一个的子集。也就是通过证明某个元素如果属于一个集合，也必定属于另一个集合。在此，我们对德·摩根律的第一个结论证明如下：

一方面，对于任意 $x\in\overline{A\cup B}$，则 $x\notin A\cup B$，由此得 $x\notin A$ 且 $x\notin B$，因此，$x\in\overline{A}$且 $x\in\overline{B}$，即 $x\in\overline{A}\cap\overline{B}$，所以$\overline{A\cup B}\subseteq\overline{A}\cap\overline{B}$。

另一方面，若 $x\in\overline{A}\cap\overline{B}$，则 $x\in\overline{A}$ 且 $x\in\overline{B}$，于是 $x\notin A$ 且 $x\notin B$，进而 $x\notin A\cup B$，因此 $x\in\overline{A\cup B}$，所以 $\overline{A}\cap\overline{B}\subseteq\overline{A\cup B}$。

综合两方面得，$\overline{A\cup B}=\overline{A}\cap\overline{B}$

其他性质的证明留给读者完成。

集合的划分是集合中元素之间的一种分类。在信息科学中，对知识库分类就是集合的一种划分。集合 X 的一个划分是把集合 X 分成互不重叠的一些子集。一般地，一个集合 X 的若干个非空子集组成的集合 S，如果 X 的每个元素都属于且只属于 S 中的某一个元素，就称 S 为 X 的一个划分。

注意，如果 $S=\{S_1,S_2,S_3\}$ 是 X 的一个划分，则 S 必定是两两不相交的，且 $\bigcup\limits_{i=1}^{3}S_i=X$。

例 1.1.11

由于集合

$$X=\{1,2,3,4,5,6,7,8,9,10\}$$

中的每个元素都只属于下面集合 S 中的某一个集合，所以 S 是 X 的一个划分。

$$S=\{\{1,4,5\},\{2,6\},\{3,9\},\{7,8,10\}\}$$

例 1.1.12

设 $X=\{a,b,c,d,e,f\}$，考虑 X 的下列子集

$$A_1=\{a,b,c,d\},\quad A_2=\{d,e\}$$

$$A_3=\{a,b\},\quad A_4=\{d,e,f\},\quad A_5=\{c\}$$

则 $\{A_1,A_2\}$ 不是 X 的划分，因为 $d\in A_1\cap A_2$；$\{A_3,A_4\}$ 也不是 X 的划分，因为 $c\notin A_3\cup A_4$；而 $S=\{A_3,A_4,A_5\}$ 是集合 X 的一个划分。

我们知道，一个集合是一些非有序的元素组成的整体。也就是说，一个集合由其元素确定，而与元素排列的次序无关。然而，有时我们需要考虑次序。一个由两个元素组成的有序偶（或序偶），写为 (a,b)。这与另一个序偶 (b,a) 是不同的，除非 $a=b$。用另一种形式可表示为 $(a,b)=(c,d)$ 当且仅当 $a=c,b=d$。比如，平面直角坐标系中任意一点可用二元有序数组 (x,y) 来表示；空间直角坐标系中任意一点用三元有序数组 (x,y,z) 来表示。

如果 X 和 Y 是集合，令 $X\times Y$ 表示序偶 (x,y) 的集合，此处 $x\in X,y\in Y$。我们把 $X\times Y$ 称为 X 和 Y 的笛卡儿积。即

$$X\times Y=\{(x,y)\mid x\in X,y\in Y\}$$

例 1.1.13

如果 $X=\{1,2,3\}$ 和 $Y=\{a,b\}$，则

$$X\times Y=\{(1,a),(1,b),(2,a),(2,b),(3,a),(3,b)\}$$

$$Y\times X=\{(a,1),(b,1),(a,2),(b,2),(a,3),(b,3)\}$$
$$Y\times Y=\{(a,a),(a,b),(b,a),(b,b)\}$$

从例 1.1.13 可以看出，一般地，$X\times Y\neq Y\times X$。但是 $|X\times Y|=|X|\times|Y|$，用归纳法可以证明下面的式子：

$$|X_1\times X_2\times\cdots\times X_n|=|X_1|\times|X_2|\times\cdots\times|X_n| \tag{1.1.4}$$

例 1.1.14

某快餐店供应 4 种开胃食品

r=肋排，n=泡菜，s=虾，f=奶酪

和 3 种主菜

c=鸡块，b=牛肉，t=鱼片

如果令 $A=\{\mathrm{r,n,s,f}\}$ 和 $B=\{\mathrm{c,b,t}\}$，笛卡儿积 $A\times B$ 就列出了 12 种由一种开胃食品和一种主菜组成的午餐。

有序的表列不一定只限于两个元素。有时候，我们需要一个 n 元有序组，通常记为 $(a_1,a_2,\cdots,a_n)$，考虑有序组元素的次序：

$$(a_1,a_2,\cdots,a_n)=(b_1,b_2,\cdots,b_n)$$

当且仅当

$$a_1=b_1,a_2=b_2,\cdots,a_n=b_n$$

对于两个以上的集合也可以定义笛卡儿积。一般地，集合 $X_1,X_2,\cdots,X_n$ 的笛卡儿积定义为所有 n 元有序组 $(x_1,x_2,\cdots,x_n)$ 的集合，其中 $x_i\in X_i$，$i=1,2,\cdots,n$。

n 元组在数据结构中常称为线性表，是一种最简单、最常用的线性数据结构。

例 1.1.15

如果 $X=\{1,2,4\}$，$Y=\{a,b\}$，$Z=\{3\}$，则

$$X\times Y\times Z=\{(1,a,3),(1,b,3),(2,a,3),(2,b,3),(4,a,3),(4,b,3)\}$$

习题 1.1

1. 令全集 $U=\{1,2,\cdots,10\}$，$A=\{1,4,7\}$，$B=\{1,2,3,4,5\}$，$C=\{2,4,6,8\}$。写出下列每个集合的元素。

(1) $B\cap C$　(2) $B-A$　(3) $\overline{A}$　(4) $U-C$　(5) $\overline{U}$

(6) $A\cap(B\cup C)$　(7) $B\cap\varnothing$　(8) $(A\cap B)-C$　(9) $\overline{B}\cap(C-A)$

2. 令 $X=\{1,2\}$，$Y=\{a,b,c\}$ 和 $Z=\{e,f\}$，写出下列各集合的元素。

(1) $X\times Y$　(2) $Y\times X$　(3) $Y\times Y$　(4) $X\times Y\times Z$

3. 写出下列集合的所有不同的划分。

(1) $\{1\}$；　(2) $\{1,2,3\}$；　(3) $\{a,b,c,d\}$

4. 判定下列关系的对与错。

(1) $\{x\}\subseteq\{x\}$；(2) $\{x\}\in\{x\}$；(3) $\{x\}\in\{x,\{x\}\}$；(4) $x\subseteq\{x,\{x\}\}$

(5) $\{1,2,3\}=\{1,3,2\}$；(6) $\{1,2,2,3\}\neq\{1,2,3\}$

5. 集合$\{a,b\}$的真子集有哪些？列出 $P(\{a,b\})$的元素。

6. 如果 X 和 Y 是非空集合，且 $X\times Y=Y\times X$，对于 X 和 Y，我们可以得出什么结论？

7. 设 X，Y 和 Z 是全集 U 的子集，判断下列陈述是否为真；若不真则举出反例。

(1) 对于所有的集合 X，Y 和 Z，$X\cap(Y-Z)=(X\cap Y)-(X\cap Z)$；

(2) 对于所有的集合 X，Y 和 Z，$X-(Y\cup Z)=(X-Y)\cup Z$；

(3) 对于所有的集合 X 和 Y，$(X\cap Y)\cup(Y-X)=X$；

(4) 对于所有的集合 X，Y，$\overline{X\times Y}=\overline{X}\times\overline{Y}$；

(5) 对于所有的集合 X，$X\times\varnothing=\varnothing$。

8. 对于如下的每个条件，集合 A 和 B 之间必有什么关系？

(1) $A\cap B=A$；(2) $A\cup B=A$；(3) $\overline{A}\cap U=\varnothing$；(4) $\overline{A\cap B}=\overline{B}$

9. 两个集合 A 和 B 的对称差是下列集合

$$A\Delta B=(A\cup B)-(A\cap B)$$

(1) 如果 $A=\{1,2,3,4\}$ 和 $B=\{2,3,4,5\}$，求 $A\Delta B$。

(2) 用文字表述 A 和 B 的对称差。

(3) 给定一个全集 U，写出 $A\Delta A$，$A\Delta\overline{A}$ 和 $U\Delta A$。

1.2　关　　系

每天我们都要涉及各种关系。例如，雇员与其工资之间的关系，一个商行与它的电话号码之间的关系。在信息科学中，一个程序与它所使用的一个变量、一组数据与另一组数据之间的关系。关系这个概念对今后学习数据结构和数据库都很重要。一般地，关系可以想象成一个列表，表示一些元素和其他元素之间的关系(见表 1.2.1)。表 1.2.1 说明了一些学生与一些课程的关系。例如，比尔选修计算机和艺术课，玛丽选修数学课。用关系的术语说，比尔与计算机课和艺术课有关系，玛丽与数学课有关系。

表 1.2.1

学生	课程
比尔	计算机
玛丽	数学
贝思	历史
比尔	艺术
贝思	计算机
戴夫	数学

显然，表 1.2.1 是一些序偶的集合。因此，我们把关系定义为序偶的集合。在这种表示中，我们说序偶的第一个元素和第二个元素有关系。

定义 1.2.1

设 X 和 Y 是集合，一个从 X 到 Y 的二元关系 R，是笛卡儿积 $X\times Y$ 的一个子集。用记号 xRy 表示 $(x,y)\in R$。而当 $(x,y)\in R$ 时，我们也说 x 与 y 有关系 R。

也就是说，一个从 X 到 Y 的二元关系是有序对的集合 R，其中每个有序对的第一个元素取自 X，第二个元素取自 Y。

集合

$$\{ x\in X \mid 对于有些\ y,(x,y)\in R \}$$

称为 R 的定义域。集合

$$\{ y\in Y \mid 对于有些\ x,(x,y)\in R \}$$

称为 R 的值域。

如果一个关系由列表形式给出，那么定义域就由表的第一列的元素组成，值域就由表的第二列元素组成。二元关系表示两个集合中元素之间的关系。在不发生混淆时我们将省去二元这个词。

例 1.2.2

令　$X=$\{比尔，玛丽，贝思，戴夫\}，$Y=$\{计算机，数学，艺术，历史\}，则表 1.2.1 所表示的关系 R 可以写为

$R=$\{(比尔，计算机)，(玛丽，数学)，(比尔，艺术)，
(贝思，历史)，(贝思，计算机)，(戴夫，数学)\}

由于(贝思，历史)$\in R$，我们可写为：贝思 R 历史，它表示贝思选修历史课。R 的定义域是 X(表中的第一列)，值域是 Y(表中的第二列)。

又如，设 A 是我们学校的学生的集合，B 是所有课程的集合，令 R 是由 (a,b) 有序对构成的关系，其中学生 a 选修课程 b。如果张杰和李红都选修了大学英语，则有序对(张杰，大学英语)，(李红，大学英语)就属于 R。如果赵伟选修了高等数学，则有序对(赵伟，高等数学)也属于 R。如果王华没有选修 C 语言程序设计，那么有序对(王华，C 语言程序设计)就不在 R 中。

上面例子表明，一个关系可以由简单地列出那些属于它的序偶而给出。而下一个例子表明，关系也可以由给出规则的方法来定义。

例 1.2.3

令 $X=\{2,3,4\}$ 和 $Y=\{3,4,5,6,7\}$。

我们定义一个从 X 到 Y 的关系 R 如下：

$$如果\ x\ 整除\ y(余数为零)，则\ (x,y)\in R$$

根据 R 的定义，我们可以写出 R 中的有序对，得到

$$R=\{(2,4),(2,6),(3,3),(3,6),(4,4)\}$$

把关系 R 写成列表的形式，可以得到表 1.2.2。

表 1.2.2

X	Y
2	4
2	6
3	3
3	6
4	4

R 的定义域是$\{2,3,4\}$，值域是$\{3,4,6\}$。

此例中的关系有时也写成 $R=\{(x,y)\mid x$ 整除 $y, x\in X, y\in Y\}$。

有时，我们讨论一个集合 X 到它自身的关系。也就是，当 $X=Y$，我们称 R 是 X 上的二元关系。

例 1.2.4

令 R 是 $X=\{1,2,3,4\}$上的关系，其定义是：如果 $x\leqslant y$，则$(x,y)\in R$。此时，这个关系可以表示为：$R=\{(x,y)\mid x\leqslant y, x,y\in X\}$。

具体地写出来就是：

$R=\{(1,1),(1,2),(1,3),(1,4),(2,2),(2,3),(2,4),(3,3),(3,4),(4,4)\}$

其定义域和值域都是 X。

下面，我们考虑整数集 $\mathbf{Z}$ 上的如下几个关系：

$$R_1=\{(x,y)\mid x=y,\text{或 } x=-y\}$$
$$R_2=\{(x,y)\mid x=y+1\}$$
$$R_3=\{(x,y)\mid x+y\leqslant 3\}$$

其中哪些关系包含了有序对$(1,1)$，$(1,2)$，$(2,1)$，$(1,-1)$，$(-1,3)$，$(3,2)$以及$(-2,2)$？

通过检验各个关系中的有序元素对所满足的条件，可以得到：

$(1,1)$，$(1,-1)$，$(-2,2)$在 R_1 中；$(2,1)$，$(3,2)$在 R_2 中；$(1,1)$，$(1,2)$，$(2,1)$，$(1,-1)$，$(-1,3)$，$(-2,2)$在 R_3 中。

注意，此例中的 3 个关系都定义在无穷集 $\mathbf{Z}$ 上。

我们知道，集合 X 上的二元关系是集合 $X\times X$ 的子集。当集合 X 有 n 个元素时，集合 $X\times X$ 共有 n^2 个元素，由于 m 个元素的集合有 2^m 个子集，故 $X\times X$ 的子集共有 2^{n^2} 个，于是在 n 个元素的集合 X 可以定义 2^{n^2} 个关系。

某个集合上的关系可以表示成一个有向图(也称关系图。现在我们只介绍用它来表示关系)。要画出集合 X 上的关系的有向图，首先画出顶点(或结点)，表示 X 的元素。在图 1.2.1 中，我们画出四个顶点表示例 1.2.4 中集合 X 的元素。然后，如果元素(x,y)在关系 R 中，我们就画一条从 x 到 y 的有向边(带箭头的线)。在图 1.2.1 中，我们画出所有的有向边来表示例 1.2.4 中关系 R 的元素。注意，一个关系中的形如(x,x)的元素，

对应着一个从 x 到 x 的有向边。这样的有向边也称为一个环。

在图 1.2.1 中，每个顶点都有一个环。

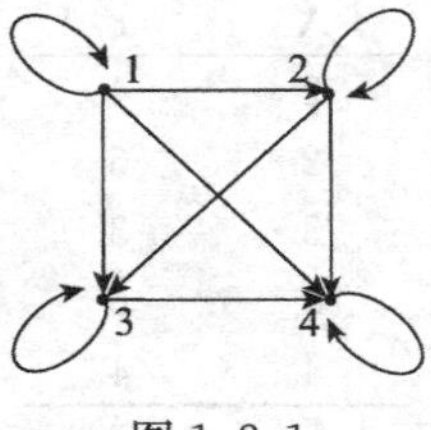

图 1.2.1

例 1.2.5

在集合 $X=\{a,b,c,d\}$ 上定义一个关系 R：

$$R=\{(a,a),(b,c),(c,b),(d,d)\}$$

此关系可以用如下的关系图表示出来，如图 1.2.2 所示。

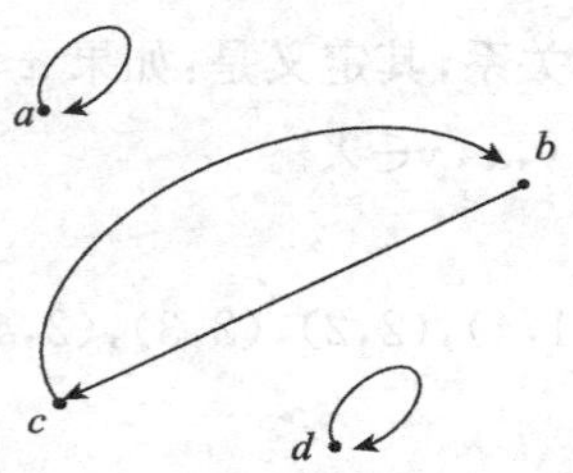

图 1.2.2

上面我们列举了关系的很多例子。在这些例子中，有些关系具有比较特殊的性质，根据这些性质可以对集合上的关系进行分类。下面先介绍关系的几个重要性质。

定义 1.2.6

如果对于每个 $x\in X$，都有 $(x,x)\in R$，那么称集合 X 上的关系 R 是自反的。注意，这里要求对 X 中的每个元素。

比如，在集合 $X=\{1,2,3\}$ 上分别定义如下的 3 个关系：

$$R_1=\{(1,1),(1,2),(2,1),(2,2)\}$$

$$R_2=\{(1,1),(1,3),(2,1),(2,2),(3,1),(3,3)\}$$

$$R_3=\{(1,1),(1,2),(2,1),(2,2),(2,3),(3,1),(3,2),(3,3)\}$$

那么，R_2 和 R_3 是自反的，因为它们包含了所有形如 (x,x) 的元素对，即 $(1,1)$，$(2,2)$，$(3,3)$。而 R_1 不是自反的，因为 $(3,3)$ 不在 R_1 中。

例 1.2.7

在例 1.2.4 中 $X=\{1,2,3,4\}$ 上的关系 R 是自反的，因为对于每个 $x\in X$，$(x,x)\in R$；即 $(1,1)$，$(2,2)$，$(3,3)$，$(4,4)$ 都属于 R。一个自反关系，其关系图的每个顶点处都必

须有一个环。注意例 1.2.4 的关系，其关系图的每个顶点处都有一个环(见图 1.2.1)。

例 1.2.8

在例 1.2.5 中 $X=\{a,b,c,d\}$ 上的关系 R 不是自反的，因为不是对于每个 $x\in X$，都有 $(x,x)\in R$。例如 $b\in X$，但 $(b,b)\notin R$。R 不是自反的也可以从图 1.2.2 中看出，其中顶点 b 和顶点 c 处没有环。

定义 1.2.9

对于任意 $x,y\in X$，如果 $(x,y)\in R$，就有 $(y,x)\in R$，那么称集合 X 上的关系 R 是对称的。也就是说，关系 R 是对称的，当且仅当如果 x 与 y 有关系 R，则 y 与 x 也有关系 R。

例 1.2.10

例 1.2.5 中的关系是对称的，因为对于所有的 $x,y\in X$，如果 $(x,y)\in R$，都有 $(y,x)\in R$。例如 (b,c) 在 R 中，(c,b) 也在 R 中。在关系图中，对称关系的特征是，如果有一条从 v 到 w 的有向边，则必有一条从 w 到 v 的有向边。注意例 1.2.5 的关系图(见图 1.2.2)就有这个特征。

例 1.2.11

例 1.2.4 中的关系 R 不是对称的。因为 $(2,3)\in R$，但 $(3,2)\notin R$，其关系图(见图 1.2.1)中，有一条从 2 到 3 的有向边，但没有从 3 到 2 的有向边。

定义 1.2.12

对于每个 $x,y\in X$，如果 $(x,y)\in R$，且 $x\neq y$，则有 $(y,x)\notin R$，那么称集合 X 上的关系 R 是反对称的。也就是说，不存在由不同元素构成的有序对，使得 x 与 y 相关，并且 y 与 x 也相关。进一步地说，如果 x 与 y 有关系 R，并且 y 与 x 也有关系 R，则必有 $x=y$。

比如，正整数集 $\boldsymbol{Z}^+$ 上的整除关系不是对称的，因为 1 整除 2，但 2 不能整除 1。但是这个关系是反对称的，因为如果 x 整除 y，且 y 整除 x，则 $x=y$。

考虑集合 $X=\{1,2,3,4\}$ 上的关系 $R_1=\{(2,1),(3,1),(3,2),(4,1),(4,2),(4,3)\}$ 和 $R_2=\{(3,4)\}$。它们都是反对称的，因为它们都不存在这样的有序对，即它由元素 x 和 y 构成，且 $x\neq y$，但 (x,y) 和 (y,x) 都属于这个关系。也就是说，反对称关系之中不可能同时含有 (x,y) 和 (y,x) 这两个不同的有序对。

例 1.2.13

例 1.2.4 中的关系是反对称的。因为对于所有的 $x,y\in X$，如果 $(x,y)\in R$ 且 $x\neq y$，必有 $(y,x)\notin R$。例如，$(1,2)\in R$，但 $(2,1)\notin R$。反对称关系的关系图的特征是：在任意的两个顶点间，最多只有一条有向边。注意，例 1.2.4 的关系图(见图 1.2.1)中，任一对顶点间，最多只有一条有向边。

例 1.2.14

例 1.2.5 中的关系不是反对称的，因为(b,c)和(c,b)都在 R 中。注意例 1.2.5 的关系图（见图 1.2.2）中，b 和 c 之间有两条有向边。

例 1.2.15

如果集合 X 上的关系 R 中没有形如(x,y)且 $x\neq y$ 的成员，则 R 是反对称的。比如，集 $X=\{a,b,c\}$上的关系

$$R=\{(a,a),(b,b),(c,c)\}$$

是反对称的。图 1.2.3 给出了关系 R 的关系图，其中任意一对顶点之间最多只有一条有向边。

注意，R 还是自反的和对称的。因而，此例表明，“反对称的”和“对称的”不是两个对立的概念，因为一个关系可以同时具有这两种性质或两种性质都没有。

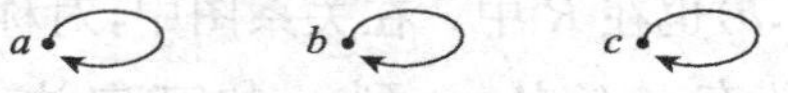

图 1.2.3

在此，请读者举例说明反对称与非对称的区别。

定义 1.2.16

对于每个 $x,y,z\in X$，如果$(x,y)\in R$ 且$(y,z)\in R$，则有$(x,z)\in R$，那么称集合 X 上的关系 R 是传递的。

例 1.2.17

例 1.2.4 中的关系 R 是传递的，因为对于所有的 $x,y,z\in X$，如果(x,y)和$(y,z)\in R$，必有$(x,z)\in R$。要证明此关系满足定义 1.2.16，我们要列出 R 中所有形如(x,y)和(y,z)的关系对，并证明对所有的关系对都有$(x,z)\in R$，见表 1.2.3。

表 1.2.3

形如(x,y)，(y,z)的关系对	(x,z)	形如(x,y)，(y,z)的关系对	(x,z)
(1,1)(1,1)	(1,1)	(2,2)(2,2)	(2,2)
(1,1)(1,2)	(1,2)	(2,2)(2,3)	(2,3)
(1,1)(1,3)	(1,3)	(2,2)(2,4)	(2,4)
(1,1)(1,4)	(1,4)	(2,3)(3,3)	(2,3)
(1,2)(2,2)	(1,2)	(2,3)(3,4)	(2,4)
(1,2)(2,3)	(1,3)	(2,4)(4,4)	(2,4)
(1,2)(2,4)	(1,4)	(3,3)(3,3)	(3,3)
(1,3)(3,3)	(1,3)	(3,3)(3,4)	(3,4)
(1,3)(3,4)	(1,4)	(3,4)(4,4)	(3,4)
(1,4)(4,4)	(1,4)	(4,4)(4,4)	(4,4)

在直接确定关系 R 是否满足定义 1.2.16 时，当 $x=y$ 或 $y=z$ 时，我们不必证明下式

如果 (x,y) 和 $(y,z)\in R$，则 $(x,z)\in R$

因为它能自动地满足。比如，如果 $x=y$ 且 (x,y) 和 (y,z) 都在 R 中，由于 $x=y$，$(x,z)=(y,z)$ 在 R 中，故上面的式子肯定为真。在上表中，去掉 $x=y$ 或 $y=z$ 的情况，只需要检查表 1.2.4 的情况，就可以证明例 1.2.4 的关系是传递的。

表 1.2.4

形如 (x,y)，(y,z) 的关系对	(x,z)
(1,2)(2,3)	(1,3)
(1,2)(2,4)	(1,4)
(1,3)(3,4)	(1,4)
(2,3)(3,4)	(2,4)

一个传递关系，其关系图的特征是：如果从 x 到 y 和从 y 到 z 都有有向边，则从 x 到 z 也有一条有向边。注意，例 1.2.4 对应的关系图（见图 1.2.1）就具有这个特征。

例 1.2.18

例 1.2.5 中的关系不是传递的，因为 (b,c) 和 (c,b) 在 R 中，但 (b,b) 则不在 R 中。在例 1.2.5 的关系图（见图 1.2.2）中，从 b 到 c 和从 c 到 b 之间都有有向边，但从 b 到 b 没有边。

我们可以利用关系把一个集合中的元素进行排序。例如，在整数集 $\boldsymbol{Z}$ 上定义关系 R：

如果 $x\leqslant y$，那么 $(x,y)\in R$

就把整数从小到大进行排序。可以验证，这个关系是自反的，反对称的和传递的。

定义 1.2.19

集合 X 上的关系 R，如果它是自反的，反对称的和传递的，则 R 称为一个偏序关系。

例 1.2.20

正整数集 $\boldsymbol{Z}^+$ 上的关系 R 定义为：

如果 x 整除 y，则 $(x,y)\in R$，

可以验证，它是自反的，反对称的和传递的，因而 R 是一个偏序关系。

容易证明，集合上的包含关系 $\subseteq$ 是集合 X 的幂集上的偏序关系。

如果 R 是集合 X 上的一个偏序关系，我们就用符号 $x\propto y$ 来表示 $(x,y)\in R$ 或 xRy。这个符号"$\propto$"表示任意的偏序关系，它可能是"小于或等于"关系，或"整除"关系。它只是意味着，集合 X 中的元素的一种次序。

定义 1.2.21

设 R 是集合 X 上的一个偏序关系。对于 $x,y\in X$，如果有 $x\propto y$，或者 $y\propto x$ 成立，就

说 x 和 y 是可比的。对于任意 $x,y\in X$，如果既没有 $x\propto y$，也没有 $y\propto x$，就说 x 和 y 是不可比的。

例 1.2.22

在集合 $A=\{a,b,c\}$ 上定义关系 $R=\{(a,a),(b,b),(c,c),(a,b),(b,c),(a,c)\}$，易证，$R$ 是偏序关系。在此基础上，根据 R 中的元素，我们就知道，a 与 b 是可比的，b 与 c 是可比的，a 与 c 是可比的。同理，容易证明，关系 $R_1=\{(a,a),(b,b),(c,c),(a,b)\}$ 也是 A 上的偏序关系。根据 R_1 中的元素，我们就知道，a 与 b 是可比的，但 b 与 c 是不可比的，a 与 c 是不可比的。

定义 1.2.23

假设 R 是集合 X 上的一个偏序关系，如果 X 中的任何一对元素 x,y 都是可比的，也就是说，有 xRy 或者 yRx，二者必有其一，此时称 R 是**全序关系**，集合 X 称为**全序集**。

比如，正整数集 $\boldsymbol{Z}^+$ 上的"小于等于"关系是全序关系，因为如果 x,y 是正整数，则 $x\leqslant y$ 和 $y\leqslant x$ 必至少有一个为真，因此，$\boldsymbol{Z}^+$ 对"小于等于"关系来说是全序集。

有些关系之所以称为偏序，是因为 X 中的某些元素是不可比的。比如，正整数集 $\boldsymbol{Z}^+$ 上的整除关系（见例 1.2.3）是偏序，$\boldsymbol{Z}^+$ 中的有些元素是可比的，比如 2 和 10、3 和 6 都是可比的（因为 2 整除 10、3 整除 6）；$\boldsymbol{Z}^+$ 中也有一些元素是不可比的，比如 2 和 3 是不可比的（因为 2 不整除 3，3 也不整除 2），4 和 7 也是不可比的。所以，正整数集 $\boldsymbol{Z}^+$ 上的整除关系就是一个偏序关系，正整数集 $\boldsymbol{Z}^+$ 对这个偏序关系而言就是偏序集。由此可见，序集是相对于某一关系来说的。

给出一个从 X 到 Y 的关系 R，只要把 R 中的每个序偶都反过来，就可以定义一个从 Y 到 X 的关系。一般地定义如下。

定义 1.2.24

令 R 是从 X 到 Y 的关系。R 的逆关系表示为 R^{-1}，是由下式定义的从 Y 到 X 的关系

$$R^{-1}=\{(y,x)\mid(x,y)\in R\}$$

例 1.2.25

例 1.2.3 中，关系 $R=\{(x,y)\mid x\mid y,x\in X,y\in Y\}=\{(2,4),(2,6),(3,3),(3,6),(4,4)\}$ 的逆关系是

$$R^{-1}=\{(4,2),(6,2),(3,3),(6,3),(4,4)\}$$

用文字表示，我们可以把这个关系描述为"被……整除"，比如 6 被 2 整除。

因为从 X 到 Y 的关系 R 是 $X\times Y$ 的一个子集，于是，我们可以按照通常的集合运算来对关系进行运算。

例 1.2.26

设 $A=\{1,2,3\}$，$B=\{1,2,3,4\}$，从 A 到 B 的关系 $R_1=\{(1,1),(2,2),(3,3)\}$ 和关系 $R_2=\{(1,1),(1,2),(1,3),(1,4)\}$，那么

$$R_1\cup R_2=\{(1,1),(2,2),(3,3),(1,2),(1,3),(1,4)\}$$
$$R_1\cap R_2=\{(1,1)\}$$
$$R_1-R_2=\{(2,2),(3,3)\}$$

它们定义了从 A 到 B 的另一些关系。

定义 1.2.27

令 R_1 是一个从 X 到 Y 的关系，R_2 是从 Y 到 Z 的关系，关系 R_1 和 R_2 复合表示为 $R_2\cdot R_1$，是一个由下式定义的从 X 到 Z 的关系：

$$R_2\cdot R_1=\{(x,z)\mid \text{存在 } y\text{，使得}(x,y)\in R_1 \text{ 且}(y,z)\in R_2\}$$

此处要注意这两个关系的先后次序。比如 $R_2\cdot R_1$ 表示先 R_1，后 R_2。

例 1.2.28

设关系

$$R_1=\{(1,2),(1,6),(2,4),(3,4),(3,6),(3,8)\}$$

和关系

$$R_2=\{(2,u),(4,s),(4,t),(6,t),(8,u)\}$$

则它们的复合关系是

$$R_2\cdot R_1=\{(1,u),(1,t),(2,s),(2,t),(3,s),(3,t),(3,u)\}$$

从两个关系复合的定义，我们可以递归地定义关系 R 的幂 R^n：如果 R 是集合 X 上的关系，定义 $R^1=R$，和 $R^{n+1}=R^n\cdot R$，其中 $n=1,2,3,\cdots$。根据这个定义，$R^2=R\cdot R$，$R^3=R^2\cdot R$。

例 1.2.29

设关系 $R=\{(1,1),(2,1),(3,2),(4,3)\}$，求幂 $R^n(n=2,3)$。

根据关系的复合法则，$R^2=R\cdot R=\{(1,1),(2,1),(3,1),(4,2)\}$

$$R^3=R^2\cdot R=\{(1,1),(2,1),(3,1),(4,1)\}$$

在此基础上，读者可以求 R^4。

例 1.2.30

在正整数集 $\boldsymbol{Z}^+$ 上定义关系 R：

如果 x 和 y 的最大公约数为 1，则 $(x,y)\in R$

确定 R 是不是自反的，对称的，反对称的，传递的？是不是一个偏序？

分析：关系 R 由正整数的序偶所组成。我们把一些序偶按其是否在 R 中来分类。按

增序列出所有的序偶：先列出 $x+y=2$ 的序偶，再列出 $x+y=3$ 的序偶，等等，参见表 1.2.5。

建立此表时，某些项可以合并。首先，我们看出 (x,y) 和 (y,x) 的最大公约数是相同的，这样，如果 (x,y) 在 R 中（即 x 和 y 的最大公约数为 1），则 (y,x) 也在 R 中（y 和 x 的最大公约数也为 1）。还有仅当 $x=1$ 时，(x,x) 在 R 中。

表 1.2.5

序偶 (x,y)	$x+y$	最大公约数	在 R 中？
(1,1)	2	1	是
(1,2)	3	1	是
(2,1)	3	1	是
(1,3)	4	1	是
(2,2)	4	2	否
(3,1)	4	1	是
(4,1)	5	1	是
(3,2)	5	1	是
(2,3)	5	1	是
(1,4)	5	1	是

求解：

第一，R 是否是自反的。根据定义 1.2.6，在正整数集中，如果对所有的 x，有 (x,x) 在 R 中，就说 R 在正整数集上是自反的。从上表看出，(2,2) 不在 R 中，这是一个反例。因此 R 不是自反的。

第二，R 是否是对称的。根据定义 1.2.9，对所有的 x 和 y，如果 (x,y) 在 R 中，(y,x) 也在 R 中，则 R 是对称的。根据最大公约数的特点可知，此说法为真。因此 R 是对称的。

第三，R 是否是反对称的。根据定义 1.2.12，对所有的 x 和 y，如果 (x,y) 在 R 中，且 $x\neq y$，则 (y,x) 不在 R 中，就说 R 是反对称的。从上表看出，(2,1) 在 R 中且 $2\neq1$，但 (1,2) 在 R 中。这样 (2,1) 就是一个反例。这说明 R 不是反对称的。

第四，R 是否是传递的。根据定义 1.2.16，对所有的 x，y 和 z，如果 (x,y) 和 (y,z) 在 R 中，则有 (x,z) 也在 R 中，就说 R 是传递的。从上表看出，(2,1) 和 (1,2) 在 R 中，但 (2,2) 不在 R 中。这说明 R 不是传递的。

最后，R 是不是一个偏序。由定义 1.2.19 知，如果 R 是自反的，反对称的和传递的，它就是一个偏序。我们已经证明 R 既不是自反的，也不是反对称和传递的。因此，R 不是一个偏序。三个条件中只要有一个不满足，R 就不是偏序。现在三个条件都不满足，R 当然不是偏序。

习题 1.2

1. 把下列关系改写为列表形式。

(1) $R=\{(a,6),(b,2),(a,1),(c,1)\}$；

(2) $R=\{(\text{Roger},\text{Music}),(\text{Pat},\text{History}),(\text{Ben},\text{Math}),(\text{Pat},\text{PolySci})\}$；

(3) 在集合$\{1,2,3,4\}$上定义关系 R：如果 $x^2\geqslant y$，那么$(x,y)\in R$。

2. 根据下列关系画出关系图。

(1) $X=\{1,2,3\}$上的关系 $R=\{(1,2),(2,1),(3,3),(1,1),(2,2)\}$；

(2) 集合$\{1,2,3,4\}$上的关系 $R=\{(1,2),(2,3),(3,4),(4,1)\}$。

3. 把下列关系图(见图 1.2.4 和图 1.2.5)改写为序偶的集合。

(1)

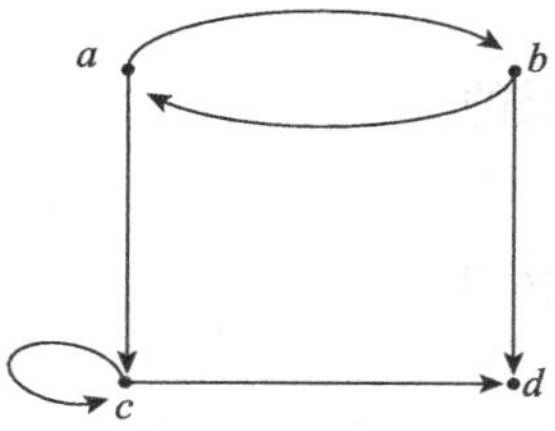

图 1.2.4

(2)

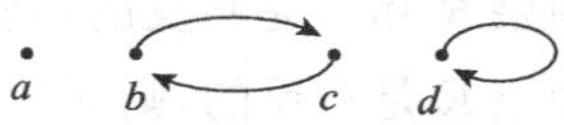

图 1.2.5

4. 求第 1～2 题中每个关系的定义域和值域。

5. 求第 1～2 题中每个关系的逆关系(表示为序偶的集合)。

6. 设关系 R 定义在集合$\{1,2,3,4,5\}$上，由规则：如果 3 整除$(x-y)$，则 xRy 给出。

(1) 列出 R 的元素；(2)列出 R^{-1}的元素；

(3) 求 R 的定义域；(4)求 R 的值域；

(5) 求 R^{-1}的定义域；(6)求 R^{-1}的值域；

7. 确定下列每个定义在正整数集上的关系是否自反的、对称的、反对称的、传递的，以及是否为一个偏序。

(1) 如果 $x=y^2$，则$(x,y)\in R$；

(2) 如果 $x>y$，则 xRy；

(3) 如果 $x\geqslant y$，则 xRy；

(4) 如果 $x=y$，则$(x,y)\in R$；

(5) 如果 2 整除$(x-y)$，则 xRy。

8. 令 X 是一个非空集合，在其幂集 $P(X)$上定义一个关系：如果 $A\subseteq B$，则$(A,B)\in R$。判断此关系是否自反的、对称的、反对称的、传递的，以及是否为一个偏序。

9. 令 R_1，R_2 是集合$\{1,2,3,4\}$上的关系，其定义分别如下：

$$R_1=\{(1,1),(1,2),(3,4),(4,2)\}$$

$$R_2=\{(1,3),(2,1),(2,2),(3,1),(4,4)\}$$

试写出 $R_1\cdot R_2$ 和 $R_2\cdot R_1$ 的元素。

10. 给出定义在集合$\{1,2,3,4\}$之上的，并具有如下性质的关系。

(1) 自反的，对称的和传递的；

(2) 自反的，非对称的和非传递的；

(3) 自反的，反对称的和非传递的；

(4) 非自反,对称的,非反对称的和传递的;

(5) 非自反的,非对称的和传递的。

11. 设 R 和 S 是集合 X 上的关系,判定下列陈述的真假。如果陈述为假,请给出反例。

(1) 如果 R 和 S 是传递的,则 $R\cup S$ 也是传递的。

(2) 如果 R 和 S 是传递的,则 $R\cap S$ 也是传递的。

(3) 如果 R 和 S 是传递的,则 $R\cdot S$ 也是传递的。

(4) 如果 R 是传递的,则 R^{-1} 也是传递的。

(5) 如果 R 和 S 是自反的,则 $R\cup S$ 也是自反的。

(6) 如果 R 和 S 是自反的,则 $R\cap S$ 也是自反的。

(7) 如果 R 和 S 是自反的,则 $R\cdot S$ 也是自反的。

(8) 如果 R 是自反的,则 R^{-1} 也是自反的。

(9) 如果 R 和 S 是对称的,则 $R\cup S$ 也是对称的。

(10) 如果 R 和 S 是对称的,则 $R\cap S$ 也是对称的。

(11) 如果 R 和 S 是对称的,则 $R\cdot S$ 也是对称的。

(12) 如果 R 是对称的,则 R^{-1} 也是对称的。

12. 下面的论证过程试图证明:任意集合 X 上的关系 R,如果它是对称的和传递的,则必定是自反的。

令 $x\in X$,因为 R 是对称的,所以 (x,y) 和 (y,x) 都必定在 R 中。

由于 (x,y) 和 $(y,x)\in R$,而 R 是传递的,所以必有 $(x,x)\in R$。

于是得到,R 必是自反的。

请你找出上述过程中的错误。

1.3 等价关系

在程序设计语言中,变量的命名可以包含很多的字符,但只有一定个数的字符是有意义的。当编译器确定要检查两个变量是否相同时,字符的数量就有限制。比如,在 C 语言中,只有标识符的前 31 个字符是有意义的,因为传统的 C 编译器只检查变量的前 31 个字符(这些字符是大写或小写字母、数字或下划线)。如果两个标识符的前 31 个字符相同,系统就会把它们作为同一个变量。这就引出了等价关系的概念。

定义 1.3.1

集合 X 上的一个关系 R,如果它是自反的、对称的和传递的,称 R 为集合 X 上的一个等价关系。

例 1.3.2

设 R 是实数集上的关系:aRb,当且仅当 $a-b$ 是整数。R 是等价关系吗?

因为对所有的实数，$a-a=0$ 是整数，即对所有的实数 a，有 aRa，因此 R 是自反的；现在假设 aRb，如果 $a-b$ 是整数，从而 $b-a$ 也是整数，因此有 bRa，这说明 R 是对称的；如果 aRb 和 bRc，那么 $a-b$ 和 $b-c$ 是整数，所以 $a-c=(a-b)+(b-c)$ 也是整数，因此 aRc，这说明 R 是传递的。综上所述，R 是等价关系。

问题：正整数集上的"整除"关系是否为等价关系。(读者自己证明)

例 1.3.3

考虑在集合 $X=\{1,2,3,4,5\}$ 上的关系

$R=\{(1,1),(1,3),(1,5),(2,2),(2,4),(3,1),(3,3),(3,5)(4,2),(4,4),(5,1),(5,3),(5,5)\}$，

因为 $(1,1),(2,2),(3,3),(4,4),(5,5)\in R$，所以 R 是自反的。因为如果有 (x,y) 在 R 中，则 (y,x) 也在 R 中，所以 R 是对称的。最后，当 (x,y) 和 (y,z) 都在 R 中时，我们发现 (x,z) 也在 R 中，所以 R 是传递的。因为 R 是自反的，对称的，传递的，所以 R 是 $\{1,2,3,4,5\}$ 上的一个等价关系。

在上述关系 R 中去掉任何一个元素，比如 $(2,2)$ 或 $(3,1)$，这时所得到的关系就不再是等价关系了。

例 1.3.4

令 R 是 $X=\{1,2,3,4\}$ 上的关系，其定义是：如果 $x\leqslant y$，则 $(x,y)\in R$。显然，关系 R 不是等价关系，因为 R 不是对称的。

例 1.3.5

在集合 $X=\{a,b,c,d\}$ 上定义一个关系 R：

$$R=\{(a,a),(b,c),(c,b),(d,d)\}$$

此关系 R 不是等价关系，因为 R 不是自反的，也不是传递的。

例 1.3.6

设 R 是实数集上的关系，定义：xRy 当且仅当 $|x-y|\leqslant 1$。证明 R 不是等价关系。

首先 R 是自反的，因为只要 $x\in R$，就有 $|x-x|=0\leqslant 1$。其次 R 是对称的，因为如果 xRy，那么有 $|x-y|\leqslant 1$，而 $|y-x|=|x-y|\leqslant 1$，因此 yRx。然而，R 不是等价关系。因为它不是传递的，比如 $2.8R1.9$，$1.9R1.1$，但是 $2.8R1.1$ 不成立。

给定一个集合 X 上的等价关系 R，我们可以对 X 中的元素按这个等价关系进行分组，也就是说可以对集合 X 进行某种划分。比如，设集合 X 由十个球组成，每个球的颜色是红、蓝或绿(见图 1.3.1)。如果我们在 X 上定义关系 xRy："x 和 y 颜色相同"。容易证明，这个关系是等价关系。根据这个关系(相同的颜色)，我们把集合 X 分为由 4 个红球组成的集合 Red，由 3 个绿球组成的集合 Green，由 3 个蓝球组成的集合 Blue，那么 $S=$

$\{R,B,G\}$就是集合 X 的一个划分(在 1.1 节中,我们曾定义一个集合 X 的划分是由 X 的一些非空子集组成的整体 $S=\{X_1,X_2,\cdots,X_n\}$,且 X 的任一元素 x 只属于 S 中的某一个元素 X_i,$i=1,2,\cdots,n$)。

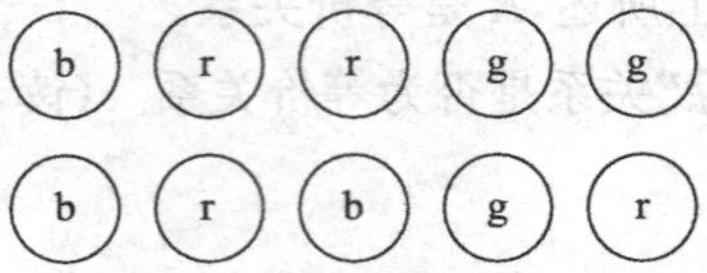

图 1.3.1　10 个球的集合

定理 1.3.7

令 R 是集合 X 上的一个等价关系。对于每个 $a\in X$,令

$$[a]=\{x \mid xRa, x\in X\} \quad (或 [a]=\{x \mid (x,a)\in R\})$$

则

$$S=\{[a] \mid a\in X\}$$

是 X 的一个划分。

证明:

(1) 先证 X 中的每个元素都必属于 S 的一个成员。

令 $a\in X$,由于 aRa,$a\in[a]$。这样 X 的每个元素至少属于 S 的一个成员。

(2) 再证 X 中的每个元素都只能属于 S 的一个成员。即是

$$如果 x\in X 和 x\in [a]\cap[b],则 [a]=[b] \tag{1.3.1}$$

在此,我们又要分两步进行。

(ⅰ) 先证明,如果 aRb,则$[a]=[b]$。

假设 aRb,令 $x\in[a]$,有 xRa。由于 aRb 和 R 是传递的,因此,$x\in[b]$,故$[a]\subseteq[b]$。同理,只要把 a 和 b 互换,可以得出 $[b]\subseteq[a]$。于是,$[a]=[b]$。

(ⅱ) 再证明(1.3.1)

假设 $x\in X$ 和 $x\in[a]\cap[b]$,那么有 xRa 和 xRb。根据前面的结果有$[x]=[a]$和$[x]=[b]$。于是$[a]=[b]$。综合(1)与(2),定理证毕。

定义 1.3.8

令 R 是集合 X 上的一个等价关系。由定理 1.3.7 所定义的集合$[a]$,称为由关系 R 确定的 a 的等价类。

例 1.3.9

考虑例 1.3.3 中的等价关系 R。包含 1 的等价类$[1]$是由所有满足$(x,1)\in R$ 的 x 组成。因此

$$[1]=\{1,3,5\}$$

类似地,可以找出其他的等价类:

$$[3]=[5]=\{1,3,5\},[2]=[4]=\{2,4\}$$

根据这个等价关系，集合 X 就被划分为 $S=\{\{1,3,5\},\{2,4\}\}$，或者 $X=\{1,3,5\}\cup\{2,4\}$。

在 C++中，共用体结构(union)是一个非执行的说明语句，它允许程序中的两个或两个以上的变量指向同一段内存单元。

比如，在一个程序中的语句

```
union
{ int a;
  int b;
  int c;
};
union
{ int up;
  int down;
};
```

通知 C++编译器，整型变量 a,b,c 要共享同一段内存单元，而整型变量 up，down 要共享另一段内存单元。在这里，所有程序变量组成的集合由等价关系 R 加以划分，其中如果 v_1,v_2 是共享同一段内存单元的程序变量，那么就有 v_1Rv_2。

例 1.3.10

设 R 是整数集上的关系，满足 aRb，当且仅当 $a=b$ 或 $a=-b$。容易证明 R 是等价关系。在这个等价关系中，一个整数等价于它自身和它的相反数，从而 $[a]=\{a,-a\}$。这个集合包含两个不同的整数，除非 $a=0$。例如，$[5]=\{5,-5\}$，$[0]=\{0\}$，$[4]=\{4,-4\}$。于是，根据这个关系 R，$\boldsymbol{Z}$ 可以有如下划分：

$$\boldsymbol{Z}=[0]\cup[1]\cup[2]\cup[3]\cup[4]\cup\cdots$$

例 1.3.11

在集合 $X=\{a,b,c\}$ 上的定义关系

$$R=\{(a,a),(b,b),(c,c)\}$$

容易证明，R 是等价关系，它所产生的等价类是

$$[a]=\{a\},[b]=\{b\},[c]=\{c\}$$

则集合 X 的划分 $S=\{\{a\},\{b\},\{c\}\}$。

例 1.3.12

令 $X=\{1,2,\cdots,10\}$，在 X 上定义关系 R：xRy 当且仅当 3 整除 $(x-y)$。不难证明 R 是自反的，对称的和传递的。因此 R 是 X 上的一个等价关系。

根据这个关系，我们确定其等价类。

等价类[1]由满足 $xR1$ 的所有 x 的组成。这样,

$$[1]=\{x\in X \mid 3\text{ 整除}(x-1)\}=\{1,4,7,10\}$$

类似地 $[2]=\{2,5,8\},[3]=\{3,6,9\}$

这三个等价类划分了集合 X,即 $X=[1]\cup[2]\cup[3]$。

注意,$[1]=[4]=[7]=[10]$,$[2]=[5]=[8]$,$[3]=[6]=[9]$。对于这个关系,等价的含义是"它们被 3 除,所得的余数相同"。

定理 1.3.13

令 R 表示有限集合 X 上的一个等价关系,如果每个等价类都有 r 个元素,则共有 $|X|/r$ 个等价类。

证明:令 $X_1,X_2,\cdots,X_k$ 表示不同的等价类。由于这些集合划分了 X,所以有

$$\begin{aligned}|X|&=|X_1|+|X_2|+\cdots+|X_k|\\&=r+r+\cdots+r=kr\end{aligned}$$

于是得出结论。

例 1.3.14

设 X 是由 8 个比特位串所组成的集合,在其上定义关系 s_1Rs_2:串 s_1 和 s_2 的前 4 位相同。回答下列问题:

(1) 证明 R 是一个等价关系。

(2) 对每个等价类,列出一个成员。

(3) 共有多少个等价类?

要证明 R 是一个等价关系,必须证明 R 是自反的、对称的和传递的。对于每个性质,我们直接检验其定义中规定的条件是否成立。

首先 R 是自反的。对于每个 8 位串 s,有 sRs,即 s 和 s 的前 4 位一致。很明显此条件成立。

其次 R 是对称的。必须证明对于每个 8 位串 s_1 和 s_2,如果 s_1Rs_2,则 s_2Rs_1。用 R 的定义,我们把此条件翻译成:如果 s_1 和 s_2 的前 4 位一致,s_2 和 s_1 的前 4 位一致。这也明显成立。

再次 R 是传递的。必须证明,对于所有的 8 位串 s_1,s_2 和 s_3,如果 s_1Rs_2 和 s_2Rs_3,则有 s_1Rs_3。再次用 R 的定义,我们把此条件翻译成:如果 s_1 和 s_2 的前 4 位一致,s_2 和 s_3 的前 4 位一致,则 s_1 和 s_3 的前 4 位一致。这也明显成立。

在前面的讨论中,我们发现了每个不同的 4 位比特串决定了一个等价类。例如,串 0111 确定了所有前 4 位为 0111 的 8 位比特串的等价类。因此,等价类的个数就等于不同的 4 位串的个数。我们可以简单地列出它们全体

0000, 0001, 0010, 0011,

0100, 0101, 0110, 0111,

1000，　1001，　1010，　1011，

1100，　1101，　1110，　1111

对它们计数，共有 $2^4=16$ 个等价类。

考虑对每个等价类列出一个成员的问题。上面列出的 16 个 4 位的串确定了 16 个等价类。第一个串 0000 确定了前 4 位是 0000 的 8 位比特串的等价类；第二个串 0001 确定了前 4 位是 0001 的 8 位比特串的等价类；等等。这样，要对每个等价类列出一个成员，可以简单地在前面的 4 位比特串后面再接上某个 4 位比特串即可：

0000 0000，0001 0000，0010 0000，0011 0000，

0100 0000，0101 0000，0110 0000，0111 0000，

1000 0000，1001 0000，1010 0000，1011 0000，

1100 0000，1101 0000，1110 0000，1111 0000.

同样地，根据一个划分可以定义一个等价关系。这就是下面的结论。

定理 1.3.15

令 $S=\{T_1,T_2,\cdots,T_n\}$ 是集合 X 的一个划分，在集合 X 上定义关系：xRy 表示 x,y 同时属于某一个 T_i，则关系 R 是等价关系。

证明：对任意的 $x\in X$，由 X 的划分定义，x 必属于 S 的某个成员 T，因此 xRx，R 是自反的。

设 xRy，根据 R 的定义，x 和 y 同属于某一个集合 $T_i\in S$，当然 y 和 x 也属于这个 T_i，从而有 yRx，于是 R 是对称的。

最后，设 xRy 且 yRz，那么 x 和 y 都属于某一个集合 $T_i\in S$，而 y 和 z 都属于另一个集合 $T_j\in S$。由于 y 只能属于 S 的一个成员，必有 $T_i=T_j$。于是，x 和 z 都属于某一个 T_i，故有 xRz。于是，R 是传递的。故 R 是等价关系。

假如 S 和 R 如定理 1.3.15 中所述，如果 $T\in S$，我们就说 T 的成员（或元素）在关系 R 的意义上是等价的。

例 1.3.16

考虑集合 $X=\{1,2,3,4,5,6\}$ 上的一个划分

$$S=\{\{1,3,5\},\{2,6\},\{4\}\}$$

由定理 1.3.15 可知，X 上的划分 S 确定一个等价关系 R。根据等价关系的定义，等价类 $\{2,6\}$ 包含着序偶 $\{(2,2),(2,6),(6,2),(6,6)\}$，同理可写出等价类 $\{1,3,5\}$ 和 $\{4\}$ 包含的序偶。从而，等价关系

$R=\{(1,1),(1,3),(1,5),(3,1),(3,3),(3,5),(5,1),(5,3),(5,5),(2,2),(2,6),(6,2),(6,6),(4,4)\}$

定理 1.3.15 告诉我们，划分和等价关系是同一个硬币的两面。一方面，集合 X 的每一个划分以一种自然方式确定了 X 上的一个等价关系；另一方面，每个非空集合 X 上的

等价关系以同样一种自然方式确定了一个 X 的划分。

例 1.3.17

根据定理 1.3.15,例 1.3.16 中的关系 R 是集合 $X=\{1,2,3,4,5,6\}$ 上的一个等价关系。可以证明关系 R 是自反的,对称的和传递的。R 的等价类构成 X 的一个划分。

例 1.3.16 中的关系 R 如图 1.3.2 所示。由图可以看出,R 是自反的(每个顶点处有环),对称的(对于每个从 v 到 w 的有向边,都有一个从 w 到 v 的有向边)和传递的(如果有一条从 x 到 y 的有向边和一条从 y 到 z 的有向边,必有一条从 x 到 z 的有向边)。

同时,等价类可以从等价关系的关系图中看出。例 1.3.16 的三个等价类在 R 的关系图(见图 1.3.2)中是 3 个子图,其顶点为:$\{1,3,5\}$,$\{2,6\}$,$\{4\}$。表示一个等价类的子图,是原图的一个某种性质的最大子图,这性质是:对于其任意两个顶点 v 到 w,必有一条从 v 到 w 的有向边。例如,如果 $v,w\in\{1,3,5\}$,就必有一条直接从 v 到 w 的边,而且不能向 $\{1,3,5\}$ 中再加入顶点,使所得到的顶点集中任意一对顶点之间都有边连接。

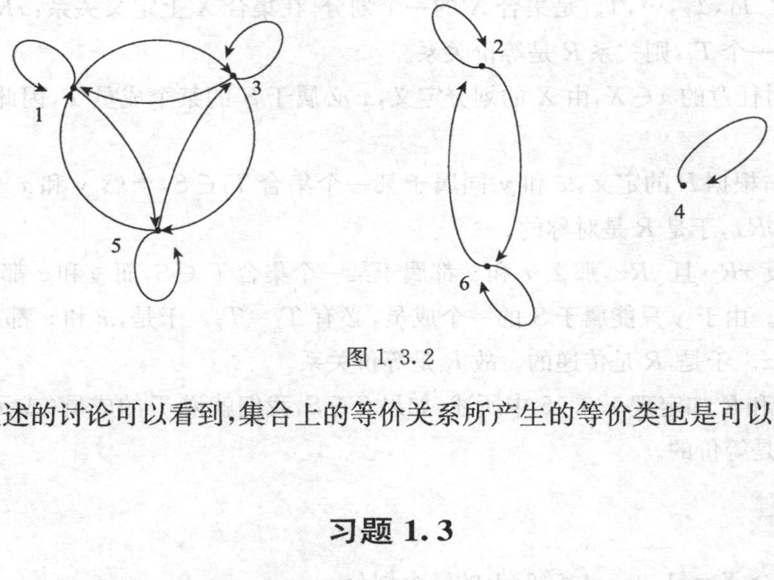

图 1.3.2

根据上述的讨论可以看到,集合上的等价关系所产生的等价类也是可以用有向图表示的。

习题 1.3

1. 确定下列给出的关系是否为 X 上的等价关系。若是等价关系,列出其等价类(其中 $x,y\in X=\{1,2,3,4,5\}$)

(1) $\{(1,1),(2,2),(3,3),(4,4),(5,5),(1,3),(3,1)\}$

(2) $\{(1,1),(2,2),(3,3),(4,4),(5,5),(1,3),(3,1),(3,4),(4,3),(1,4),(4,1)\}$

(3) $\{(1,1),(2,2),(3,3),(4,4)\}$

(4) $\{(1,1),(2,2),(3,3),(4,4),(5,5),(1,5),(5,1),(3,5),(5,3)(1,3)(3,1)\}$

(5) $\{(x,y)\mid 1\leqslant x\leqslant 5,1\leqslant y\leqslant 5)\}$

(6) $\{(x,y)\mid 4$ 整除$(x-y)\}$

(7) $\{(x,y)\mid 3$ 整除$(x+y)\}$

(8) $\{(x,y)\mid x$ 整除$(2-y)\}$

2. 写出在集合$\{1,2,3,4\}$上由给定的划分所确定的(如定义 1.3.1)等价关系的元素,并找出等价类$[1]$,$[2]$,$[3]$和$[4]$。

(1) $\{\{1,2\},\{3,4\}\}$　　(2) $\{\{1\},\{2\},\{3,4\}\}$

(3) $\{\{1,2,3,4\}\}$　　(4) $\{\{1,2,3\},\{4\}\}$

3. 令 $X=\{1,2,3,4\}$,$Y=\{3,4\}$,$C=\{1,3\}$。在 X 的幂集 $P(X)$上定义关系 R:

$$ARB \text{ 当且仅当 } A\cup Y=B\cup Y$$

(1) 试证 R 是一个等价关系。

(2) 写出包含 C 的等价类$[C]$的元素。

(3) 有多少个不同的等价类?

4. 令 $X=\{1,2,\cdots,10\}$,在 $X\times X$ 上定义一个关系 R:如果 $a+d=b+c$,则$(a,b)R(c,d)$。

(1) 证明 R 是 $X\times X$ 上的等价关系。

(2) 对每个 $X\times X$ 的等价类,列出一个成员。

5. 令 $X=\{1,2,\cdots,10\}$,在 $X\times X$ 上定义一个关系 R:如果 $ad=bc$,则$(a,b)R(c,d)$。

(1) 证明 R 是 $X\times X$ 上的等价关系。

(2) 对每个 $X\times X$ 的等价类,列出一个成员。

6. 关系$\{(1,1),(2,2),(3,3),(4,4),(2,1),(1,2)\}$是$\{1,2,3,4\}$上的等价关系吗?解释之。

7. 给出$\{1,2,3,4\}$上的等价关系

$$\{(1,1),(2,2),(3,3),(4,4),(1,2),(2,1),(3,4),(4,3)\}$$

求包含 3 的等价类$[3]$,一共有多少个等价类?

8. 求集合$\{a,b,c,d,e\}$上的其等价类为

$$\{a\},\{b,d,e\},\{c\}$$

的等价关系,并表示为序偶的集合。

9. 令 R 是 8 位比特串集合上的关系:如果串 S_1 和 S_2 中 0 的个数相同,则 S_1RS_2。

(1) 证明 R 是一个等价关系。

(2) 它有多少个等价类?

(3) 对每个等价类,列出一个元素。

1.4　关系矩阵

有多种方式可以用来表示有穷集合之间的关系。正如已经看到的,一种方式是列出它的有序对,另一种方式是使用列表。现在再介绍一种表示从 X 到 Y 的关系的便利方法,它是 0—1 矩阵(后面第 3 章介绍矩阵的相关知识)。计算机可以用这种方法来对一

个关系进行分析。我们用 X 中元素来标记行(以任意的次序),用 Y 中元素来标记列(也是任意的次序)。如果有 $x\,R\,y$,我们就令 x 行 y 列的元素之值为 1;否则,其值为 0。这个矩阵就称为关系 R 的矩阵(与 X 和 Y 的次序对应),简称关系矩阵。

例 1.4.1

已知从 $X=\{1,2,3,4\}$ 到 $Y=\{a,b,c,d\}$ 的关系

$$R=\{(1,b),(1,d),(2,c),(3,b),(3,c),(4,a)\},$$

则对应于次序 1,2,3,4 和 a,b,c,d 的关系矩阵是

$$\boldsymbol{M}_{\mathrm{R}}=\begin{array}{c} \\ 1\\ 2\\ 3\\ 4\end{array}\begin{array}{c} \begin{array}{cccc} a & b & c & d\end{array}\\ \begin{pmatrix}0&1&0&1\\0&0&1&0\\0&1&1&0\\1&0&0&0\end{pmatrix}\end{array}$$

例 1.4.2

例 1.4.1 中的关系,若对应的次序为 2,3,4,1 和 d,b,a,c,则其关系矩阵是

$$\boldsymbol{P}_{\mathrm{R}}=\begin{pmatrix}0&0&0&1\\0&1&0&1\\0&0&1&0\\1&1&0&0\end{pmatrix}$$

很显然,一个关系 R 的关系矩阵依赖于 X 和 Y 的次序。

例 1.4.3

从集合{2,3,4}到集合{5,6,7,8}的关系 R,定义为:如果 x 整除 y,则 xRy。对应的次序是 2,3,4 和 5,6,7,8,其关系矩阵是

$$\boldsymbol{M}_{\mathrm{R}}=\begin{array}{c} \\ 2\\ 3\\ 4\end{array}\begin{array}{c} \begin{array}{cccc} 5 & 6 & 7 & 8\end{array}\\ \begin{pmatrix}0&1&0&1\\0&1&0&0\\0&0&0&1\end{pmatrix}\end{array}$$

注意,当考虑某个集合 X 上的关系 R(从 X 到 X 的关系)时,我们对行和列使用同样的次序。

例 1.4.4

集合 $\{a,b,c,d\}$ 上的关系

$$R=\{(a,a),(b,b),(c,c),(d,d),(b,c),(c,b)\}$$

是自反的、对称的。对应于次序 a,b,c,d 的关系矩阵是

$$
\boldsymbol{M}_R=\begin{array}{c} \\ a \\ b \\ c \\ d \end{array}\begin{array}{c} \begin{array}{cccc} a & b & c & d \end{array} \\ \begin{pmatrix} 1 & 0 & 0 & 0 \\ 0 & 1 & 1 & 0 \\ 0 & 1 & 1 & 0 \\ 0 & 0 & 0 & 1 \end{pmatrix} \end{array}
$$

注意，对于一个集合 X 上的关系，其关系矩阵总是一个方阵。

对于集合 X 上的关系 R，从其关系矩阵 $\boldsymbol{A}$(对应于某个次序)可以确定 R 所具有的性质。

(1) 关系 R 是自反的，当且仅当 $\boldsymbol{A}$ 的主对角线上各个元素的值都为 1(主对角线由从左上到右下的线上面的各元素组成)。因为 R 是自反的，当且仅当对于所有的 $x\in X$，$(x,x)\in R$。这个条件正好是主对角线上的元素都为 1。注意，例 1.4.4 的关系 R 是自反的，其关系矩阵的主对角线上的元素全为 1。

(2) 关系 R 是对称的，当且仅当对于所有的 i 行和 j 列，$\boldsymbol{A}$ 的第 i 行 j 列上元素的值等于第 j 行 i 列个元素的值(或者说，R 是对称的，当且仅当其关系矩阵相对于主对角线是对称的)。因为关系 R 是对称的，当且仅当对所有的 $x,y\in X$，如果$(x,y)\in R$，则$(y,x)\in R$。这个条件正好是矩阵相对于主对角线对称。注意，例 1.4.4 的关系 R 是对称的，其关系矩阵相对其主对角线是对称的。

(3) R 是反对称的，当且仅当对于所有的 i 和 j，当 $i\neq j$，$\boldsymbol{A}$ 的第 i 行 j 列上元素的值等于 1，那么第 j 行 i 列上元素的值等于 0。或者说，当 $i\neq j$ 时，$\boldsymbol{A}$ 的第 i 行 j 列上元素的值等于 0，那么第 j 行 i 列上元素的值等于 1。因为当 $x\neq y$ 时，$(x,y)\in R$ 和$(y,x)\in R$ 不能同时成立。

然而，对于集合 X 上的关系 R，我们没有一个简单方法由其关系矩阵 $\boldsymbol{A}$ 就能确定 R 是否传递的。

例 1.4.5

设集合上的关系 R 由矩阵

$$
\boldsymbol{M}_R=\begin{pmatrix} 1 & 1 & 0 \\ 1 & 1 & 1 \\ 0 & 1 & 1 \end{pmatrix}
$$

给出，R 是自反的、对称的和反对称的吗？

因为这个矩阵 $\boldsymbol{M}_R$ 所有主对角线元素都等于 1，R 是自反的。又由于 $\boldsymbol{M}_R$ 是对称的，所以 R 是对称的。容易看出 R 不是反对称的。

下面我们说明矩阵相乘就相当于关系的复合。

例 1.4.6

令 R_1 是从 $X=\{1,2,3\}$ 到 $Y=\{a,b\}$ 的关系，定义为：

$$R_1=\{(1,a),(2,b),(3,a),(3,b)\}$$

令 R_2 是从 Y 到 $Z=\{x,y,z\}$ 的关系，定义为：

$$R_2=\{(a,x),(a,y),(b,y),(b,z)\}$$

则 R_1 与 R_2 的复合是 $R_2 \cdot R_1=\{(1,x),(1,y),(2,y),(2,z),(3,x),(3,y),(3,z)\}$

R_1 对应于次序 1,2,3 和 a,b 的关系矩阵是

$$\boldsymbol{A}_1=\begin{matrix} \\ 1 \\ 2 \\ 3 \end{matrix}\begin{matrix} a & b \\ \end{matrix}\begin{pmatrix} 1 & 0 \\ 0 & 1 \\ 1 & 1 \end{pmatrix}$$

R_2 对应于次序 a,b 和 x,y,z 的关系矩阵是

$$\boldsymbol{A}_2=\begin{matrix} a \\ b \end{matrix}\overset{\begin{matrix} x & y & z \end{matrix}}{\begin{pmatrix} 1 & 1 & 0 \\ 0 & 1 & 1 \end{pmatrix}}$$

两个矩阵相乘得

$$\boldsymbol{A}_1 \cdot \boldsymbol{A}_2=\begin{pmatrix} 1 & 1 & 0 \\ 0 & 1 & 1 \\ 1 & 2 & 1 \end{pmatrix}$$

定理 1.4.7

令 R_1 是从 X 到 Y 的关系，R_2 是从 Y 到 Z 的关系。选择好 X,Y 和 Z 的次序，所有的关系矩阵都是与这个次序相对应的。令 R_1 的关系矩阵是 $\boldsymbol{A}_1$，R_2 的关系矩阵是 $\boldsymbol{A}_2$，则 $R_2 \cdot R_1$ 的关系矩阵是：在矩阵之积 $\boldsymbol{A}_1 \cdot \boldsymbol{A}_2$ 中，把非 0 项用 1 代替而得的矩阵。

证明(略)。

在例 1.4.6 中，关系 $R_2 \cdot R_1=\{(1,x),(1,y),(2,y),(2,z),(3,x),(3,y),(3,z)\}$ 的矩阵是：

$$\begin{pmatrix} 1 & 1 & 0 \\ 0 & 1 & 1 \\ 1 & 1 & 1 \end{pmatrix}$$

习题 1.4

1. 根据给定的次序，写出从 X 到 $Y(X)$ 的关系 R 的关系矩阵。

(1) $R=\{(1,a),(2,b),(2,c),(3,d),(3,c)\}$

X 的次序：1,2,3；　　　Y 的次序：b,d,c,a

(2) $R=\{(x,a),(x,c),(y,a),(y,b),(z,d)\}$

X 的次序：x,y,z；　　Y 的次序：a,b,c,d

(3) $R=\{(1,2),(2,3),(3,4),(4,5)\}$

X 的次序：5,3,1,2,4

(4) $R=\{(x,y)\mid x<y\}$

X 的次序：1,2,3,4

2. 把由矩阵形式给出的关系 R 写为序偶的集合。

(1)
$$\begin{array}{c} \\ a \\ b \\ c \\ d \end{array}\begin{array}{c} \begin{matrix} w & x & y & z \end{matrix} \\ \begin{bmatrix} 1 & 0 & 1 & 0 \\ 0 & 0 & 0 & 0 \\ 0 & 0 & 1 & 0 \\ 1 & 1 & 1 & 1 \end{bmatrix} \end{array}$$

(2)
$$\begin{array}{c} \\ 1 \\ 2 \end{array}\begin{array}{c} \begin{matrix} 1 & 2 & 3 & 4 \end{matrix} \\ \begin{bmatrix} 1 & 0 & 1 & 0 \\ 0 & 1 & 1 & 1 \end{bmatrix} \end{array}$$

3. 设集合 X 上的关系 R 由如下关系矩阵给出，问 R 是自反的、对称的和反对称的吗？

$$\boldsymbol{M}_R=\begin{bmatrix} 1 & 1 & 0 \\ 1 & 1 & 1 \\ 0 & 1 & 1 \end{bmatrix}$$

4. 给出从 X 到 Y 的关系 R 的关系矩阵，如何求其逆关系 R^{-1} 的关系矩阵？

5. 求出第 2 题中各个关系的逆关系的关系矩阵。

6. 已知 $R_1=\{(1,x),(1,y),(2,x),(3,x)\}$，$R_2=\{(x,b),(y,b),(y,a),(y,c)\}$

次序：1,2,3; x,y; a,b,c;

求(1) $\boldsymbol{R}_1$ 的关系矩阵 $\boldsymbol{A}_1$（对于给定的次序）。

(2) $\boldsymbol{R}_2$ 的关系矩阵 $\boldsymbol{A}_2$（对于给定的次序）。

(3) 矩阵之积 $\boldsymbol{A}_1\boldsymbol{A}_2$。

(4) 根据(3)的结果，求关系 $R_2\cdot R_1$ 的关系矩阵。

7. 给出集合 X 上的等价关系 R 的矩阵，如何能容易地找出包含元素 $x\in X$ 的等价类？

8. 设关系

$R_1=\{(1,x),(2,x),(2,y),(3,y)\}$，$R_2=\{(x,a),(x,b),(y,a),(y,c)\}$，

求(1) 关系 R_1 的对应于次序为 1,2,3;x,y 的矩阵 $\boldsymbol{A}_1$。

(2) 关系 R_2 的对应于次序为 $x,y;a,b,c$ 的矩阵 $\boldsymbol{A}_2$。

(3) 求矩阵乘积 $\boldsymbol{A}_1\cdot\boldsymbol{A}_2$。

1.5　关系数据库

前面我们讨论的关系大多为二元关系，也就是说：当我们把关系写为列表的形式时，表中只有两个列。而现实生活中我们所讨论的列表可能会有任意的列数。例如，学生的学号、姓名、年级、专业、学习成绩之间的关系的列表就有 5 列。一般地，如果一个表有 n 列，其对应的关系就称为 $\boldsymbol{n}$ 元关系。

例 1.5.1

表 1.5.1 表示一个 4 元关系。它表示一些棒球运动员的 ID 号、姓名、位置和年龄之间的关系。

表 1.5.1

ID 号	姓名	位置	年龄
22012	Johnson	捕手	22
93831	Glover	外场	24
58199	Battery	投手	18
84341	Cage	捕手	30
01180	Homer	一垒	37
26710	Score	投手	22
61049	Johnson	外场	30
39826	Singleton	二垒	31

表 1.5.1 所示的关系也可以表示为 4 元组的集合，比如

{(22012,Johnson,捕手,22),(93831,Glover,外场,24),
(58199,Battery,投手,18),(84341,Cage,捕手,30),
(01180,Homer,一垒,37),(26710,Score,投手,22),
(61049,Johnson,外场,30),(39826,Singleton,二垒,31)}

数据库由计算机管理的一些记录组成，这些记录是由不同字段构成的 n 元组。比如在例 1.5.1 中有 8 条记录，每条记录有 4 个字段。这些字段是 n 元组的数据项。例如，学生管理数据库的记录可以由学生的学号、姓名、年级、专业、学习成绩 1、学习成绩 2 等 6 字段构成。一个航线数据库可能包括由旅客预订票、航空公司名、航班号、出发地、目的地、起飞时间、到达时间等 7 个字段组成的记录。**数据库管理系统**则是一些程序，它能帮助用户访问数据库中的信息。由 E. F. 科德(Codd)在 1970 年提出的**关系数据库模型**，就是基于 n 元关系的概念。

用于表示数据库的关系称为表，因为这些关系常常用表来给出。表中的每一个列(字段)称为数据库的一个属性。属性的域是该属性的所有元素的集合。例如表 1.5.1 中，年龄是一个属性，其域是小于 100 的正整数的集合；姓名是另一个属性，是长度等于和小于 30 个字符的英文字母串。

在一个关系或表中，如果某个数据或一些数据的组合可以唯一地确定一个 n 元组，就把它称为一个**关键字**。它用于唯一地标识数据库中的记录。例如，在表 1.5.1 中，我们可以取 ID 号作为关键字(通常每个人都有唯一不同的 ID 号)。在绝大多数情况下，姓名字段都是不能设定为关键字的，因为不同的人可以有相同的姓名。同理，我们也不能把位置或年龄作为关键字。在表 1.5.1 中，姓名和位置的联合可以作为关键字，因为一个运动员可以唯一地由姓名和位置来确定。

计算机系统可以把大量的信息存放在数据库中。人们可以对数据进行各种操作，比如，一个数据库管理系统要执行查询、插入、删除，以及从一些重叠的数据库中组合记录

的操作。比如，在例 1.5.1 中，“找出所有的外场手”就是一个有意义的关系查询。下面我们讨论对关系的某些操作运算。

例 1.5.2　选择

选择操作符 S_c 是从 n 元关系中选择符合给定条件 c 的某些 n 元组构成新的 n 元关系。比如对于表 1.5.1 的关系“运动员”，我们使用选择运算 S_c：

运动员[位置＝捕手]　　(此处的选择条件 c 是“位置＝捕手”)

结果是由下面的两个 4 元有序组构成的一个新关系：

{(22012，Johnson，捕手，22)，(84341，Cage，捕手，30)}

或者是表 1.5.2 所列关系。

表 1.5.2

ID 号	姓名	位置	年龄
22012	Johnson	捕手	22
84341	Cage	捕手	30

注：条件是“位置＝捕手”。

类似地，为了在这个数据库中找出年龄在 30 岁以下的运动员记录，我们也要使用选择运算 S_c：

运动员[年龄＜30]

其中的选择条件 c 是“年龄＜30”。其结果是产生了 4 元有序组构成的新关系，见表 1.5.3。

表 1.5.3

ID 号	姓名	位置	年龄
22012	Johnson	捕手	22
93831	Glover	外场	24
58199	Battery	投手	18
26710	Score	投手	22

注：条件是“年龄＜30”。

选择运算就是从原关系中选择符合给定条件的所有 n 元组构成新的 n 元关系。

例 1.5.3　投影

投影操作符 $P_{(i_1,i_2,\cdots,i_m)}$ 将 n 元组 $(a_1,a_2,\cdots,a_n)$ 映射为 m 元组 $(a_{i1},a_{i2},\cdots,a_{im})$。也就是，在 n 元组的关系中选择符合给定条件的那些列 $i_1,i_2,\cdots,i_m$ 构成一个 m 元新关系。

比如，当投影 $P_{1,3}$ 施用到 4 元组(2，5，0，7)，(26710，Score，投手，22)时，产生的结果是 2 元组(2，0)，(26710，投手)。

又如，对表 1.5.1 的关系“运动员”，使用投影运算 $P_{2,3}$：

运动员[姓名，位置]

此时要选择“姓名，位置”保留，而删除表中的第 1 列和第 4 列。这个投影运算的结果是选择了下面的有序组构成一个新关系：

{(Johnson,捕手),(Glover,外场)(Battery,投手),

(Cage,捕手),(Homer,一垒),(Score,投手),

(Johnson,外场),(Singleton,二垒)}.

当把一个投影施用于一个关系的列表时，有可能会使行变少，因为它去掉了重复的项。比如，我们考虑表 1.5.4 所列的关系"注册"。

表 1.5.4

学生	专业	课程
Glauser	生物学	BI290
Glauser	生物学	MS475
Glauser	生物学	PY410
Marcus	数学	MS511
Marcus	数学	CS606
Miller	计算机科学	MS575
Miller	计算机科学	CS455

若使用投影运算 $P_{1,2}$：

注册[学生,专业]

此时选择"学生,专业"，而要删除表中的第 3 列。其结果是选择表 1.5.5 中所列的有序组构成一个新的关系"专业"。

表 1.5.5

学生	专业
Glauser	生物学
Marcus	数学
Miller	计算机科学

例 1.5.4 连接

选择和投影操作通常用来处理单个的关系。而连接运算 J 用于处理两个关系，它从两个关系中产生一个新关系。在 R_1 和 R_2 上的连接操作是研究一对有序组(一个是 R_1 中的，另一个是 R_2 中的)，如果连接的条件满足，两个有序组复合成为一个新的有序组。连接的条件规定了 R_1 中的某项和 R_2 中的某项之间的关系。例如，给定另一个关系"分配"，如表 1.5.6 所示。

表 1.5.6

PID	队名
39826	Blue Sox
26710	Mutts
58199	Jackalopes
01180	Mutts

我们可以通过连接运算 J 把表 1.5.1 和表 1.5.6 连接起来，条件是：ID 号＝PID。

具体方法是：依次从表 1.5.1 取一行，再从表 1.5.6 遍取每一行，如果 ID 号＝PID，就把这两行复合起来。例如，在表 1.5.1 第 3 行(58199，Battery，投手，18)中的 ID 号 58199 和表 1.5.6 中的第 3 行(58199，Jackalopes)中的 PID 一致，于是，先写出表 1.5.1 的有序组，接着再写表 1.5.6 的有序组，但去掉相同的项，得到

(58199，Battery，投手，18，Jackalopes)

同理，在表 1.5.1 第 5 行(01180，Homer，一垒，37)中的 ID 号 01180 和表 1.5.6 中的第 4 行(01180，Mutts)中的 PID 一致。于是可以得到

(01180，Homer，一垒，37，Mutts)

这时的连接操作符可表示为：

运动员[ID 号＝PID]分配

运行这个连接操作符，可以得到一个新关系，此关系见表 1.5.7。

表 1.5.7

PID	姓名	位置	年龄	队名
58199	Battey	投手	18	Jackalopes
01180	Homer	一垒	37	Mutts
26710	Score	投手	22	Mutts
39826	Singleton	二垒	31	Blue Sox

注：运动员[ID 号＝PID]分配。

从已知关系产生新关系的运算除了选择、投影和连接运算外，还有其他运算。对这些运算的描述可以在数据库理论的书籍中找到。

例 1.5.5

实施一个查询“找出在某队打球的人的名字”，描述求出答案所需的操作。

首先，我们根据条件：ID 号＝PID，连接表 1.5.1 和表 1.5.6，得到新关系 temp(见表 1.5.7)，它列出了所有在某队打球的人及其他信息。

其次，要得到在某队打球的人的姓名，还需要对姓名进行投影操作，得到表 1.5.8 所列关系。

表 1.5.8

姓　名
Battey
Homer
Score
Singleton

上述的操作运算可以规定如下：

temp: = 运动员[ID 号 = PID]分配 //根据 ID = PID 连接两个关系“运动员”和“分配”，将形成的新关

系命名为temp

temp[姓名] // 在新关系 temp 中对姓名进行投影操作

例 1.5.6

实施一个查询:“找出在 Mutts 队打球的人的名字”,描述求出答案所需的操作。

首先,用选择操作从表 1.5.6 中选出在 Mutts 队打球的人,得到关系 temp 1,见表 1.5.9。

表 1.5.9

PID	队名
26710	Mutts
01180	Mutts

其次,把关系“运动员”(见表 1.5.1)和关系 temp 1 进行连接,条件是 ID 号=PID,从而得到表 1.5.10 所列关系:

表 1.5.10

ID 号	姓名	位置	年龄	队名
01180	Homer	一垒	37	Mutts
26710	Score	投手	22	Mutts

再对关系 temp 2 在“姓名”上进行投影,得到关系 temp3,见表 1.5.11。

表 1.5.11

Homer
Score

这就是我们所要查询的结果。

上述操作过程写在一起就是:

```
temp1: = 分配[队名 = Mutts]
temp2: = 运动员[ID 号 = PID] temp1
temp3: = temp2[姓名]
```

当然,下面的操作同样也能给出本例的答案。

```
temp1: = 运动员[ID 号 = PID] 分配
temp2: = temp1[队名 = Mutts]
temp3: = temp2[姓名]
```

习题 1.5

1. 使用表 1.5.1 和表 1.5.6,写出下列查询的操作系列。

(1) 求所有队的名字。

(2) 求所有运动员的姓名和年龄。

(3) 求有投手的队的名字。

(4) 求队的名字,它们有年龄不低于 30 岁的运动员。

2. 已知下列各种关系如表 1.5.12～1.5.15 所示,

表 1.5.12

ID	雇员姓名	经理
1089	Suzuki	Zamora
5620	Kaminski	Jones
9551	Ryan	Washington
3600	Beaulieu	Yu
0285	Schmidt	Jones
6684	Manacotti	Jones

注:雇员关系表。

表 1.5.13

部门号	经理
23	Jones
04	Yu
96	Zamora
66	Washington

注:部门关系表。

表 1.5.14

部门号	部件号	数量
04	335B2	50
23	2A	24
04	8C200	302
04	900	720
96	20A8	100
96	1199C	96
23	772	39

注:供货方关系表。

表 1.5.15

名字	部件号
United Supplies	2A
ABC Unlimited	8C200
United Supplies	1199C
United Supplies	335B2
ABC Unlimited	772
Danny's	900
United Supplies	772
Danny's	20A8
ABC Unlimited	20A8

注:买方关系表。

写出下列查询的操作系列。

(1) 求所有的部件号。

(2) 求被 Jones 管理的雇员姓名。

(3) 求由部门 96 供货的所有部件号。

(4) 求部件 20A8 的所有买方。

(5) 求存货量不少于 100 的部件的部件号。

(6) 求所有向 Danny's 供货的部门号。

(7) 求 United Supplies 所购买的部件号和数量。

(8) 求给 ABC Unlimited 生产部件的部门经理。

(9) 求所有买方的名字,它购买 Suzuki 工作部门的产品。

1.6 函　　数

回忆前面的定义 1.2.1,一个从 X 到 Y 的关系 R 是笛卡儿积 $X\times Y$ 的子集,且有

$$R\text{ 的定义域}=\{x\in X \mid \text{存在 } y\in Y\text{,使}(x,y)\in R\}$$

中学数学告诉我们,函数是描述和表达关系的一个重要形式,那么我们会问,函数和前面讨论过的关系有什么联系呢?进一步地说,满足什么条件的关系,才能够成为一个函数呢?这就是下面的定义。

定义 1.6.1

具有下列性质的从 X 到 Y 的关系 f,通常称为函数(或映射):

(1) f 的定义域就是 X。

(2) 如果有 (x,y),$(x,y')\in f$,则必有 $y=y'$。

一个从 X 到 Y 的函数有时也表示为 $f:X\to Y$。

注意,此处的定义与我们中学数学里的函数定义是一致的:对每一个 x,通过规则 f,都有唯一确定的 y 与之对应,我们就说 y 是 x 的函数,记为 $y=f(x)$。有时候,我们把 $f(x)$称为 x 的像,x 称为 $f(x)$的原像。

在数学里,函数符号通常用一个英文字母 f,g,h 或希腊字母表示。但在计算机数学里,函数的符号可根据具体情况选用不同的字符,如 max,min,average,delete_string 等。

例 1.6.2

从 $X=\{1,2,3\}$到 $Y=\{a,b,c\}$的关系

$$f=\{(1,a),(2,b),(3,a)\}$$

是一个从 X 到 Y 的函数。f 的定义域就是 X,其值域是$\{a,b\}$(回忆定义 1.2.1)。

事实上,序列也可看成一个特殊类型的函数。一个最小下标为 1 的序列是一个函数,其定义域或者是所有正整数的集合,或者是形如$\{1,\cdots,n\}$的有限集。比如,序列

$$a,a,b,a,b$$

就是一个函数，其定义域是$\{1,2,3,4,5\}$。又如，序列

$$2,4,6,\cdots,2n,\cdots$$

也是一个函数，其定义域是全体正整数的集合。

例 1.6.3

从 $X=\{1,2,3,4\}$到 $Y=\{a,b,c\}$的关系

$$R=\{(1,a),(2,a),(3,b)\} \tag{1.6.1}$$

不是从 X 到 Y 的函数，因为定义 1.6.1 的性质(1)不满足，R 的定义域是$\{1,2,3\}$，不等于 X。如果把式(1.6.1)看作是从 $X'=\{1,2,3\}$到 $Y=\{a,b,c\}$的关系，这个关系就是从 X' 到 Y 的函数。

例 1.6.4

从 $X=\{1,2,3\}$到 $Y=\{a,b,c\}$的关系

$$f=\{(1,a),(2,b),(3,c),(1,b)\}$$

不是从 X 到 Y 的函数。因为根据定义 1.6.1，对于定义域中的每个元素 x，只能有一个 $y\in Y$，使$(x,y)\in f$，这个唯一的 y 值表示为 $f(x)$。换句话说，$y=f(x)$是$(x,y)\in f$ 的另一种写法。在此题中，对于 $1\in X$，有$(1,a)\in f$ 和$(1,b)\in f$，定义 1.6.1 的性质(2)不满足。

例 1.6.5

设 R 是包含有序对{(Abdul,22),(Brenda,24),(Carla,21),(Desire,22),(Eddie,24)}的一个关系，每一个序对表示一个学生的姓名与年龄。那么关系 R 确定的函数是什么？

这个关系定义了一个函数 f，可以写为：

f(Abdul)=22，f(Brenda)=24，f(Carla)=21，f(Desire)=22，f(Eddie)=24，

其定义域为{Abdul,Brenda,Carla,Desire,Eddie}，值域为{22,24,21}。

定义 1.6.6

设 $f:X\to Y$，如果对于任意 $x,x'\in X$，由 $f(x)=f(x')$可推出 $x=x'$，则称 f 是 X 到 Y 的入射(或单射)。

定义 1.6.6 给出的单射函数的条件等价于：对任意 $x,x'\in X$，如果 $x\neq x'$，则 $f(x)\neq f(x')$。也就是说，不相同的 x 必须有不相同的 y 与之对应。比如，从 $X=\{1,2,3\}$到$Y=\{a,b,c,d\}$的函数

$$f=\{(1,b),(2,c),(3,a)\}$$

是入射的。

例 1.6.7

设 $f:N\to N$，$f(x)=2x$，则 f 是 N 到 N 的入射函数。因为对 N 中的任意 x,y，由

$f(x)=f(y)$可得 $2x=2y$,从而 $x=y$。

例 1.6.8

在例 1.6.2 中,由于 $f(1)=a=f(3)$,这表明,不同的元素有相同的像,所以此函数不是入射的。

定义 1.6.9

设 $f:X\to Y$,如果对任意 $y\in Y$,均存在 $x\in X$,使得 $f(x)=y$,则称 f 是从 X 到 Y 的满射。等价地,f 是从 X 到 Y 的满射的充要条件是 f 的值域等于 Y。

例 1.6.10

从 $X=\{1,2,3,4\}$到 $Y=\{a,b,c,d\}$的函数

$$f=\{(1,a),(2,c),(3,b),(4,d)\}$$

是入射的,同时也是满射的。

例 1.6.11

从 $X=\{1,2,3,4\}$到 $Y=\{a,b,c\}$的关系

$$R=\{(1,a),(2,b),(3,c),(4,c)\}$$

是满射的,但不是入射的。

定义 1.6.12

如果一个函数既是入射的又是满射的,就称为这个函数是一一对应的(或双射的)。

显然,例 1.6.10 的函数 f 是双射的。

定义 1.6.13

设 f 是从 X 到 Y 的一一对应(入射的和满射的)函数,其逆关系

$$f^{-1}=\{(y,x)\mid (x,y)\in f\}$$

就是一个从 Y 到 X 的函数。这个新函数称为 f 的反函数(或逆)。

需要注意的是,某个关系的逆关系并不一定是函数。比如,设 $X=\{1,2,3\}$,$Y=\{a,b,c\}$,关系 $f=\{(1,a),(2,a),(3,b)\}$是一个从 X 到 Y 的函数,但其逆关系 $f^{-1}=\{(a,1),(a,2),(b,3)\}$就不是函数。

可以证明,设函数 $f:X\to Y$,则 f 的反函数存在的充要条件是 f 为双射。

例 1.6.14

对于例 1.6.10 的函数,我们有

$$f^{-1}=\{(a,1),(c,2),(b,3),(d,4)\}。$$

由于函数是特殊类型的关系，类似于关系的复合，我们可以定义函数的复合。

设 $g:X\to Y$，$f:Y\to Z$，对于任意 $x\in X$，我们可以用 g 确定一个唯一的 $y=g(x)\in Y$。对于这个 y，我们用 f 确定唯一的元素 $z=f(y)=f(g(x))\in Z$。由此就得出了从 X 到 Z 的函数 h，h 被称为 f 和 g 的复合函数，记为 $h=f\cdot g$。这里是先 g 再 f，与前面的关系复合是一致的。

例 1.6.15

给出从 $X=\{1,2,3\}$ 到 $Y=\{a,b,c\}$ 的函数

$$g=\{(1,a),(2,a),(3,c)\}$$

和从 Y 到 $Z=\{x,y,z\}$ 的函数

$$f=\{(a,y),(b,x),(c,z)\},$$

可以得到，从 X 到 Z 的复合函数是

$$f\cdot g=\{(1,y),(2,y),(3,z)\}$$

定义 1.6.16

一个从 $X\times X$ 到 X 的函数 f 称为 X 上的一个**二元运算符**。有时简写为 $f:X\times X\to X$。它把 X 中元素的每个序偶与 X 中的元素相互关联起来。

由定义可知，运算的结果必定在 X 中，并且是唯一的。

例 1.6.17

令 $X=\{1,2,\cdots\}$. 定义

$$f(x,y)=x+y$$

则 f 是集合 X 上的一个二元运算符。

注意，在本题中如果我们定义另一个运算：$f(x,y)=x-y$，那么它就不是集合 X 上的二元运算，因为 $2,3\in X$，而 $2-3=-1\notin X$。

问题：在集合 $A=\{a,b,c\}$ 上定义二元运算，这种二元运算的个数最多可以有多少？读者自己思考。

定义 1.6.18

一个从 X 到 X 的函数 f 称为集合 X 上的一元运算符。它把 X 中每个单一的元素与 X 中的另一个元素相互关联起来。

例 1.6.19

令 U 是一个全集，定义

$$f(X)=\overline{X},X\subseteq U$$

则 f 是 $P(U)$ 上的一元运算符。

前面，我们都是通过关系来讨论函数。其实函数也是可以递归地定义的。

许多现象的变化呈现出前因后果的联系，也就是，现象的变化结果与其前面的一个或几个结果密切相关。我们常说的“知道他的过去，就知道他的现在；知道他的过去和现在，就可知道他的将来”，正是体现了递归的思想。一般地，如果一个问题可以归结到其前面的一个问题或几个问题，这就是递归问题。有些数学教材上把递归又称为递推。递归地定义非负整数集上的函数，要使用两个步骤：

基础步骤：规定这个函数在 0 处的值。

递归步骤：给出从较小整数的值来求当前值的规则。

例 1.6.20

设 f 是用

$$f(0)=3$$

$$f(n+1)=2\cdot f(n)+3$$

来递归地定义的，求出 $f(1)$，$f(2)$，$f(3)$和 $f(4)$。

解：从递归定义可得

$$f(1)=2\cdot f(0)+3=9$$

$$f(2)=2\cdot f(1)+3=21$$

$$f(3)=2\cdot f(2)+3=45$$

$$f(4)=2\cdot f(3)+3=93$$

许多函数都可以递归地定义，比如，阶乘函数和指数函数等，请读者自己定义。

下面我们定义一个实数的**下取整函数**(floor)和**上取整函数**(ceiling)。

定义 1.6.21

X 的下取整函数(floor function)，表示为 $\lfloor x\rfloor$，是小于或等于 x 的最大整数。x 的上取整函数(ceiling function)，表示为 $\lceil x\rceil$，是大于或等于 x 的最小整数。

很显然，当 $x\in Z$，则 $\lfloor x\rfloor=\lceil x\rceil=x$；当 $x\in R-Z$ 时，$\lfloor x\rfloor$是实数轴上在 x 左边离 x 最近的整数；$\lceil x\rceil$是实数轴上在 x 右边离 x 最近的整数。

例 1.6.22

$\lfloor 3.1\rfloor=3$	$\lceil 3.1\rceil=4$	$\lfloor -8.7\rfloor=-9$
$\lceil -24.3\rceil=-24$	$\lceil 5\rceil=5$	$\lceil -7.1\rceil=-7$
$\lfloor -1.5\rfloor=-2$	$\lceil -1.5\rceil=-1$	$\lfloor -1\rfloor=-1$
$\lceil -1\rceil=-1$	$\lfloor 1.5\rfloor=1$	$\lceil 1.5\rceil=2$

例 1.6.23

在 1996 年，对于不超过 11 盎斯的邮件，美国的一级邮费是：对于第一盎斯或其一部分，是 32 美分，对以后的每一盎斯或其一部分，是 23 美分。邮费 $P(w)$，作为重量 w 的函数，由下式给出：

$$P(w)=32+23\lceil w-1\rceil, \qquad 0<w\leqslant 11$$

表达式 $\lceil w-1\rceil$ 计算超过 1 的盎斯数，不满 1 盎斯的尾数部分也作为 1 盎斯。例如

$P(3.7)=32+23\times\lceil 3.7-1\rceil=32+23\times\lceil 2.7\rceil=32+23\times 3=101$

$P(2)=32+23\times\lceil 2-1\rceil=32+23\times\lceil 1\rceil=32+23\times 1=55$

x 的下取整函数是“向下取整”，而 x 的上取整函数是“向上取整”。这两个函数有广泛的应用，包括用于数据存储和数据传输。

例 1.6.24

存在计算机磁盘上的数据或数据网络上传输的数据通常表示为字节。每个字节由 8 个字位组成，要表示 100 字位的数据需要多少字节？

解：要决定需要的字节数，就要找出最小的整数，它至少要与 100 除以 8 的商一样大，8 是每个字节的字位数。于是，$\lceil 100/8\rceil=\lceil 12.5\rceil=13$。

例 1.6.25

在异步传输模式(ATM)(用于骨干网络上的通信协议)下，数据按 53 个字节分组，每组称为一个信元。以速率每秒 500 千字位传输数据的连接上一分钟能传输多少个 ATM 信元？

解：一分钟内这一连接能传输 500 000×60=30 000 000 字位。每个 ATM 信元长度为 53 字节，也就是 53×8=424 字位。于是在每秒 500 千字位的连接上一分钟能传输的 ATM 信元数是

$$\lceil 30000000/424\rceil=70754$$

在数学里，可以根据需要定义很多不同的函数。比如，另一个定义在 R 上的取整函数，有时我们称之为 trunc 函数，它删去一个实数的小数部分，只保留其整数部分。比如，trunc(3.78)=3，trunc(−2.34)=−2。

又如，矩阵是一个二维的数组。在把矩阵存储到一个一维数组中时，许多计算机语言都采用以行为主序的实现方法。这里，若 $\boldsymbol{A}=(a_{ij})_{m\times n}$ 是一个 $m\times n$ 的矩阵，如果首先把 a_{11} 放在位置 1，则 $\boldsymbol{A}$ 的第一行就分别存储在数组的位置 $1,2,3,\cdots,n$。然后，a_{21} 这一项就放在位置 $n+1$ 上，而 a_{34} 这一项在数组中就占据了位置 $2n+4$。那么，$\boldsymbol{A}$ 中任意一项 a_{ij} 的位置是如何确定的呢？此时，我们可以定义函数 $f(a_{ij})=(i-1)n+j$。

习题 1.6

1. 设 R 是从 $X=\{1,2,3,4\}$ 到 $Y=\{a,b,c,d\}$ 的关系。判断其是不是函数。如果是，求出其定义域和值域，并确定是否是入射和满射的。如果既是入射又是满射，用序偶的集合的形式写出其逆函数，并求逆函数的定义域和值域。

(1) $R=\{(1,a),(2,a),(3,c),(4,b)\}$

(2) $R=\{(1,c),(2,a),(3,b),(4,c),(2,d)\}$

(3) $R=\{(1,c),(2,d),(3,a),(4,b)\}$

(4) $R=\{(1,d),(2,d),(4,a)\}$

(5) $R=\{(1,b),(2,b),(3,b),(4,b)\}$

2. 分别写出符合下列条件的函数例子。

(1) 它是入射，但不是满射。

(2) 它是满射，但不是入射。

(3) 它既不是入射，也不是满射。

3. 给出从 $X=\{1,2,3\}$ 到 $Y=\{a,b,c,d\}$ 的函数

$$g=\{(1,b),(2,c),(3,a)\}$$

和从 Y 到 $Z=\{w,x,y,z\}$ 的函数

$$f=\{(a,x),(b,x),(c,z),(d,w)\},$$

把 $f\cdot g$ 表示为序偶的集合。

4. 给出从 $X=\{a,b,c\}$ 到 X 的函数

$$f=\{(a,b),(b,a),(c,b)\},$$

(1) 把 $f\cdot f$ 和 $f\cdot f\cdot f$ 表示为序偶的集合。

(2) 定义 $f^n=f\cdot f\cdot \cdots \cdot f$ 是 f 本身的 n 次复合，求 f^4。

5. 令 g 是从 X 到 Y 的函数，f 是从 Y 到 Z 的函数，判断下列各个陈述的真假。如果为假，请给出反例。

(1) 如果 $f\cdot g$ 是满射，则 f 也是满射。

(2) 如果 f 是入射，则 $f\cdot g$ 也是入射。

(3) 如果 f 和 g 是满射，则 $f\cdot g$ 也是满射。

(4) 如果 $f\cdot g$ 是入射，则 f 也是入射。

(5) 如果 $f\cdot g$ 是入射，则 g 也是入射。

6. 令 f 是从 X 到 Y 的函数。在 X 上定义如下关系 R：

$$\text{如果 } f(x_1)=f(x_2)\text{，则 } x_1Rx_2$$

证明 R 是 X 上的等价关系。

7. 集合 X 上的二元运算符 f，如果对于任意的 $x_1,x_2\in X$，有 $f(x_1,x_2)=f(x_2,x_1)$，就说 f 是可交换的。在下列各题中，对给出的函数 f，判别它是否为 X 上的二元运算。若不是，请说明原因；若是，请判别它是否是可交换的。

(1) $f(x_1,x_2)=x_1+x_2, X=\{1,2,\cdots\}$

(2) $f(x_1,x_2)=x_1-x_2, X=\{1,2,\cdots\}$

(3) $f(x_1,x_2)=x_1/x_2, X=\{0,1,2,\cdots\}$

8. 令 X 是集合 $\{a,b\}$ 上的长度为 4 的串的集合，Y 是 $\{a,b\}$ 上的长度为 3 的串的集合。定义一个从 X 到 Y 的函数 f：$f(\S)=$由 $\S$ 的前 3 个字符组成的串。请问 f 是入射或是满射？

9. 判断下列式子是否成立。若不成立，举出反例。

(1) $\lceil x+4 \rceil = \lceil x \rceil + 4$；　(2) $\lfloor 2x \rfloor = \lfloor x \rfloor + \left\lfloor x+\frac{1}{2} \right\rfloor$；

(3) $\lceil xy \rceil = \lceil x \rceil \lceil y \rceil$；　(4) $\lceil x+y \rceil = \lceil x \rceil + \lceil y \rceil$。

第2章 逻辑与证明

在日常生活中,人们说话做事、思考问题都要合乎逻辑。逻辑是一个常用的术语。联合国教科文组织将逻辑学列为与数学、物理学、化学、天文学、生物学同等重要的基础学科。逻辑学是研究思维形式、思维方法和思维规律(尤其是推理)的学科,特别着重于推理过程是否正确。当数学家想要对给定的情况加以证明时,他必须使用逻辑系统。计算机科学家开发计算机程序,所需的算法也必须使用逻辑系统和逻辑运算。

德国数学家、哲学家莱布尼兹(G. Leibniz,1647—1716)首先提出用数学方法研究逻辑,建立了一套表意符号体系,在符号之间进行形式推理。他因此而成为数理逻辑的创始人。数理逻辑又称为符号逻辑。数理逻辑用于判断一个命题是否是其他命题的有效结论,也用来证明程序是在做它应该做的事情。本章主要介绍命题逻辑、谓词和量词、推理规则,以及数学归纳法等知识。

2.1 命题逻辑

我们知道,计算机的计算过程就是自动推理过程,而每一步推理都离不开判断,判断的对象就是命题。下面就从讨论命题开始。

下列的语句中,哪一个是真的或者假的(但不能二者都是)?

(1) 能整除7的正整数只有1和7本身。

(2) $x>3$。

(3) 对于每一个正整数n,存在一个大于n的素数。

(4) 在宇宙中,地球是唯一有生命的星球。

(5) 买两张星期五的摇滚音乐会门票。

(6) 这朵花真漂亮!

(7) $5+7=10$。

(8) 现在几点钟了?

(9) 仔细读这个句子。

(10) $y+3=8$。

语句(1)是真的。对于一个大于1的整数n,如果它只能被1和n本身整除,我们称之为素数。此语句是"7是素数"的另一种说法。

语句(2)无法确定其真假,因为我们不知道变量x的取值。

语句(3)是真的,它是"存在无穷素数系列"的另一种说法。

语句(4)只能是真或假之一(但不是既真又假),现在没有人知道是哪个,但在将来某个时候是能判断出真假的。

语句(5)是命令语句,既不是真的,也不是假的。但在命令发出之后会有一个终结的结果。

语句(6)是感叹句,没有真假意义。如果是对"这朵花真漂亮"进行强调,则是命题。

语句(7)是假的,因为 $5+7=12\neq10$。

语句(8)是疑问句,没有真假意义。

语句(9)是命令句。

语句(10)既不为真也不为假,因为不知道 y 取什么值。

一个陈述语句,如果它或是真的,或是假的(但不能是既真又假的),称为一个命题。语句(1)、(3)、(4)、(7)均是命题,而语句(2)、(5)、(6)、(8)、(9)、(10)则不是命题。一般来说,命题是一个能判断出真假的陈述语句(而不是疑问句、命令句、感叹句等)。命题是任何逻辑理论的基本构成模块。

我们将用小写英文字母,如 p,q 和 r 来表示命题。我们也用下面的符号:

$$p:1+2=5$$

来表示 p 是命题"1+2=5"。

命题的**真值**(truth)就是命题的逻辑取值。如果一个命题是真命题,它的真值就为真,用 T(True)表示;如果一个命题是假命题,它的真值就为假,用 F(False)表示。经典逻辑值只有两个:1 和 0,它们是表示事物状态的两个量。若一个命题是真命题,其真值为 1;若一个命题是假命题,其真值为 0。在计算机专业课程中,有时也将逻辑真用 1 表示,逻辑假用 0 表示。通常规定,1 表示开关处于接通状态,0 表示开关处于断开状态。在电路分析和设计中规定,1 表示逻辑高电平信号,0 表示逻辑低电平信号等。涉及命题的逻辑领域称为命题演算或命题逻辑。它是数理逻辑的基础之一,最早是 2300 多年前由古希腊哲学家亚里士多德创建的。

在日常的语言和文章中,我们经常会从那些已有的命题产生出一些新命题。比如从命题"今天是星期五"可以产生出一个新命题"今天不是星期五"。那么,如何从旧有的命题产生出一些新命题呢?这些方法早在 1854 年由英国数学家乔治·布尔在其著作《*The Laws of Thought*》(《思维语则》)中讨论过。

定义 2.1.1

设 p 是一个命题,p 的否定,表示为 $\neg p$(有时也表示为 $\overline{p}$),也是一个命题,读作

not　p(中文读作"非 p"或"不是 p")

比如,命题 $p:2+1=3$,则 p 的否定是命题

$\neg p$:并非 $2+1=3$(也可以简单地表达为:$2+1\neq3$)。

因为命题 p 为真,所以 $\neg p$ 为假。

一般地,命题 p 之否定的真值表见表 2.1.1。

表 2.1.1

p	$\neg p$
T	F
F	T

例 2.1.2

如果命题 p:珠海昨天下雨了。

则 p 的否定是命题

$\neg p$:并非珠海昨天下雨了。(也可以简单地表达为:珠海昨天没有下雨。)

显然,命题 p 有确定的真假,但要依据说此话时的具体情况。如果 p 假,则$\neg p$ 为真;反之亦然。

定义 2.1.3

令 p 和 q 是命题,则

p 和 q 的**合取**,表示为 $p \wedge q$(读作"p 并且 q"),也是一个命题。

合取联结词∧相当于自然语言中的"并且"、"与"、"和"、"以及"、"不但……而且……"、"虽然……但是……"、"尽管……仍然……"等。

p 和 q 的**析取**,表示为 $p \vee q$(读作"p 或者 q"),也是一个命题。

析取联结词∨相当于自然语言中的"或"、"或者"。

通过命题的合并而得到的命题,如 $p \wedge q$、$p \vee q$,称为**复合命题**。与之相对,如果一个命题不包含有更小的命题,则称其为**原子命题或简单命题**。

注意:①命题"小王和小李是同学"是原子命题,其中的"和"表示两个人之间的关系,没有命题合取之意。不能将"小王和小李是同学"分解成"小王是同学"和"小李是同学"。②我们规定,简单命题的否定是复合命题。

请读者找出下列命题的原子命题,并用小写字母表示出来。

(1) 我不去游泳。

(2) Jerry 能歌善舞。

(3) 你只有刻苦学习,才能取得好成绩。

(4) 小熊一边看书,一边听音乐。

例 2.1.4

设 p:1+2=5。

q:一个世纪是一百年。

则 p 和 q 的合取是

$p \wedge q$:1+2=5,并且一个世纪是一百年。

p 和 q 的析取是

$p\vee q$：1+2=5，或者一个世纪是一百年。

析取命题和合取命题的真值见下面的真值表（见表 2.1.2 和表 2.1.3）。一个命题 p 的真值表，是由其中的每个命题 $p_1, p_2, \cdots, p_n$ 取所有可能的值时，在每一个组合之下所得到的真值列表。

定义 2.1.5

复合命题 $p\wedge q$ 的真值由表 2.1.2 的真值表定义。

表 2.1.2

p	q	$p\wedge q$
T	T	T
T	F	F
F	T	F
F	F	F

注意：在上表中，给出了 p 和 q 的所有可能的 4 种组合，从而得到 $p\wedge q$ 的真值。

此定义说明，只有当 p 和 q 都为真时，$p\wedge q$ 才为真；其他情况之下，$p\wedge q$ 都为假。更一般地，只有当每个 p_i 都为真时，命题 $p_1\wedge p_2\wedge\cdots\wedge p_n$ 才为真；否则，命题 $p_1\wedge p_2\wedge\cdots\wedge p_n$ 为假。

例 2.1.6

如果 p：1+2=5。

q：一个世纪是一百年。

则它们的合取 $p\wedge q$ 是命题：1+2=5，并且一个世纪是一百年。此命题为假，因为 p 为假，q 为真。

例 2.1.7

如果 p：笛卡儿是法国哲学家。

q：牛顿是英国数学家。

显然，p 和 q 都为真。它们的合取 $p\wedge q$ 是命题：

笛卡儿是法国哲学家，并且牛顿是英国数学家。

此命题为真。

例 2.1.8

如果 p：1+2=5。

q：珠海是广东的省会城市。

则它们的合取 $p\wedge q$ 是命题：1+2=5，并且珠海是广东的省会城市。此命题为假，因为 p 和 q 皆为假。

我们令

p:今天是星期五。

q:今天下雨。

则 p 和 q 合取是 $p\wedge q$:今天是星期五,并且下雨。此时此刻,你能判断命题 $p\wedge q$ 的真假吗?

定义 2.1.9

复合命题 $p\vee q$ 的真值由表 2.1.3 的真值表定义。

表 2.1.3

p	q	$p\vee q$
T	T	T
T	F	T
F	T	T
F	F	F

析取 $p\vee q$ 中的或(or),其意义是“同或”,即当 p 或 q 之一为真或二者皆为真时,$p\vee q$为真;仅当 p、q 皆为假时,$p\vee q$ 才为假。

比如,“选修过微积分或 C 语言程序设计的学生可以选修计算机数学”这句话中的“或”表达的即是“同或”。这是指,选修过微积分和 C 语言程序设计两门课的学生,以及只选修过其中一门课的学生都可以选修计算机数学。

例 2.1.10

如果 p:1+2=5。

q:一个世纪是一百年。

则它们的析取 $p\vee q$:1+2=5,或者一个世纪是一百年。此命题为真,因为 p 为假,q 为真。

例 2.1.11

如果 p:笛卡儿是法国哲学家。

q:牛顿是英国数学家。

则其析取 $p\vee q$:笛卡儿是法国哲学家,或者牛顿是英国数学家。此命题为真,因为 p 和 q 皆为真。

例 2.1.12

如果 p:1+2=5。

q:珠海是广东的省会城市。

则它们的析取 $p\vee q$:1+2=5,或者珠海是广东的省会城市。此命题为假,因为 p 和 q 皆为假。

另外，还有一种称为“异或”（运算符用⊕表示），它表示两者不能同时为真。也就是说，当 p 和 q 中只有一个为真时，命题 $p \oplus q$ 为真；否则为假。两个命题的异或的真值由表 2.1.4 给出。

表 2.1.4

p	q	$p \oplus q$
T	T	F
T	F	T
F	T	T
F	F	F

“异或”在实际生活也是普遍存在的。比如，在某些餐厅的优惠套餐上写着“汤或沙拉，加一道小菜”，这表示顾客可以选择汤，也可以选择沙拉，但不能既选择汤又选择沙拉。因此，这里的“或”就是“异或”，而不是“同或”。

例 2.1.13

令 p：冯·诺依曼对计算机科学的发展做出了很大贡献。

q：比尔·盖茨是计算机科学家。

r：$\pi=3.14159$。

用符号形式表述下面的命题，并确定其真假。

或者冯·诺依曼对计算机科学的发展做出了很大贡献，并且比尔·盖茨不是计算机科学家，或者 $\pi=3.14159$。

上述命题可用符号表示如下：

$$(p \wedge \neg q) \vee r$$

我们把每个命题符号用其真值代入，可得

$$\begin{aligned}(p \wedge \neg q) \vee r &= (\mathrm{T} \wedge \neg \mathrm{T}) \vee \mathrm{F} \\ &= (\mathrm{T} \wedge \mathrm{F}) \vee \mathrm{F} \\ &= \mathrm{F} \vee \mathrm{F} \\ &= \mathrm{F}\end{aligned}$$

因此，上述命题为假。

习题 2.1

1. 确定下列语句是否是命题。如果是命题，请写出其否定。

(1) $2+5=9$。

(2) 对于某个正整数 n，$1870=n \cdot 17$。

(3) 请你们起床去锻炼。

(4) 计算机数学是大学一年级计算机专业的必修课。

(5) 每个大于 4 的偶数是两个素数的和。

(6) 多么美丽的夜色!

(7) $x+5$ 是一个偶数。

2. 设 p、q、r 是命题,且 $p=F,q=T,r=F$。求下列命题的真值。

(1) $\neg p \wedge \neg q$

(2) $\neg p \vee q$

(3) $\neg p \vee \neg(q \wedge r)$

(4) $\neg(p \vee q) \wedge (\neg p \vee r)$

3. 写出下列命题的真值表。

(1) $p \vee \neg q$

(2) $(\neg p \vee \neg q) \vee p$

(3) $(p \wedge q) \wedge \neg p$

4. 令 $p:\neg(5<9)$,$\neg q:9<7$,$r:5<7$,请用符号形式表示下列陈述,并确定每一个命题的真假。

(1) $5<9$ 并且 $9<7$

(2) 并非($5<9$ 且 $9<7$)

(3) $5<9$ 或者并非($9<7$ 且 $5<7$)

5. 设 p:今天是星期一;q:天正在下雨;r:天气热。将下列符号改写成文字形式。

(1) $p \vee q$

(2) $\neg p \wedge (q \vee r)$

(3) $\neg(p \vee q) \wedge r$

6. 如果 p,q 和 r 均为真,求命题 $(p \vee q) \wedge \neg((\neg p \wedge r) \vee q)$ 的真值。

7. 写出命题 $\neg(p \wedge q) \vee (p \vee \neg r)$ 的真值表。

8. 令 p:我选 C++课;q:我选 Java 课;r:我选 Flash 课。用文字表述命题 $p \wedge (\neg q \vee r)$。

9. 设 a,b,c 是实数,令 $p:a<b$;$q:b<c$;$r:a<c$;用符号形式表示:$a<b$ 或($b<c$ 且 $a<c$)。

10. James 先生发现有人偷吃了一块蛋糕,并且有 4 个人告诉他说:

Jerry 说:是 John 吃的。

Tom 说:我没吃。

John 说:是 Frank 吃的

Frank 说:John 说是我吃的是在撒谎。

如果这 4 个人所说只有一个是真的,并且只有一人偷吃了蛋糕,那么偷吃蛋糕的是谁?

2.2　条件命题

某学院数学系主任曾宣称：

如果数学系得到额外的 2 万元资助，他就要再聘用一个教员。(2.2.1)

这个语句说，在数学系得到额外 2 万元的条件下，他就要再聘用一个教员。像语句(2.2.1)这样的命题称为条件命题。

又如，“如果有时间，我就去看望我的父母”；“如果你通过了 C++考试，那么你就可以拿到高级程序员的证书”也是条件命题。

定义 2.2.1

设 p 和 q 都是命题，复合命题：

如果 p，那么 q

称为**条件命题**，表示为

$$p \to q \text{（读作 } p \text{ 蕴涵 } q\text{，或 } p \text{ 条件 } q\text{）} \tag{2.2.2}$$

命题 p 称为前件（或条件），命题 q 称为后件（或结论）。在数学推理中许多地方会用条件语句。在实际应用中，表示蕴涵联结词“→”的术语很多，下面是常见的一些用法。

“若 p 则 q”	“如果 p 那么 q”
“p 是 q 的充分条件”（或者“q 的充分条件是 p”）	“q 是 p 的必要条件”（或者“p 的必要条件是 q”）
“当 p 则 q”	“q 如果 p”
“p 仅当 q”	“q 当 p”

例 2.2.2

如果我们令

p：数学系得到额外的 2 万元资助。

q：数学系再聘用一个新教员。

则语句(2.2.1)就可以写成 $p \to q$ 的形式。条件是“数学系得到额外的 2 万元资助”，结论是“数学系再聘用一个新教员”。

有些语句虽然不是(2.2.2)的形式，但通过重组可以表示为条件语句。

例 2.2.3

把下列命题表述为式(2.2.2)条件命题的形式。

(1) 玛丽将是一个好的大学生，如果她努力学习的话。

(2) 约翰可以选微积分，仅当他有大学二、三或四年级学生的身份。

(3) 当你唱时,我的耳朵受损。

(4) Cubs 队要赢得总决赛,必要条件是他们必须签约一个右手的后备投手。

(5) 拉尔夫访问加利福尼亚的一个充分条件是他去迪斯尼乐园。

(6) 只有每门功课都在 85 分以上,你才能获得优秀学生奖。

上述的各个句式表示如下:

(1) 假设是"如果"后面的语句,所以一个等价的表述是

如果玛丽努力学习,她将是一个好的大学生。

(2)"仅当"后面的语句是结论,即语句"如 p 则 q"与语句"p 仅当 q"在逻辑上是一样的。

因此,等价表述为

如果约翰可以选微积分,那么他有大学二、三或四年级学生的身份。

(3)"当"和"如果"的作用相同,所以其等价的表述为

如果你唱,那么我的耳朵受损。

(4) 结论表示一个必要条件,所以一个等价的表述是

如果 Cubs 队赢了总决赛,那么他们签约了一个右手的后备投手。

(5) 假设表示一个充分条件,所以一个等价的表述是

如果拉尔夫去迪斯尼乐园,那么他访问加利福尼亚。

(6) 显然,"每门功课都在 85 分以上"是必要条件,因此这句话的等价表述是

如果你获得优秀学生奖,那么你的每门功课都在 85 分以上。

下面我们考虑数学系主任命题的一个真值。

如果数学系得到额外的 2 万元资助,它就要再聘用一个新教员。

此陈述只当条件"如果数学系得到额外的 2 万元资助"为真时,才会令人感兴趣。如果它为真,也就是"数学系得到了额外的 2 万元资助",要是数学系再聘用一个新教员也为真,我们就认为系主任的言论为真。另一方面,"如果数学系得到额外 2 万元资助"为真,但数学系再聘用一个新教员为假,我们就认为系主任的言论为假。

当条件为真,条件命题作为一个整体,其真值取决于结论的真值。一般来说,如果条件 p 为真,条件命题 $p \to q$ 的真值取决于 q。如果 q 为真,则 $p \to q$ 为真;如果 q 为假,则 $p \to q$ 为假。但是,如果条件 p 为假,直觉上可以知道的是,条件语句 $p \to q$ 的真值将再不依赖于结论的真值。简单地说,由于数学系没有得到额外的 2 万元资助,我们将不会认为系主任的言论为假。总之,条件命题像其他命题一样,也是有真值的,即使前提为假也一样。根据标准的定义,当前提 p 为假时,$p \to q$ 为真。上面的讨论可以归纳在如下的定义中。

定义 2.2.4

条件命题的真值由表 2.2.1 的真值表给出。

表 2.2.1

p	q	$p\to q$
T	T	T
T	F	F
F	T	T
F	F	T

例 2.2.5

令 $p:1>2;q:4<8$

显然 p 为假，而 q 为真，根据真值表 2.2.1 可知，$p\to q$ 为真。

同理，我们也能知道，条件命题 $q\to p$ 为假。由此可见，这两个条件命题 $p\to q$ 和 $q\to p$ 的真值并不相同。

例 2.2.6

设 $p=\text{T},q=\text{F},r=\text{T}$，求下面各命题的真值。

(1) $(p\wedge q)\to r$

(2) $(p\vee q)\to\neg r$

(3) $p\wedge(q\to r)$

(4) $p\to(q\to r)$

我们把符号 p,q,r 用其真值代替，就可以得出各命题的真值。

(1) $(\text{T}\wedge\text{F})\to\text{T}=\text{F}\to\text{T}=\text{T}$

(2) $(\text{T}\vee\text{F})\to\neg\text{T}=\text{T}\to\text{F}=\text{F}$

(3) $\text{T}\wedge(\text{F}\to\text{T})=\text{T}\wedge\text{T}=\text{T}$

(4) $\text{T}\to(\text{F}\to\text{T})=\text{T}\to\text{T}=\text{T}$

在日常语言中，条件命题的条件和结论一般都是有关联的。但是在命题逻辑中，条件命题的条件和结论并不需要与同一个主题发生关联。比如，在逻辑中允许下面的命题：

如果 $5<3$，则乔治·布什是美国总统。

逻辑只关心命题的形式和命题之间的相互关系，而不关心命题的内容和主题本身（事实上，由于前提为假，上面的条件命题为真）。特别要注意，一个真的条件命题和一个结论为真的条件命题是不相同的。

从例 2.2.5 可以看出，当条件命题 $q\to p$ 为假时，另一个条件命题 $p\to q$ 可以为真。我们把命题 $q\to p$ 称为命题 $p\to q$ 的**逆命题**。

例 2.2.7

将各条件命题符号化，用符号形式和语句形式写出其逆命题，并求出各条件命题及其逆命题的真值。

(1) 如果 $1<2$,则 $3<6$。

(2) 如果 $1>2$,则 $3<6$。

对于(1),令

$$p:1<2,\quad q:3<6。$$

则语句可写为符号形式:

$$p\to q$$

由于 p,q 都为真,则条件命题为真。其逆命题可写为符号形式:

$$q\to p$$

用语句表示为

如果 $3<6$,则 $1<2$。

由于 p 和 q 都为真,逆命题 $q\to p$ 为真。

对于(2),令

$$p:1>2,\quad q:3<6。$$

则语句可写为符号形式:

$$p\to q$$

由于 p 为假,q 为真,所以条件命题为真。其逆命题可写为符号形式:

$$q\to p$$

用语句表示为

如果 $3<6$,则 $1>2$。

由于 q 为真,p 为假,则其逆命题 $q\to p$ 为假。

请读者将下列命题符号化:

(1) 若 a 和 b 是奇数,则 $a+b$ 是偶数。

(2) 我的手机没电了,借你的手机用一下。

(3) 只有在正整数 $n\leqslant 2$ 时,不定方程 $x^n+y^n=z^n$ 才有正整数解。

在许多程序设计语言,如 C++ 和 Java 中,都有

if p **then** s

这样结构的语句,其中 p 是命题,而 s 是程序段(待执行的一条或多条语句)。当程序的运行遇到这样的语句时,如果 p 为真,就执行 s;但若 p 为假,则不执行 s。比如,

x=5

if 2+2=4 **then** x:=x+1

因为 2+2=4 为真,所以赋值语句 x:=x+1 被执行。在执行完此语句后,x 值是5+1=6。

定义 2.2.8

设 p,q 是命题,复合命题

$$p\ 当且仅当\ q \tag{2.2.3}$$

称为**双条件命题**,表示为

$p \leftrightarrow q$（读作 p 双条件 q）

联结词↔相当于自然语言中的“当且仅当”、“充分必要条件”，其英文为 if and only if，简写为 iff。因此，“p 当且仅当 q”有时写为“p iff q”。

具体地，“p 当且仅当 q”有两层含义：

(1) “p 当 q”是指 $q \to p$，p 是 q 的必要条件（或 q 是 p 的充分条件）。

(2) “p 仅当 q”是指 $p \to q$，p 是 q 的充分条件（或 q 是 p 的必要条件）。

双条件命题的真值由表 2.2.2 的真值表定义。

表 2.2.2

p	q	$p \leftrightarrow q$
T	T	T
T	F	F
F	T	F
F	F	T

此真值表告诉我们，只有当 q 和 p 有相同的真值时，双条件语句为真，否则为假。命题 $p \leftrightarrow q$ 还有另一个表达方式：“如果 p 那么 q；反之亦然”。

在日常语言中，经常会出现这种情况：使用的是条件蕴涵（→）而实际表达的却是双条件（↔）的含义。比如，在父亲对孩子提出要求时经常会用到下面命题：

你做完了作业才能去看电视。

表面上看，它是一个蕴涵命题。其实，父亲表达的意思是一个双条件命题：你能看电视当且仅当你做完了作业。

例 2.2.9

语句

$$1<5 \text{ 当且仅当 } 2<8 \tag{2.2.4}$$

如果我们令

$$p: 1<5, \quad q: 2<8$$

则式(2.2.4)可用符号表示为

$$p \leftrightarrow q$$

由于 p 和 q 均为真，该命题为真。

命题(2.2.4)的另一种说法是“$1<5$ 的充要条件是 $2<8$”。

定义 2.2.10

两个复合命题 P 和 Q，不管其组成的命题取什么值，P 和 Q 总是同时为真，或者同时为假，我们就说 P 和 Q 是逻辑等价的，表示为

$$P \equiv Q$$

判定两个命题是否逻辑等价的方法之一是使用真值表。习惯上所说的（两个命题）

等价实际上是指它们逻辑等价。

注意:不要将逻辑等价与双条件联结词“↔”相混同。↔仅是命题演算的逻辑联结词,是一个运算符号,运算的结果可真也可假;而“≡”指的是两个命题具有相同的真值。比如,$P\leftrightarrow Q$ 是一个命题,而 $P\equiv Q$ 表示两个命题 P、Q 的真值相同。

例 2.2.11 德·摩根律

$$\neg(p\vee q)\equiv\neg p\wedge\neg q,\neg(p\wedge q)\equiv\neg p\vee\neg q$$

下面验证德·摩根律中的第一个,另一个由读者自己证明。

$$令 P=\neg(p\vee q),Q=\neg p\wedge\neg q$$

写出 P,Q 的真值表见表 2.2.3。

表 2.2.3

p	q	$p\vee q$	$\neg(p\vee q)$	$\neg p\wedge\neg q$
T	T	T	F	F
T	F	T	F	F
F	T	T	F	F
F	F	F	T	T

根据上表可知,不管 p,q 取什么值,P 和 Q 总是同时为真,或同时为假。因此,P 和 Q 是逻辑等价的。

德·摩根律的两个逻辑等价式是非常重要的。它告诉我们怎样去否定一个析取(或合取)的命题。一个析取命题的否定是由各个分命题的否定的合取组成的;一个合取命题的否定是由各个分命题的否定的析取组成的。据此,命题“迈格尔有一部手机且有一台笔记本电脑”的否定应该是“迈格尔没有一部手机,或者没有一台笔记本电脑”;命题“安娜或杰瑞将去看音乐会”的否定是“安娜和杰瑞都将不去看音乐会”。

读者尝试否定命题“$-3\leqslant 2\leqslant 5$”。

注意:这里的德·摩根律与集合运算里的德·摩根律在形式上几乎一样。事实上,如果我们将第 1 章定理 1.1.10 中的“集合”换成“命题”,那里的结论几乎都可以转换为命题运算的规律。有时候,我们不加证明地直接应用它们。比如,

$$p\wedge q\equiv q\wedge p \quad (交换律)$$

$$(p\wedge q)\wedge r\equiv p\wedge(q\wedge r) \quad (结合律)$$

$$p\vee(q\wedge r)\equiv(p\vee q)\wedge(p\vee r) \quad (分配律)$$

$$p\wedge(q\vee r)\equiv(p\wedge q)\vee(p\wedge r)$$

$$p\vee(p\wedge q)\equiv p \quad (吸收律)$$

$$p\wedge(p\vee q)\equiv p$$

$$p\vee T\equiv T,p\wedge F\equiv F \quad (上下界律)$$

$$p\vee F\equiv p,p\wedge T\equiv p \quad (同一律)$$

$$\neg\neg p \equiv p \qquad\qquad \text{（对合律）}$$

……

其实，运用真值表证明它们逻辑等价是容易的。

例 2.2.12

证明：$\neg(p\to q)\equiv p\wedge\neg q$。

我们令 $P=\neg(p\to q)$，$Q=p\wedge\neg q$，写出如下的真值表(见表 2.2.4)

表 2.2.4

p	q	$\neg(p\to q)$	$p\wedge\neg q$
T	T	F	F
T	F	T	T
F	T	F	F
F	F	F	F

根据真值表可知，不管 p,q 取什么值，P 和 Q 总是同时为真，或者同时为假。所以，$\neg(p\to q)\equiv p\wedge\neg q$。

根据本题的结果，应用德·摩根律，我们还可以得到如下结论：

$$p\to q\equiv\neg p\vee q$$

这是因为，$\neg(p\to q)\equiv p\wedge\neg q$(已证)，所以

$$\neg\neg(p\to q)\equiv\neg(p\wedge\neg q)$$

$$p\to q\equiv\neg p\vee\neg\neg q\equiv\neg p\vee q$$

这个结论比较重要，后面会经常用到它。

下面看本例结果的一个应用。令命题：

p：张明去了海岛；q：李四要为张明的疯狂购物买单。

由命题 p、q 可产生条件命题 $p\to q$：

如果张明去了海岛，那么李四要为张明的疯狂购物买单。

现在要否定上面的条件命题 $p\to q$，在通常情况下，我们并不把否定写成$\neg(p\to q)$：

如果张明去了海岛，那么李四要为张明的疯狂购物买单。这不是实际情况。

因为这种表达方式不符合人们的习惯，而会写成另一种形式：

张明去了海岛，但是李四并没有为张明的疯狂购物买单。

为什么能这样写呢？因为$\neg(p\to q)\equiv p\wedge\neg q$，所以上面命题的形式化就是：$p\wedge\neg q$。从此例看出，条件命题“如果，那么”的否定，并不是以“如果”开头的。也就是说，否定一个条件命题的结果不再是一个条件命题，而是一个合取命题。

例 2.2.13

证明：$(p\leftrightarrow q)\equiv(p\to q)\wedge(q\to p)$。

将它们的真值列表(见表 2.2.5)。

表 2.2.5

p	q	$p\leftrightarrow q$	$p\rightarrow q$	$q\rightarrow p$	$(p\rightarrow q)\wedge(q\rightarrow p)$
T	T	T	T	T	T
T	F	F	F	T	F
F	T	F	T	F	F
F	F	T	T	T	T

正是因为双条件命题 $p\leftrightarrow q$ 与 $(p\rightarrow q)\wedge(q\rightarrow p)$ 是逻辑等价的，所以 $p\leftrightarrow q$ 才被称为双条件的。

定义 2.2.14

复合命题真值永远为真的命题称为**永真式**，即无论其中所包含的每个命题的真值是什么，它的真值总是为真。真值永远为假的复合命题称为**矛盾式**。既不是永真式、又不是矛盾式的命题称为**可能式**。

通过真值表 2.2.6，我们知道，命题 $p\vee\neg p$ 是永真式，而 $p\wedge\neg p$ 是矛盾式。

表 2.2.6

p	$\neg p$	$p\vee\neg p$	$p\wedge\neg p$
T	F	T	F
F	T	T	F

从例 2.2.13 中命题的真值表可知，如果双条件命题 $p\leftrightarrow q$ 是永真式，则 p 和 q 必有相同的真值（同时真，或同时假），根据逻辑等价的定义知，$p\equiv q$。相反地，若 $p\equiv q$，则双条件命题 $p\leftrightarrow q$ 是永真式。

例 2.2.15

证明：$(p\wedge q)\rightarrow(q\vee p)$ 为永真式。

我们用逻辑等价证明它在逻辑上等价于 T。

$(p\wedge q)\rightarrow(q\vee p)\equiv\neg(p\wedge q)\vee(q\vee p)$　　（例 2.2.12 的结果）

$\equiv(\neg p\vee\neg q)\vee(q\vee p)$　　（德·摩根律）

$\equiv(\neg p\vee p)\vee(\neg q\vee q)$　　（析取的结合、交换律）

$\equiv \mathrm{T}\vee\mathrm{T}$　　（定义 2.2.14）

$\equiv \mathrm{T}$　　（定义 2.1.9）

从理论上讲，真值表也可以用来判定复合命题是否为永真式。但是当变量的数目很多时，真值表就不可行了。比如，对于含有 5 个变量的复合命题，它的真值表就有 $2^5=32$ 行。

又如，证明：$[(p\rightarrow q)\wedge(q\rightarrow r)]\rightarrow(p\rightarrow r)$ 为永真式。

$$[(p\rightarrow q)\wedge(q\rightarrow r)]\rightarrow(p\rightarrow r)$$

$$\equiv\neg[(p\rightarrow q)\wedge(q\rightarrow r)]\vee(p\rightarrow r)$$

$$
\begin{aligned}
&\equiv[\neg(p\to q)\vee\neg(q\to r)]\vee(p\to r)\\
&\equiv\neg(p\to q)\vee\neg(q\to r)\vee(p\to r)\\
&\equiv(p\wedge\neg q)\vee(q\wedge\neg r)\vee\neg p\vee r\\
&\equiv(p\wedge\neg q)\vee\neg p\vee(q\wedge\neg r)\vee r\\
&\equiv[(p\wedge\neg q)\vee\neg p]\vee[(q\wedge\neg r)\vee r]\\
&\equiv[(p\vee\neg p)\wedge(\neg q\vee\neg p)]\vee[(q\vee r)\wedge(\neg r\vee r)]\\
&\equiv[T\wedge(\neg q\vee\neg p)]\vee[(q\vee r)\wedge T]\\
&\equiv(\neg q\vee\neg p)\vee(q\vee r)\\
&\equiv(\neg q\vee q)\vee\neg p\vee r\\
&\equiv T\vee(\neg p\vee r)\\
&\equiv T
\end{aligned}
$$

请读者证明下列命题是永真式，其中 p、q、r 为命题。

(1) $\neg(p\to q)\to\neg q$

(2) $[(p\vee q)\wedge(p\to r)\wedge(q\to r)]\to r$

定义 2.2.16

一个条件命题 $p\to q$ 的否命题是命题 $\neg p\to\neg q$。

一个条件命题 $p\to q$ 的逆否命题是命题 $\neg q\to\neg p$。

注意，逆否命题和逆命题是不同的。一个条件命题的逆命题只是把条件命题的 p 和 q 的作用互换，逆否命题不仅把 p 和 q 的作用互换，还要对它们都进行否定。

这 4 个命题之间的真值关系见表 2.2.7。

表 2.2.7

p	q	$p\to q$	$q\to p$	$\neg p\to\neg q$	$\neg q\to\neg p$
T	T	T	T	T	T
T	F	F	T	T	F
F	T	T	F	F	T
F	F	T	T	T	T

请读者注意，条件命题 $p\to q$ 的否命题与 $p\to q$ 的否定是两个完全不同的概念。只要将上面的真值表与例 2.2.12 的讨论进行比较就能发现这一点。

例 2.2.17

把命题：

如果 $1<4$，则 $5>8$

写为符号形式，用符号形式和语句形式写出其逆命题和逆否命题，并求各命题的真值。

我们令

p：$1<4$，q：$5>8$

则给出的命题可写为

$$p \to q$$

其逆命题是：$q \to p$

或表示为语句：如果 5>8，则 1<4。

逆否命题为

$$\neg q \to \neg p$$

或表示为语句：如果 5 不大于 8，则 1 不小于 4。

在这里，我们看到条件命题 $p \to q$ 为假，逆命题 $q \to p$ 为真，而$\neg q \to \neg p$ 为假。

定理 2.2.18

$(p \to q) \equiv (\neg q \to \neg p)$，即条件命题 $p \to q$ 与其逆否命题$\neg q \to \neg p$ 是逻辑等价的；$(q \to p) \equiv (\neg p \to \neg q)$，即条件命题 $p \to q$ 的逆命题与其否命题也是逻辑等价的。

这个定理的证明可从定义 2.2.16 中的真值表得出。

逻辑联结词广泛应用于信息检索之中，例如，检索网页索引。由于这些检索使用来自命题逻辑的技术，所以称为布尔检索。在布尔检索中，联结词 and 用于匹配包含两个检索项的记录，联结词 or 用于匹配两个检索项之一或两项均匹配的记录，而联结词 not 用于排除某个特定的检索项。当用布尔检索为有潜在价值的信息定位时，常需要细心安排逻辑联结词的使用。

例 2.2.19　网页检索实例

大部分网上搜索引擎支持布尔检索技术，它有助于找到有关特定主题的网页。比如要用布尔检索找出美国新墨西哥州(New Mexico)各大学的网页，我们可以寻找与 New And Mexico And University 匹配的网页，检索的结果将包括含 New，Mexico，University 三个词的那些网页。这里面包含了所有我们感兴趣的网页，还包括其他网页，比如有关墨西哥的新大学的网页。最后，要想找出有关墨西哥(不是新墨西哥州)的大学的网页，可以先找与 Mexico And University 匹配的网页，但由于这一检索的结果会包括有关美国新墨西哥州的大学的网页以及墨西哥的大学的网页，所以更好的办法是检索与(Mexico And University) Not New 匹配的网页。这一检索结果将包括含 Mexico 和 University 两个词但不含词 New 的所有网页。在一些搜索引擎中，词 Not 会被减号所代替，因此最后搜索的短语会是 Mexico University－New。

本节介绍了命题运算的 5 个联结词(或运算符号)：$\neg$(非)、$\wedge$(与)、$\vee$(或)、$\to$(蕴涵)、$\leftrightarrow$(双条件)等，运用它们可以构造复合命题。但是它们要遵循从左到右的优先级。例如，$p \wedge q \vee r$ 意味着$(p \wedge q) \vee r$；$p \vee q \to r$ 等同于$(p \vee q) \to r$；$p \wedge \neg q \to p \vee r$ 等同于$(p \wedge (\neg q)) \to (p \vee r)$。根据这种优先级可以对命题进行适当的简化。

习题 2.2

1. 将下列条件命题重新表述为“如果……那么……”的形式。

(1) 听众将会睡着，如果他举行演讲的话。

(2) 张国强买计算机的充分条件是他有 2 000 美元。

(3) 赵伟选算法课的必要条件是她通过了离散数学课的考试。

(4) 程序是可读的，仅当它具有良好的结构。

2. 写出第 1 题中各命题的逆命题和逆否命题。

3. 设 p 和 r 均为假，q 和 s 均为真，求出下列命题的真值。

(1) $p\rightarrow q$

(2) $\neg p\rightarrow\neg q$

(3) $\neg(p\rightarrow q)$

(4) $p\rightarrow q\wedge(q\rightarrow r)$

(5) $(p\rightarrow q)\rightarrow r$

(6) $p\rightarrow(q\rightarrow r)$

4. 令 p:5<2，q:9<10，r:6<6，用符号形式表示下列各命题。

(1) 如果 5<2，则 9<10。

(2) 如果(5<2 and 6<6)，则 9<10。

(3) 如果并非(6<6 并且 9 不小于 10)，则 6<6。

(4) 9<10 当且仅当(5<2 并且 6 不小于 6)。

5. 用 p:今天是星期二；q:天正在下雨；r:天气冷。把下列符号式命题改写为语句形式。

(1) $p\rightarrow q$

(2) $\neg q\rightarrow(r\wedge p)$

(3) $\neg p\rightarrow(q\vee r)$

6. 将下列各命题改写为符号形式，并用符号形式写出其逆命题和逆否命题，再求出各个命题、逆命题和逆否命题的真值。

(1) 如果 5>8，那么 7>14

(2) $|0|<2$，如果 $-2<0<2$

(3) $|4|<3$，如果 $-3<4<3$

7. 判断下列每对命题 P 和 Q 是否逻辑等价。

(1) $P=p, Q=p\vee q$

(2) $P=p\wedge q, Q=\neg p\vee\neg q$

(3) $P=p\rightarrow q, Q=p\vee\neg q$

(4) $P=p\wedge(\neg q\vee r), Q=p\vee(q\wedge\neg r)$

(5) $P=p\rightarrow q, Q=\neg q\rightarrow\neg p$

(6) $P=(p\to q)\to r, Q=p\to(q\to r)$

8. 用真值表证明：$p\to(q\wedge r)\equiv(p\to q)\wedge(p\to r)$

9. 假设在计算机程序中，下列语句执行之前 x=1，求在执行下列语句之后 x 的值。

(1) **if** (1+1=3)or(2+2=4) **then** x:=x+1

(2) **if** (2+3=5)and(3+4=7) **then** x:=x+1

(3) **if** (x<4) **then** x:=x+1

10. 一个岛上居住着两类人——骑士和流氓。骑士说的都是实话，而流氓只会说谎。你碰到两个人 A 和 B，如果 A 说"B 是骑士"，B 说"我们两人不是一类人"。请判断 A、B 两人到底是流氓还是骑士。

11. 在一次研讨会上，有 3 名参会者根据王教授的口音分别作出下述判断。

A 说："王教授不是苏州人，是上海人"。

B 说："王教授不是上海人，是苏州人"。

C 说："王教授不是杭州人，也不是上海人"。

王教授听后说："你们 3 人中有一个人全说对了，有一个人全说错了，有一个对错各半"。请问王教授是哪里人？

12. 当 A、B、C、D 这 4 人考试成绩出来后，有人问 4 人中谁的成绩最好。A 说"不是我"，B 说"是 D"，C 说"是 B"，D 说"不是我"。4 人的回答只有一个人符合实际，问哪一位的成绩最好。若有 2 人成绩并列最好，应是哪两位？

2.3 谓词与量词

在 2.1 节和 2.2 节中学习的命题逻辑，并不能充分地表达数学语言和计算机科学中的许多陈述。比如，下面的语句：

p：n 是一个素数。

就不能用命题逻辑的规则来讨论。我们知道，命题是一个有确定真假值的语句，而上面的语句 p 不是一个命题，因为 p 的真假值取决于 n 的值。例如，当 $n=97$ 时，p 为真；当 $n=8$ 时，p 为假。由于数学和计算机科学中的大多数语句都使用变量，我们必须扩展逻辑系统以包括这样的语句。这就是谓词逻辑，它是数理逻辑的另一个基本内容。

含变量的语句，如

(1) $x>3$

(2) $x=y+4$

(3) 计算机 x 被一个入侵者攻击

(4) 计算机 x 运行正常

这些语句常见于数学断言、计算机程序，以及系统规格的说明。在变量值未知的时候，这些语句既不为真也不为假。

语句"$x>3$"包含有两个部分，第一部分即变量 x 是语句的主语；第二部分是谓词"大于3”，它用于表明语句的主语所具有的一个性质。我们可以用 $p(x)$ 表示语句“x 大于3”，其中 p 表示谓词“大于3”，而 x 是变量（或变元）。也把语句 $p(x)$ 说成是命题函数 p 在 x 处的值。一旦给变量 x 赋给一个值，语句 $p(x)$ 就有一个真值，从而 $p(x)$ 就成为一个命题。

比如，令 $p(x)$ 表示语句“$x>3$”，在语句“$x>3$”中令 $x=4$ 时就能得到一个命题 $p(4)$，因为 $p(4)$ 有确定的真假。再令 $x=2$ 时就能得到另一个命题 $p(2)$，因为 $p(2)$ 为假。

对于 $x=y+4$，它表示了两个变量（或个体）之间的关系，其中的谓词是“(　)=(　)+4”，我们令 $p(x,y)$ 表示：$x=y+4$。当 $x=-1,y=-5$ 时，$p(x,y)$ 为真；当 $x=1,y=3$ 时，$p(x,y)$ 为假。通过这两个例子，我们把表示个体性质以及个体之间关系的词称为谓词。

定义 2.3.1

令 $p(x)$ 是包括变量 x 的语句，D 是一个集合。如果对于 D 中的每一个 x，$p(x)$ 都是一个命题，我们称 $p(x)$ 是一个命题函数。而变量 x 的取值范围 D，称 $p(x)$ 的个体域（或论域）。

请读者判断下列语句是否为命题函数。如果是命题函数，给出一个个体域。

(1) $(2n+1)^2$ 是奇数。

(2) 1995年，此电影获得了奥斯卡最佳图像奖。

(3) $1+3=4$。

(4) 存在 x、y，使 $x<y$（x,y 为实数）。

例 2.3.2

令 $p(n)$ 代表语句

$$p(n):n\text{ 是一个奇数}$$

令 D 是正整数集合，则对于个体域 D，$p(n)$ 是一个命题函数，因为对于 D 中的每一个 n，$p(n)$ 是一个命题。（即对于 D 中的每一个 n，$p(n)$ 或为真或为假，而不可能二者都是。）

例如，当 $n=7$，我们得到命题

$$p(7):\ 7\text{ 是一个奇数}\qquad\text{（其值为真）}$$

而当 $n=20$，得到命题

$$p(20):20\text{ 是一个奇数}\qquad\text{（其值为假）}$$

如果 $p(n)$：n 是一个奇数，则 $\neg p(n)$ 就表示：n 不是一个奇数。

一个命题函数 $p(x)$，其本身既不为真，也不为假，因而命题函数不是命题。如果从命题函数 $p(x)$ 的个体域中给变量 x 赋一个值，那么 $p(x)$ 是一个命题，即取真值或假值。事实上，我们可以把命题函数想象为个体域上的一系列命题，每个命题对应于个体域中的一个元素。比如，$p(x)$ 是一个命题函数，其个体域是正整数集合，我们得到一系列命题

$$p(1),p(2),p(3),\cdots$$

而 $p(1),p(1),p(3),\cdots$ 中的每一个都有确定的真值（或真或假）。但是，在变量 x 被赋值

之前，$p(x)$是没有真假的。

例 2.3.3

下面的两个语句都是命题函数。

(a) n^2+2n 是奇数。

(b) $x^2-x-6=0$。

在(a)语句中，假如我们指定个体域 D 为正整数集，那么对于每一个正整数 n，我们得到一个命题。因此，语句(a)是一个命题函数，记为

$$P(n): n^2+2n \text{ 是奇数}$$

在这里，个体域也可以指定为整数集，还可以是实数集等。

在(b)语句中，假如我们指定个体域为实数集，那么对于每一个实数 x，语句(b)成为一个命题。比如，当 $x=3$ 时，命题为真；当 $x=-3$ 时，命题为假。因此，语句(b)也是一个命题函数，记为

$$Q(x): x^2-x-6=0$$

当然这里的个体域也可以指定为整数集，还可以是复数集等。

事实上，命题函数中可以含有不止一个变量。比如，语句"$x=y+3$"。我们可以用 $Q(x,y)$表示这条语句，其中 x,y 为变量，Q 为谓词。在赋值给 x 和 y 时，语句 $Q(x,y)$就会有一个真值。比如，令

$$Q(x,y): x=y+3$$

那么，$Q(1,2)$就是语句"$1=2+3$"，其值为假；$Q(3,0)$就是语句"$3=0+3$"，其值为真。因此，语句 $Q(x,y)$就是一个命题函数。它的个体域可以指定为实数集，也就是说 x,y 在实数范围内取值。

同样地，我们可以令 $R(x,y,z)$表示语句"$x+y=z$"。当变量 x、y、z 被赋值时，此语句就会有一个真值。比如，在语句 $R(x,y,z)$中令 $x=1,y=2,z=3$ 时，即得到命题 $R(1,2,3)$。因为 $1+2=3$，所以语句 $R(1,2,3)$为真。显然命题 $R(2,3,4)$为假。因此，$R(x,y,z)$也是一个命题函数。其个体域可以指定为整数集或实数集。

需要注意的是：谓词的确定与个体域有关。比如，在命题"所有的人都是要死的"中，若设定个体域为所有人，则谓词为"x 是要死的"；若设定个体域为所有生物，则谓词有两个：一个是 $P(x)$——"x 是人"，另一个是 $d(x)$——"x 是要死的"。前一个谓词 $P(x)$的作用是将人从个体域中分离出来。

请读者找出下列命题中的谓词：

(1) -7 是有理数。

(2) 所有的有理数是实数。

另外，命题函数常出现在计算机程序中。比如，语句

if x>0 **then** x:=x+1

当程序中遇到这样一条语句时，变量 x 在程序运行到此刻的值即被代入命题函数

$p(x):x>0$。如果对 x 的这一值，$p(x)$ 为真，即执行赋值语句 $x:=x+1$，于是 x 的值增加1。如果对 x 的这个值，$p(x)$ 为假，则不执行赋值语句，那么 x 的值保持不变。

又如，交换变量 x 和 y 值的程序：

```
temp: = x
x: = y
y: = temp
```

下面我们说明它是如何实现交换的。也就是如何把 P(x,y)：x=a，y=b 变成 Q(x,y)：x=b，y=a。

首先，设语句"x=a，y=b"为真，即 x=a，y=b。

程序第一步，temp:=x，将 x 的值赋给 temp，运行结果是 x=a，y=b，temp=a；

程序第二步，x:=y，将 y 的值赋给 x，运行结果是 x=b，y=b，temp=a；

程序第三步，y:=temp，将 temp 的值赋给 y，运行结果是 x=b，y=a，temp=a；

最后，语句"x=b，y=a"为真。

从上述讨论我们知道，当命题函数中的变量均被赋值时，就会得到一个命题。这是由命题函数产生命题的一种方法。还有另一种从命题函数产生命题的方法，这就是命题的量化。所谓量化是表示谓词在一定范围的事物上成立的程度。同时，数学和计算机科学中经常使用"所有"("对于每一个")和"有些"("存在一些")来进行叙述。比如，平面几何中的定理：(所有)三角形的内角之和等于180度。

接下来，我们扩展2.1节和2.2节中的命题逻辑系统，使之能处理包括"所有"、"有些"的语句。

定义 2.3.4

令 $P(x)$ 是个体域为 D 的命题函数，语句

所有 x，$P(x)$（其意义是：对任意元素 x，都具有性质 P） (2.3.1)

称为**全称量词**的语句。用符号 ∀ 表示"任何"、"全部"、"所有"或"每一个"，符号 ∀ 称为**全称量词**。它是表示个体数量特征的词。因此，语句(2.3.1)可以写成

$$\forall x, P(x) \tag{2.3.2}$$

符号 ∀ 可以读为"对所有的"，"对每一个"，"对于任何"。

如果对于 D 中所有的 x，$P(x)$ 都为真，我们就说语句

$$\forall x, P(x)$$

为真。然而，如果 D 中至少有一个 x，使 $P(x)$ 为假，则该语句

$$\forall x, P(x)$$

为假。

例如，令 $P(x):x+1>x$，其论域为实数集。因为对所有实数 x，都有 $x+1>x$，所以，全称量词语句 $\forall x, P(x)$ 的值为真。

又如，$Q(x):x^2>0$，其论域为实数集。显然，此全称量词语句 $\forall x,Q(x)$ 为假。也就是语句 $\forall x(x^2>0)$ 的值为假，因为当 $x=0$ 时，$0>0$ 为假。这就说明存在一个 $x=0$ 使得 $Q(x):x^2>0$ 为假。

类似地，令 $P(x)$ 是个体域为 D 的命题函数，语句

$$\text{对于有些 } x, P(x)\text{（其意义是：存在元素 } x\text{，具有性质 } P\text{）} \tag{2.3.3}$$

称为**存在量词**的语句。用符号 $\exists$ 表示"有一些"、"存在"，或"至少有一个"，符号 $\exists$ 称为**存在量词**。

语句(2.3.3)可以写成

$$\exists x, P(x) \tag{2.3.4}$$

符号 $\exists$ 可以读为"有些"，"至少一个"，"存在"。

如果 D 中至少有一个 x，使得 $P(x)$ 为真，我们就说存在量词语句

$$\text{存在 } x, P(x)$$

为真。然而，如果 D 中所有的 x 都使得 $P(x)$ 为假，则该存在量词语句

$$\text{存在 } x, P(x)$$

为假。

例如，令 $P(x)$ 表示语句：$x>3$，论域为实数集。显然，存在量化语句 $\exists x,P(x)$ 的值为真，因为 $x>3$ 在 $x=4$ 时为真。

又如，令 $Q(x)$ 表示语句：$x=1+x$，论域为实数集。此时，存在量化语句 $\exists x,Q(x)$ 为假，因为对每个实数 x，$x=1+x$ 都不可能成立，也就是 $Q(x)$ 均不成立。

有时，为了强调个体域 D，我们把全称量词语句写为

$$\text{对于 } D \text{ 中的每个 } x, P(x)\text{。}$$

而把存在量词语句写为

$$\text{对于 } D \text{ 中的某些 } x, P(x)\text{。}$$

我们把命题函数 $P(x)$ 中的变量 x 称为一个自由变量(其意义是 x 可以在个体域中自由取值，但此时 x 并未取值)。而把全称量词语句($\forall x,P(x)$)或存在量词语句($\exists x,P(x)$)中的 x 称为约束变量(其意义是变量 x 被前面的量词所"约束"，已经取了值)。

前面我们已经指出，一个命题函数 $P(x)$ 没有确定的真假值，因而不是命题。然而，对于全称量词语句(2.3.2)和存在量词语句(2.3.4)来说，其中的变量被约束限定，已经取了"所有"或"有些"的值，这种语句有确定的真值(或真或假)，因而它们都是命题。

总之，有自由变量的语句不是命题，而没有自由变量(或者说变量被约束了的量词语句)的语句则是一个命题，其真值总结为表 2.3.1 给出。

表 2.3.1

命　　题	何时命题为真	何时命题为假
$\forall x,P(x)$	对每个 x，$P(x)$ 为真	有一个 x，使 $P(x)$ 为假
$\exists x,P(x)$	有一个 x，使 $P(x)$ 为真	对每个 x，$P(x)$ 都为假

由上表易知，如果 $\forall x,P(x)$ 为真，则 $\exists x,P(x)$ 必为真。

例 2.3.5

语句 $P(x)$：

$$对于每个实数 x, x^2 \geqslant 0$$

是一个全称量词语句，个体域是实数集。该语句为真，因为对于每一个实数 x，x 的平方都大于或等于 0。也就是说，$\forall x, P(x)$ 为真。

例 2.3.6

全称量词语句

$$对于每一个实数 x，如果 x>1，则 x+1>1$$

为真。

证明：令 x 为任一实数，对于任何实数，必有 $x\leqslant 1$，或者 $x>1$。下面分两步：

(1) 当 $x\leqslant 1$ 时，因为前提 $x>1$ 为假，条件命题：

$$如 x>1，则 x+1>1$$

为真(如果前提为假，不管结论是什么值，条件命题恒为真。参见定义 2.2.4)。

(2) 当 $x>1$ 时，不管 x 是什么值，$x+1>x$。由于

$$x+1>x 和 x>1$$

可得出 $x+1>1$，于是结论为真。因此，当 $x>1$ 时，前提和结论都为真，于是条件命题

$$如果 x>1，则 x+1>1$$

为真。

综合上述两个步骤，全称量词语句

$$对于每一个实数 x，如果 x>1，则 x+1>1$$

为真。注意，此例中的语句可以简写为：$\forall x>1(x+1>1)$。

其实，这种语句在数学里是经常用到的。比如，

(1) 对每个实数 y，如果 $y\neq 0$，则 $y^3\neq 0$。这是一个真命题。它还有如下形式的不同说法：

① 每一个非零实数的 3 次方都不等于 0。

② 任意非零实数的 3 次方都不等于 0。

③ 所有非零实数的 3 次方都不等于 0。

这个命题可以简写为

$$\forall y\neq 0(y^3\neq 0)$$

此句与 $\forall(y\neq 0\rightarrow y^3\neq 0)$ 的意义相同。一般地，全称量词语句的约束与一个条件语句的全称量化等价。

(2) 存在一个实数 $z>0$，使得 $z^2=4$。这也是一个真命题。它可以简写为

$$\exists z>0(z^2=4)$$

这个句子与 $\exists(z>0\wedge z^2=4)$ 意义相同。一般地，存在量词语句的约束与一个合取

的存在量化等价。

根据定义 2.3.4，对于全称量词语句

对每一个 x，$p(x)$

如果个体域中至少有一个 x 使 $p(x)$ 为假，则该语句就为假。个体域中能使 $p(x)$ 为假的值，称为全称量词语句

$$\forall x, p(x)$$

的反例。数学中许多命题的否定常常是通过举反例来实现的。而构造反例也是一种创造性的数学活动。

例 2.3.7

令 $p(x)$：$x^2-1>0$

全称量词语句

$$\forall x, x^2-1>0$$

为假。因为，当 $x=1$ 时，命题 $p(1)$

$$1^2-1>0$$

为假。所以 $p(1)$ 是该全称量词语句

对于所有的实数 x，$x^2-1>0$

的一个反例。

要证明全称量词语句

$$\forall x, p(x)$$

为假，只需要找出个体域中的一个 x 值使 $p(x)$ 为假就足够了，也就是要找一个反例。证明该语句为假的方法和证明一个语句为真的方法是很不相同的。为了证明其为真，我们必须证明对于个体域中的每一个 x 值，$p(x)$ 都为真。

例 2.3.8

全称量词语句

$\forall n$，如果 n 是偶数，则 n^2+n+19 是素数。

为假。只要令 $n=18$，就得出一个反例，因为当 $n=18$，条件命题

如果 18 是偶数，则 $18^2+18+19$ 是素数

的前提

18 是偶数

为真，而由

$$18^2+18+19=18\times18+18+19=19\times19$$

可知条件命题的结论

$18^2+18+19$ 是素数

为假，因此条件命题为假。

根据定义 2.3.4，存在量词语句

$$\text{对于 } D \text{ 中的某些 } x, P(x)$$

如果在 D 中至少有一个 x 值使 $P(x)$ 为真，则该语句为真。如果 $P(x)$ 对于某些 x 为真，意味着对于另一些 x，$P(x)$ 值为假。

例 2.3.9

存在量词语句

$$\exists x, \frac{x}{x^2+1}=\frac{2}{5}$$

为真。因为可以找出至少一个实数 x，使命题

$$\frac{x}{x^2+1}=\frac{2}{5}$$

为真。比如取 $x=2$，我们得到真命题

$$\frac{2}{2^2+1}=\frac{2}{5}$$

但并非每个 x 值都能够得到一个真的命题。比如 $x=1$ 时，命题

$$\frac{1}{1^2+1}=\frac{2}{5}$$

就是假命题。

例 2.3.10

存在量词语句

$$\exists n, \text{如果 } n \text{ 是素数，则 } n+1, n+2, n+3, n+4 \text{ 都不是素数。}$$

为真。因为我们至少能找出一个正整数 n 使条件命题

$$\text{如果 } n \text{ 是素数，则 } n+1, n+2, n+3, n+4 \text{ 都不是素数。}$$

为真。例如 $n=23$，我们得到真命题

$$\text{如果 23 是素数，则 24,25,26,27 都不是素数。}$$

（因为前提"如果 23 是素数"和结论"则 24，25，26，27 都不是素数"都为真）。某些 n 的值使此条件命题为真，如 $n=23$，$n=4$，$n=47$（注意，这里为什么说当 $n=4$ 时此条件命题为真呢？因为当 $n=4$ 时，此条件命题的条件为假，根据表 2.2.4 可知，条件命题为真）。但其他的值则是使之为假（如 $n=2$，$n=101$）。重要的是我们找到一个值能使条件命题

$$\text{如果 } n \text{ 是素数，则 } n+1, n+2, n+3, n+4 \text{ 都不是素数。}$$

为真，于是存在量词语句

$$\exists n, \text{如果 } n \text{ 是素数，则 } n+1, n+2, n+3, n+4 \text{ 都不是素数。}$$

为真。

根据定义 2.3.4，如果对于个体域中的每一个 x，$P(x)$ 为假，则存在量词语句

$$\exists x, P(x)$$

为假。我们看下面的例子。

例 2.3.11

证明存在量词语句

$$\exists x, \frac{1}{x^2+1}>1$$

为假。为此,必须证明,对于每个实数 x

$$\frac{1}{x^2+1}>1$$

为假。因为当

$$\frac{1}{x^2+1}\leqslant 1$$

为真时,上式正好为假,所以我们只要证明,对于每个实数 x,

$$\frac{1}{x^2+1}\leqslant 1$$

为真即可。据此,令 x 为任一实数,由于 $0\leqslant x^2$,在此不等式两边都加 1,得到 $1\leqslant x^2+1$。把式子两边都除以 x^2+1,得

$$\frac{1}{x^2+1}\leqslant 1$$

因此,此语句对于每个实数 x 都为真,由此,语句

$$\frac{1}{x^2+1}> 1$$

对于每个实数 x 都为假。于是我们就证明了存在量词语句

$$\exists x, \frac{1}{x^2+1}>1$$

为假。

从此例我们知道,通过证明一个相关的全称量词语句为真的方法,来证明一个存在量词语句为假。下面的定理就揭示了两者之间的关系,这就是广义的德·摩根律。

定理 2.3.12　广义德·摩根律

如果 p 是一个命题函数,(1)和(2)中的每一对命题总是具有同样的真值(即同为真或同为假)。

(1) $\overline{\forall x, p(x)}$; $\exists x, \overline{p(x)}$　　　(2) $\overline{\exists x, p(x)}$; $\forall x, \overline{p(x)}$

证明:下面只证(1),我们把(2)的证明作为习题留给读者。

假设命题 $\overline{\forall x, p(x)}$ 为真,则量化命题 $\forall x, p(x)$ 为假。由定义 2.3.4 可知,在个体域中至少存在一个 x,使 $p(x)$ 为假。也就是,在个体域中至少存在一个 x,$\overline{p(x)}$ 为真,则量化命题 $\exists x, \overline{p(x)}$ 为真。这就证明了,如果 $\overline{\forall x, p(x)}$ 为真,命题 $\exists x, \overline{p(x)}$ 为真。

相似地,如果 $\overline{\forall x, p(x)}$ 为假,则命题 $\exists x, \overline{p(x)}$ 也为假。

因此，(1)中的两个命题永远取相同的真值。

例如，考虑语句“班上每个学生都学过一门微积分课”的否定。这是全称量词语句，即 $\forall x, p(x)$。它的否定是“并非班上每个学生都学过一门微积分课”，这等价于“班上有些学生没有学过微积分课”。这就是原命题函数之否定的存在量化，即 $\exists x, \overline{p(x)}$。

广义德·摩根律告诉我们如何否定量词命题。比如，$\forall x(x^2>x)$ 的否定是 $\overline{\forall x, x^2>x}$，也就是 $\exists x, \overline{x^2>x}$，即 $\exists x, x^2\leqslant x$。

读者试着否定命题：$\exists x, p(x)$，其中 $p(x)$：$x^2=3$，个体域为$\{1,2,3,4,5\}$。

例 2.3.13

在例 2.3.11 的证明过程中，我们把证明

$$\text{对于某些 } x, p(x)$$

为假，转化为证明

$$\text{对于所有 } x, \overline{p(x)} \tag{2.3.5}$$

为真。根据定理 2.3.12，我们知道，这种转换是正确的。因为当证明表达式(2.3.5)为真之后，我们可以得到其否定

$$\overline{\text{对于所有 } x, \overline{p(x)}}$$

为假，再由定理 2.3.12 之(1)，有

$$\text{对于某些 } x, \overline{\overline{p(x)}}$$

为假，从而

$$\text{对于某些 } x, p(x)$$

也为假。

下面介绍复合命题的广义化。

当个体域中的元素可以全部地一一列出时，全称量词命题 $\forall x\ p(x)$ 与合取

$$p(x_1)\wedge p(x_2)\wedge\cdots\wedge p(x_n) \tag{2.3.6}$$

是等价的，因为合取式(2.3.6)为真，当且仅当 $p(x_1), p(x_2), \cdots, p(x_n)$ 全为真。

例如，若个体域是不超过 4 的正整数，$p(x)$ 是语句“$x^2<10$”，则 $\forall x\ p(x)$ 的真值是什么？因为语句 $\forall x\ p(x)$ 就是合取 $p(1)\wedge p(2)\wedge p(3)\wedge p(4)$，而 $p(4)$ 即语句“$4^2<10$”为假，所以 $\forall x\ p(x)$ 的真值为假。

相似地，当个体域中的所有元素可以全部列出时，存在量词命题 $\exists x\ p(x)$ 与析取

$$p(x_1)\vee p(x_2)\vee\cdots\vee p(x_n) \tag{2.3.7}$$

是等价的，因为当且仅当 $p(x_1), p(x_2), \cdots, p(x_n)$ 中至少一个为真时，此析取式为真。

例如，若论域是不超过 4 的正整数，$p(x)$ 是语句“$x^2>10$”，则 $\exists x\ p(x)$ 的真值是什么？因为语句 $\exists x\ p(x)$ 就是析取 $p(1)\vee p(2)\vee p(3)\vee p(4)$，而 $p(4)$ 即语句“$4^2>10$”为真，所以 $\exists x\ p(x)$ 为真。

请读者注意，前面我们曾经说过，条件命题的否定与其否命题是两个不同的概念。那么，量化命题 $\forall x(p(x)\rightarrow q(x))$ 的否命题是什么呢？在此，我们规定如下：

$\forall x\, p(x)$的否命题为$\forall x\, \neg p(x)$。

$\forall x(p(x)\rightarrow q(x))$的否命题为$\forall x(\neg p(x)\rightarrow \neg q(x))$；其逆命题为$\forall x(q(x)\rightarrow p(x))$，其逆否命题为$\forall x(\neg q(x)\rightarrow \neg p(x))$。

比如，令$p(x)$：x是一个正方形；$q(x)$：x是等边的四边形，论域是平面上所有四边形。那么命题

$$\forall x(p(x)\rightarrow q(x))$$

是一个真命题，亦即"所有的正方形都是等边的四边形"，并且逻辑等价于它的逆否命题$\forall x(\neg q(x)\rightarrow \neg p(x))$。而它的逆命题

$$\forall x(q(x)\rightarrow p(x))$$

是一个假命题。它的否命题

$$\forall x(\neg p(x)\rightarrow \neg q(x))$$

也是一个假命题。

而根据德·摩根律，

$$\begin{aligned}\neg[\forall x(p(x)\rightarrow q(x))] &\equiv \exists x[\neg(p(x)\rightarrow q(x))]\\ &\equiv \exists x[\neg(\neg p(x)\vee q(x))]\\ &\equiv \exists x[\neg\neg p(x)\wedge \neg q(x)]\\ &\equiv \exists x(p(x)\wedge \neg q(x))\end{aligned}$$

由此可见，全称量化命题的否定与它的否命题一般也是不相同的。

请读者完成：令$s(x)$：$|x|>3$，$t(x)$：$x>3$，论域为所有实数。用文字表述全称量化命题$\forall x(s(x)\rightarrow t(x))$及其否命题、逆命题、逆否命题，并判断它们的真假。

在肯定语句中，"任何"，"所有"，"每个"和"每一个"等词所表达的意义基本相同。在否定语句中，情况则有所差异。比如，下列语句：

并非所有的C_1是C_2

并非每个C_1是C_2

并非任意的C_1是C_2

的意义是相同的。这3个句子用符号表示为$\neg(\forall x, x$是$C_2)$，其中的否定作用于整个句子，运用德·摩根律，可得：$\exists x, x$不是C_2。其意义是：有些x不是C_2。很显然这里说的是命题的否定。

然而，语句

没有任何的C_1是C_2

的意义则是

任何的C_1不是C_2

根据前面的定义，这个语句其实是命题"任何的C_1是C_2"的否定命题。

为什么会出现这种现象呢？这主要是由于否定作用的位置不同而产生的。这是自然语言在意义表达时常见的歧义现象。比如，"闪闪发光的不是金子"就有两种可能的意义："有些闪闪发光的不是金子"或"没有闪闪发光的是金子"。

事实上，全称量词和存在量词可以在单个语句中混合起来使用，用来约束多个变量。

例 2.3.14

设个体域是实数集，考虑语句

$$\text{对于每个 } x\text{，存在 } y\text{，} x+y=0$$

用符号表示为：$\forall x \exists y(x+y=0)$。

此语句的意义是，对于任一个 x，至少有一个 y（y 可依赖于 x），使得 $x+y=0$。显然，语句

$$\text{对于每个 } x\text{，存在 } y\text{，} x+y=0$$

为真，因为对于任何 x，我们总可找出至少一个 y，即 $y=-x$，使 $x+y=0$ 为真。

现在我们把例 2.3.14 中的语句倒过来，得到

$$\text{存在 } y\text{，对于每个 } x\text{，} x+y=0$$

用符号表示为：$\exists y\ \forall x(x+y=0)$。

对此，我们可以找出反例，因为令 $x=1-y$，我们得到假的语句

$$1-y+y=0$$

因此，语句

$$\text{存在 } y\text{，对于每个 } x\text{，} x+y=0$$

为假。

根据此例，我们知道，量词的顺序不同，量词语句表达的意义也有所不同。

更进一步地，对于嵌套的量词语句又是如何否定呢？比如，

$$\forall x\ \exists y(x\,y=1)$$

的否定是

$$\neg[\forall x\ \exists y(x\,y=1)]$$

它等价于

$$\exists x\,[\neg(\exists y(x\,y=1))]$$

这又等价于

$$\exists x\ \forall y\,\neg(x\,y=1)$$

即
$$\exists x\ \forall y(x\,y\neq 1)$$

也就是说，在否定嵌套的量词语句时，我们要连续地应用广义德·摩根律。

例 2.3.15

令 $P(x,y)$ 表示语句：

$$\text{如果 } x^2<y^2\text{，则 } x<y$$

这里的个体域是实数集。

根据命题函数 $P(x,y)$，我们可以写出全称量化和存在量化的混合语句有 4 种形式，并讨论它们的真假。

例如，第一个语句：

$$\forall x, \forall y, P(x,y)$$

为假。其中的一个反例是取 $x=1, y=-2$,此时对应着一个假命题

如果 $1^2<(-2)^2$,则 $1<-2$。

但是,第二个语句:

$$\forall x, \exists y, P(x,y)$$

为真。因为对于每个 x,命题

存在 y,如果 $x^2<y^2$,则 $x<y$

为真。因为我们令 $y=0$,得出真命题

如果 $x^2<0$,则 $x<0$

(前提 $x^2<0$ 为假,故命题为真)。这说明至少有一个 y,使命题

如果 $x^2<y^2$,则 $x<y$

为真。

第三个语句:

$$\forall y, \exists x, P(x,y)$$

为真。因为对于每个 y,令 $x=|y|+1$,得到真命题

如果 $(|y|+1)^2< y^2$,则 $|y|+1<y$

(因为前提为假,命题为真)。表示存在 x,能使命题

如果 $x^2<y^2$,则 $x<y$

为真。

第四个语句:

$$\exists y, \exists x, P(x,y)$$

为真。

最后,将汉语语句翻译成逻辑表达式,在数学、逻辑编程、人工智能和软件工程等学科中是一项重要任务。这里仅讨论将汉语语句翻译成使用单个量词的逻辑表达式,其目标是生成简单而有用的逻辑表达式。

我们看例子。比如,命题:

(1) 张三是学生。

(2) $7>5$。

(3) 北京举办 2008 年奥运会。

对于(1),令命题函数 $p(x)$:x 是学生;个体域为“所有的人”,命题“张三是学生”就是 $p(x)$在个体域中取“张三”这个个体所得到的一个命题。

对于(2),令命题函数 $G(x,y)$:$x>y$;此命题就是 $G(x,y)$在个体域(讨论时指定为实数集)中取“$x=7, y=5$”所得到的一个命题,这个命题 $G(7,5)$的真值为真。这类语句在数学中是很常见的。

对于(3),命题“北京举办 2008 年奥运会”也可以做如下改写:

令 $M(x)$:x 举办 2008 年奥运会

其中的论域为一个表示城市地名的集合。M(北京)就表示命题"北京举办 2008 年奥运会",此命题 M(北京)为真。

又如,命题"5 是有理数"可以做如下改写:

令 $Q(x)$:x 是有理数

此处谓词为"是有理数",而其中的变量 x 在个体域(讨论时指定的,或整数集 $\boldsymbol{Z}$,或实数集 $\boldsymbol{R}$ 等)内取值。$Q(5)$就表示命题"5 是有理数"。此命题为真。事实上,当个体域为 $\boldsymbol{Z}$ 时,$Q(x)$都为真。当个体域为 $\boldsymbol{R}$ 时,$Q(x)$可能为真,也可能为假。由此可见,由命题函数所产生的命题的真值是与个体域,及变量的取值密切相关的。

例 2.3.16

将下列命题符号化

(1) 张红选修"模糊数学"或"人工智能"课程。

(2) 本田先生是年老的且健壮的。

对于(1),根据上述方法,首先重写语句得"张红选修'模糊数学'或张红选修'人工智能'课程"。接着,引入变量 x,语句就变成:

"x(张红)选修'模糊数学'或 x(张红)选修'人工智能'"

这里的个体域为"该校所有学生"。然后,引入谓词 $F(x)$和 $A(x)$,$F(x)$表示语句"x 选修模糊数学",$A(x)$表示语句"x 选修人工智能"。于是我们可以将语句(1)翻译为 $F(x) \vee A(x)$。形式地表达如下

令 a:张红

$F(x)$:x 选修模糊数学

$A(x)$:x 选修人工智能

则原命题符号化为:$F(a) \vee A(a)$。

类似地,对于(2),令 b:本田先生

$Q(x)$:x 是年老的

$S(x)$:x 是健壮的

则原命题符号化为:$Q(b) \wedge S(b)$,其个体域默认为"所有的人"。

下面再考虑命题"经济管理班的每个学生都学过微积分"的符号化。

首先,重写命题以确定要使用的量词,重写后可得

对经济管理班的每个学生,该学生学过微积分。

接着,引入变量 x,命题就变成:

对经济管理班的每个学生 x,x 学过微积分。

然后,引入谓词 $C(x)$,表示语句"x 学过微积分"。

如果我们设个体域为经济管理班的学生,那么此命题可以翻译为

$$\forall x, C(x)$$

如果个体域是某学校的所有学生,此时我们要进一步令命题函数

$N(x)$：x 是经济管理班的学生。

那么，此语句可以翻译为：$\forall x(N(x)\rightarrow C(x))$

又如，对于命题"所有的人都是要死的"，令命题函数 $P(x)$：x 都是要死的。如果我们讨论时的个体域为"所有的人"，该命题可以符号化为 $\forall x,P(x)$。如果所讨论的个体域为"所有的动物"，则还要令 $A(x)$：x 是人；此时命题表示为：$\forall x,(A(x)\rightarrow P(x))$。

这两个例子表明，在对一个量化命题进行形式化时，如果所设定的个体域不同，那么同一个命题的逻辑表达式就会有所不同。通常情况下，个体域是讨论问题时默认的。

例 2.3.17

在谓词逻辑中，将下列命题符号化。

(1) 所有的有理数是实数。

(2) 有些实数是有理数。

(3) 有的整数不是自然数。

(4) 每个人都有自己的爱好。

对于(1)，把语句"所有的有理数是实数"重写为"对所有的数 x，如果 x 是有理数，那么 x 是实数"。引入谓词，令 $Q(x)$：x 是有理数，$R(x)$：x 是实数，则语句(1)翻译为 $\forall x(Q(x)\rightarrow R(x))$，其中的个体域默认为实数集。如果将个体域设定为复数集或无理数集，也不影响命题的真值。

注意，这里不能将其翻译为 $\forall x(Q(x)\wedge R(x))$，因为该句子表示：所有的数都是有理数，并且是实数。这显然不符合题意。前面曾经指出，$\forall x(Q(x)\rightarrow R(x))$表示的意义是：对于任何的数，如果它是有理数，那么它是实数。

类似地，语句(2)翻译为 $\exists x(R(x)\wedge Q(x))$。个体域为数集。同样需要注意，它不能翻译为 $\exists x(R(x)\rightarrow Q(x))$，因为此式表示：对于有些数 x，如果 x 是实数，那么 x 是有理数。简单地说就是"所有实数是有理数"，显然与(2)所表达的意义不相同。

对于(3)，重写语句"有的整数不是自然数"表示为"对有些 x，x 是整数，x 不是自然数"。令 $Z(x)$：x 是整数，$N(x)$：x 是自然数，个体域为数集，则语句(3)翻译为 $\exists x(Z(x)\wedge\overline{N(x)})$。如果个体域为整数集，则(3)可翻译为 $\exists x,\overline{N(x)}$。

下面我们详细地讨论(4)。重写语句"每个人都有自己的爱好"为"对每个 x，如果 x 是人，那么 x 都有自己的爱好"，个体域为"所有的动物"。引入谓词，令

$P(x)$：x 是人，

$H(x)$：x 有自己的爱好，

则语句(4)翻译为 $\forall x(P(x)\rightarrow H(x))$。

当然，如果将个体域设置为所有人构成的集合，语句(4)就翻译为 $\forall x,H(x)$。

事实上，可以证明：$\forall y(P(y)\rightarrow H(y))$与 $\forall x,H(x)$是逻辑等价的，其中 y 是动物域中的个体，x 是所有人域中的个体。

根据逻辑等价的意义，我们要证明 $\forall y(P(y)\rightarrow H(y))$与 $\forall x,H(x)$同时为真为假。

一方面，设$\forall y(P(y)\to H(y))$为真，如果把动物y取定为人，即令$y=x$，则$P(x)\to H(x)$仍为真。由x的定义知，$P(x)$为真，根据2.4节中的例2.4.8可得，$H(x)$为真，其中的x是任意的人。所以，$\forall x,H(x)$为真。

另一方面，假设$\forall x,H(x)$为真，分两种情况：

首先，$\forall y$，若$P(y)$为假，此时不管$H(y)$是否为真，$P(y)\to H(y)$总为真，即$\forall y(P(y)\to H(y))$为真；

其次，$\forall y$，若$P(y)$为真，亦即"y是人"，根据假设可知，$\forall y,H(y)$为真，由条件命题的真值表知，$P(y)\to H(y)$为真，再由y的任意性可知，$\forall y(P(y)\to H(y))$为真。

从而$\forall y(P(y)\to H(y))$与$\forall x,H(x)$必定同时为真为假。

最后我们总结一下证明或反证全称量词语句或存在量词语句的方法：

(a) 要证明全称量词语句

对于所有的$x,P(x)$

为真，可以证明对于个体域中的每一个$x,P(x)$为真。证明某个特定的x能使$P(x)$为真，并不能证明上述全称量词语句为真。

(b) 要证明存在量词语句

对于有些$x,P(x)$

为真，只需要在个体域中找出一个x，使$P(x)$为真。此时只要有一个就足够了。

(c) 要证明全称量词语句

对于所有$x,P(x)$

为假，只需要在个体域中找出一个x，使$P(x)$为假(此时是一个反例)。

(d) 要证明存在量词语句

对于有些$x,P(x)$

为假，可以证明对个体域中的每一个$x,P(x)$为假。证明某个特定的x能使$P(x)$为假，并不能证明上述存在量词语句为假。

习题 2.3

1. 令$P(n)$：n整除77，把下列命题用文字写出来，并判断其真假。其中的个体域是正整数集。

(1) $P(11)$　　(2) $P(3)$

(3) 对每一个$n,P(n)$　　(4) 对于某些$n,P(n)$

2. 令$T(x,y)$是命题函数"x比y高"。个体域是3个学生：Garth，170cm；Tom，175cm；Marry，180cm。将下列各个命题用文字表示，并求其真值。

(1) $\forall x\forall y\,T(x,y)$

(2) $\forall x\exists y\,T(x,y)$

(3) $\exists x\forall y\,T(x,y)$

(4) $\exists x \exists y T(x,y)$

3. 用符号写出第2题中各命题的否定。

4. 令$L(x,y)$：x爱y。其个体域是所有活着的人的集合。将下列各个命题用符号形式表示出来。你认为哪些是真的？

(1) 有些人爱所有的人。

(2) 所有的人爱所有的人。

(3) 有些人爱有些人。

(4) 所有的人爱有些人。

5. 用文字形式写出第4题中各命题的否定。

6. 求下列各命题的真假值，其个体域是实数集。并证明之。

(1) 对于每一个x，$x^2>x$。

(2) 对于有些x，$x^2>x$。

(3) 对于每一个x，如果$x>1$，则$x^2>x$。

(4) 对于有些x，如果$x>1$，则$x^2>x$。

(5) 对于每一个y，对于有些x，$x^2<y+1$。

(6) 对于每一个x，对于每一个y，$x^2+y^2=9$。

(7) 对于每一个x，对于有些y，$x^2+y^2=9$。

(8) 对于有些x，对于每一个y，$x^2+y^2=9$。

(9) 对于有些x，对于有些y，$x^2+y^2=9$。

7. 写出第6题中各命题的否定。

8. 用真值表证明，如果p和q是命题，则$p \to q$或$q \to p$之一必为真。

2.4　证明方法

逻辑学主要研究推理。所谓推理是从一些前提推出结论的思维过程。实际问题中的推理，需要对前提做深入分析，才能得出结论。比如，根据两条直线平行被第三条直线所截，得出同位角相等就是这样的推理。数学就是由一些公理、定义和定理组成的推理系统。其中的公理是先验地被认为真的、直觉直观的事实。定义则是根据已有的内容建立起来的概念。在数学系统中，我们可以导出一些定理。定理是一个被证明为真的命题。一些特殊种类的定理被称为引理和推论。所谓引理是其本身的内容不是特别重要、却能用来证明其他命题的定理。推论则是很容易地从一个定理得出的结论(或定理)。

论述一个命题为真或为假的过程称为证明。逻辑是分析证明过程的工具。在本节中，我们将介绍证明的一般方法，并用逻辑来分析正确的和不正确的论证。在2.5节和2.6节中，我们讨论推理规则和数学归纳法，它们都是具体的证明方法。

例 2.4.1

欧几里德几何提供了一个数学系统的范例。它有5条基本公理，其中的两条如下：

(1) 过两个不同的点只能确定一条直线。

(2) 过已知直线外的一个点，有且只有一条直线平行于该直线。

其中的名词“点”和“直线”是未定义的项，但是由描述它们性质的公理隐含地定义。

在这个系统中的定义例子有：

(1) 如果两个三角形能完全重合，那么这两个三角形全等。

(2) 如果两个角的度数之和为180度，那么称这两个角互为补角。

例 2.4.2

欧几里德几何中的定理：

(1) 如果一个三角形的两边相等，则它们的对角也相等。

(2) 如果一个四边形的两条对角线互相平分，则这个四边形是平行四边形。

欧几里德几何中推论的例子：

(3) 等边三角形的三个内角相等。

此推论可由(1)立即得出。

通常情况下，数学定理都可表述为全称量词语句。比如，$\forall x(\sin^2 x+\cos^2 x=1)$，$\forall x\forall y(x+y=y+x)$等。又如，定理“如果一个四边形是矩形，那么它有四个相等的角。”可形式化为：$\forall x(p(x)\to q(x))$，其中 $p(x)$：x 是一个矩形；$q(x)$：x 有四个相等的角。

更一般地，定理的形式是：

对于所有的 $x_1,x_2,\cdots,x_n$，如果 $p(x_1,x_2,\cdots,x_n)$，则 $q(x_1,x_2,\cdots,x_n)$。将其形式化，即

$$\forall(x_1,x_2,\cdots,x_n),(p(x_1,x_2,\cdots,x_n)\to q(x_1,x_2,\cdots,x_n))$$

如果对于所有的 $x_1,x_2,\cdots,x_n$，条件命题

$$\text{如果 } p(x_1,x_2,\cdots,x_n)\text{，则 } q(x_1,x_2,\cdots,x_n) \tag{2.4.1}$$

为真，则上面的全称量词语句为真。

为了证明命题(2.4.1)，必须假设 $x_1,x_2,\cdots,x_n$ 是个体域中的任意元素。如果 $p(x_1,x_2,\cdots,x_n)$为假，由定义(2.2.4)，命题(2.4.1)自动为真。这样，我们只需要考虑 $p(x_1,x_2,\cdots,x_n)$为真的情况。直接证明方法就是：假设 $p(x_1,x_2,\cdots,x_n)$为真，然后根据 $p(x_1,x_2,\cdots,x_n)$和其他公理、定义和已经证明的定理，证明 $q(x_1,x_2,\cdots,x_n)$为真。

例 2.4.3

对所有的实数 d,d_1,d_2 和 x，如果 $d=\min(d_1,d_2)$且 $x\leqslant d$，则 $x\leqslant d_1$ 且 $x\leqslant d_2$。

证明：设 d,d_1,d_2 和 x 是任意实数，由前面的讨论可知，只要假设

$$d=\min(d_1,d_2) \quad \text{且} \quad x\leqslant d$$

为真，并证明

$$x\leqslant d_1 \quad \text{且} \quad x\leqslant d_2$$

就完成了证明过程。

根据 min 的定义，有 $d \leqslant d_1$ 和 $d \leqslant d_2$。由 $x \leqslant d$ 和 $d \leqslant d_1$，可得 $x \leqslant d_1$。同理，由 $x \leqslant d$ 和 $d \leqslant d_2$ 可得 $x \leqslant d_2$。

因此，$x \leqslant d_1$ 且 $x \leqslant d_2$。

有时候，直接证明的方法行不通。此时会需要一种称为**间接证明**的方法，其中非常有用的一种方法就是**反证法**。命题(2.4.1)的反证法是：假设结论 q 为假(即 $\neg q$ 为真)，然后把 $\neg q$ 作为已知条件，加上其他的公理、定义和已经证明的定理，得出 $\neg p$。这与前提 p 为真形成矛盾，从而证明命题(2.4.1)为真。其原理是利用原命题与逆否命题的逻辑等价性。

比如，用反证法证明：若 $3n+2$ 是奇数，则 n 是奇数。

假设"n 是奇数"为假，那么 n 是偶数。由偶数的定义，$n=2k$(k 为整数)，于是 $3n+2=6k+2=2(3k+1)$，这说明 $3n+2$ 是偶数，这与条件"$3n+2$ 是奇数"矛盾。所以原来的条件命题为真。

例 2.4.4

用反证法证明：对于所有实数 x 和 y，如果 $x+y \geqslant 2$，则 $x \geqslant 1$ 或 $y \geqslant 1$。

证明：假设结论为假，于是 $x<1$ 和 $y<1$(此处注意，析取的否定得到合取。见例 2.2.11 德·摩根律)。相加这两个不等式，可得

$$x+y<1+1=2$$

此时，我们就得出了 $\neg p$，这与 p 形成矛盾式 $p \wedge \neg p$，其中

$$p: x+y \geqslant 2$$

由此得出，结论为真。

另一种间接证法是归谬法：如果要证明命题 $p \to q$，首先假设结论 q 为假(即 $\neg q$ 为真)，然后把 p 和 $\neg q$ 作为已知条件，加上其他的公理、定义和已经证明的定理，得出一个形如 $r \wedge \neg r$ 的矛盾式命题。

归谬法的正确性可由两个命题 $p \to q$ 与 $(p \wedge \neg q) \to (r \wedge \neg r)$ 的逻辑等价看出，体现在下面真值表 2.4.1 的第 4 列和第 7 列。

表 2.4.1

p	q	r	$p \to q$	$p \wedge \neg q$	$r \wedge \neg r$	$(p \wedge \neg q) \to (r \wedge \neg r)$
T	T	T	T	F	F	T
T	T	F	T	F	F	T
T	F	T	F	T	F	F
T	F	F	F	T	F	F
F	T	T	T	F	F	T
F	T	F	T	F	F	T
F	F	T	T	F	F	T
F	F	F	T	F	F	T

请读者用归谬法证明：$\sqrt{2}$ 是无理数。

直接证明和间接证明的不同在于被否定了的结论。在间接证明中，被否定了的结论可以作为前提来使用。但是，在直接证明中不能用它作为前提。

在建立一个证明时，我们必须肯定所使用的论证是有效的。接下来，我们将给出有效论证的概念，并对它进行较详细的讨论。

考虑下面的命题系列：

错误或者在模块 17 中，或在模块 81 中。
错误是一个数字错误。　(2.4.2)
模块 81 没有数字错误。

假设这些陈述都是真的，可以得到结论：

错误在模块 17 中。　(2.4.3)

从一系列前提得出结论的方法称为**演绎推理**。给出的命题系列，如语句(2.4.2)，称为前提。从这些前提得到的命题，如语句(2.4.3)，称为**结论**。一个演绎论证包括前提和结论。数学和计算机科学中的许多证明都是演绎论证。

演绎论证的形式通常是

$$\text{如果 } p_1\text{，且 } p_2\text{，}\cdots\text{且 } p_n\text{，则 } q \quad (2.4.4)$$

一般地，我们有以下定义。

定义 2.4.5

一个论证是指由一系列的前提(或命题)最终得出结论的过程。比如，

$$\begin{array}{c} P_1 \\ P_2 \\ \vdots \\ P_n \\ \hline \therefore q \end{array}$$

或

$$P_1, P_2, \cdots, P_n / \therefore q, \qquad \text{或 } P_1 \wedge P_2 \wedge \cdots \wedge P_n \rightarrow q$$

其中的命题 $P_1, P_2, \cdots, P_n$ 称为推理的前提，命题 q 称为推理的结论。

如果命题 $P_1, P_2, \cdots, P_n$ 中的每一个都为真，则 q 也必为真，那么我们就说论证是有效的。否则，论证是无效的。当论证有效时，条件命题$(P_1 \wedge P_2 \wedge \cdots \wedge P_n) \rightarrow q$ 为真。

另一方面，如果前提 $P_1, P_2, \cdots, P_n$ 中有一个为假，那么 $P_1 \wedge P_2 \wedge \cdots \wedge P_n$ 为假，此时不管 q 的真值是什么，命题$(P_1 \wedge P_2 \wedge \cdots \wedge P_n) \rightarrow q$ 都自动为真。综合这两个方面可得：当一个论证是有效的时候，条件命题$(P_1 \wedge P_2 \wedge \cdots \wedge P_n) \rightarrow q$ 一定是永真式。因此，证明一个论证是有效的另一种方法就是说明命题$(P_1 \wedge P_2 \wedge \cdots \wedge P_n) \rightarrow q$ 是一个永真式。

在一个有效论证中，我们有时说：结论能从前提推出。注意，这里并不需要考虑前提和结论的真实含义，也并不是说结论是真的。我们只是说，如果你承认了前提，你也要承认结论。因此，一个论证的有效性取决于这个论证形式的有效性。也就是说，有效性在

于它的形式,而不在于它的内容。

我们考虑下面的论证:

"如果你有一个正确的密码,那么你可以登录到网络。"

"你有一个正确的密码。"

所以

"你可以登录到网络。"

我们想确定这是否是一个有效论证。也就是要确定,当前提"如果你有一个正确的密码,那么你可以登录到网络。"和"你有一个正确的密码"都为真时,结论"你可以登录到网络"是否必为真。下面将看到,这是一个有效论证。

例 2.4.6

确定下列论证是否有效。

$$\begin{array}{l} p \rightarrow q \\ \underline{p \qquad} \\ \therefore q \end{array}$$

解 1:建立所有命题的真值表见表 2.4.2。

表 2.4.2

p	q	$p \rightarrow q$	p	q
T	T	T	T	T
T	F	F	T	F
F	T	T	F	T
F	F	T	F	F

从上表中第 2 行可见,只要 p 和 $p \rightarrow q$ 为真时,结论 q 也为真。因此,论证是有效的。

解 2:用取值法(设前提为真,再证结论也必为真)。

设 p 和 $p \rightarrow q$ 均为真,则 q 必为真。因为如果 q 为假,再加上 p 为真,可推出 $p \rightarrow q$ 为假。因此,这个论证是有效的。

在列真值表比较复杂的情况下,通常采用这种方法。

解 3:
$$\begin{aligned} ((p \rightarrow q) \wedge p) \rightarrow q &\equiv ((\neg p \vee q) \wedge p) \rightarrow q \\ &\equiv ((\neg p \wedge p) \vee (p \wedge q)) \rightarrow q \\ &\equiv (p \wedge q) \rightarrow q \\ &\equiv \neg (p \wedge q) \vee q \\ &\equiv (\neg p \vee \neg q) \vee q \\ &\equiv \neg p \vee (\neg q \vee q) \\ &\equiv \neg p \vee \mathrm{T} \\ &\equiv \mathrm{T} \end{aligned}$$

这表明 $((p \rightarrow q) \wedge p) \rightarrow q$ 是一个永真式,因而这个论证形式是有效的。

在数学证明中,我们经常运用此例的结果来进行推理,比如:

(1) 若两条直线平行，被第三条直线所截，则内错角相等。

这两条直线 l_1，l_2 平行，被第三条直线 l_3 所截；

所以，内错角相等。

(2) 如果两个三角形全等，那么它们的对应边相等。

两个三角形 ΔABC、$\Delta A'B'C'$ 全等；

所以，它们的对应边相等。

这两个推理的形式就是：$((p\to q)\wedge p)\to q$，用竖式写为

$$\begin{array}{l} p\to q \\ \underline{p\qquad} \\ \therefore q \end{array}$$

例 2.4.7

判断如下论证是否有效。

“如果今天是星期二，那么明天是星期五。由于今天是星期二，因此明天是星期五。”我们令 p 为命题：今天是星期二；q 为命题：明天是星期五。论证的前提是 $p\to q$ 和 p，结论是 q。根据例 2.4.6 可知，这个论证是有效的。

然而，其中的前提“今天是星期二”为假，因此不能得出真的结论。本例也说明，论证形式的有效性与论证所讨论的具体内容是没有关系的。

例 2.4.8

请将下列论证：

如果 2＝3，则我吃我的帽子。

我吃我的帽子；

∴2＝3

表示为符号形式，并确定论证是否有效。

令 p：2＝3；　q：我吃我的帽子

于是论证可写为

$$\begin{array}{l} p\to q \\ \underline{q\qquad} \\ \therefore p \end{array}$$

如果论证是有效的，则当 $p\to q$ 和 q 都为真，p 也必须为真。现假设 $p\to q$ 和 q 都为真，根据例 2.4.6 的真值表，此时的 p 可以为真，也可以为假。也就是说，此种情况下，p 不必一定为真。于是这个论证不是有效的。此时也说，结论“2＝3”不能由前提推出。

注意：本题中的逻辑命题 $((p\to q)\wedge q)\to p$ 不是永真式。

例 2.4.9

下列论证是否有效？

若你做完本书的每一道练习，则你将会通过计算机数学考试。你通过计算机数学考试；因此，你做完本书的每一道练习。

这个论证的形式为：若 $p\rightarrow q$，并且 q，则 p。由上例可知，这是一个无效推理。

例 2.4.10

确定下列论证是否有效。

$$\begin{array}{l} p\rightarrow q \\ \underline{\neg q} \\ \therefore \neg p \end{array}$$

通过建立上述命题的真值表见表 2.4.3。

表 2.4.3

p	q	$p\rightarrow q$	$\neg q$	$\neg p$	$((p\rightarrow q)\wedge\neg q)\rightarrow\neg p$
T	T	T	F	F	T
T	F	F	T	F	T
F	T	T	F	T	T
F	F	T	T	T	T

观察上表第 5 行可知，当 $p\rightarrow q$ 和$\neg q$ 都为真时，$\neg p$ 必为真。因此，这是一个有效论证。同时，从最后的第 6 列能看出命题$((p\rightarrow q)\wedge\neg q)\rightarrow\neg p$ 为永真式。

下面是这个规则的一个例子。比如，

(1) 如果李林当选为学生会主席，王明就担任生活部长。

(2) 王明没有担任生活部长。

(3) 所以，李林没有当选为学生会主席。

例 2.4.11

确定下列论证是否有效。

$$\begin{array}{l} p \\ p\rightarrow r \\ \underline{r\rightarrow q} \\ \therefore q \end{array}$$

前面已经证明$((p\rightarrow r)\wedge p)\rightarrow r$ 是有效的。进一步地，$((r\rightarrow q)\wedge r)\rightarrow q$ 也是有效的。因此，这个论证是有效的。这个规则通常称为假言三段论规则，用于许多推理之中。

另外，用取值法也可证之：假设 $p\rightarrow r$，$r\rightarrow q$，p 均为真。由 $p\rightarrow r$ 和 p 为真，可得 r 必为真。再由 $r\rightarrow q$，r 为真，可得 q 必为真。故当 $p\rightarrow r$，$r\rightarrow q$，p 均为真时，q 必为真。所以这个论证是有效的。

考虑本例规则的一个应用。比如，

(1) 刘军正在烤面包。

(2) 如果刘军正在烤面包，那么他就不做作业。

(3) 如果刘军不做作业,那么他父亲就不给他买玩具。
根据上述的条件能得到如下结论吗?

(4) 所以刘军的父亲没有给他买玩具。
把上述推理过程形式化为

$$\begin{array}{l} p \\ p \to \neg r \\ \underline{\neg r \to \neg q} \\ \therefore q \end{array}$$

这个论证是有效的。

例 2.4.12

确定下面的推理论证是无效的。

$$\begin{array}{l} p \to r \\ \underline{r \to q} \\ \therefore q \end{array}$$

因为取 $p=\mathrm{F}, r=\mathrm{F}, q=\mathrm{F}$ 时,$p \to r$ 与 $r \to q$ 都为真,但 q 却为假。另外我们可以从真值表(见表 2.4.4)来讨论这个论证的有效性。

表 2.4.4

p	r	q	$p \to r$	$r \to q$	$(p \to r) \wedge (r \to q)$	$(p \to r) \wedge (r \to q) \to q$
T	T	T	T	T	T	T
T	T	F	T	F	F	T
T	F	T	F	T	F	T
T	F	F	F	T	F	T
F	T	T	T	T	T	T
F	T	F	T	F	F	T
F	F	T	T	T	T	T
F	F	F	T	T	T	F

由上表的第 2,6,8 行可知,当 $p \to r$ 与 $r \to q$ 都为真,q 也为真;但列表的最后一行显示,当 $p \to r$ 与 $r \to q$ 都为真,q 也可以为假。也就是说,当 $p \to r$ 与 $r \to q$ 都为真时,q 不一定必为真。所以,这个论证是无效的。从最后一行也看到,命题 $(p \to r) \wedge (r \to q) \to q$ 不是永真式。将它与例 2.4.11 进行比较,注意它们的不同。

习题 2.4

1. 假设已知:如果 a,b,c 是实数,且 $ab=ac, a \neq 0$,则 $b=c$。求证:如果 $xy=0$,那么 $x=0$,或者 $y=0$。

证明:设 $xy=0$,且 $x \neq 0, y \neq 0$。由于 $x\,y=0=x \cdot 0$ 且 $x \neq 0$;由题设得 $y=0$,这是一个矛盾。

请说明上述过程中每一步的正确性。

2. 令 p:我努力工作;q:我得到奖励;r:我有钱。把下列论证改写为符号形式,并确定其有效性。

(1)如果我努力工作,则我得到奖励

我努力工作

∴我得到奖励

(2) 如果我努力工作,则我得到奖励

如果我没有钱,则我没有得到奖励

∴我有钱

(3) 我努力工作当且仅当我有钱

我有钱

∴我努力工作

(4) 如果我努力工作或者我有钱,那么我得到奖励

我得到奖励

∴如果我不努力工作,则我有钱

(5) 如果我努力工作,那么我得到奖励或我有钱

我没有得到奖励并且我没有钱

∴我不努力工作

3. 确定下列论证的有效性。

令 p:64KB 内存比完全没有内存好;q:我要买更多的内存;r:我要买一台新计算机。

(1) $p\rightarrow r$

$p\rightarrow q$

$\therefore p\rightarrow(r\wedge q)$

(2) $p\rightarrow(r\vee q)$

$r\rightarrow\neg q$

$\therefore p\rightarrow r$

(3) $p\vee q$

$\neg p\vee r$

$\neg r$

$\therefore q$

(4) $\neg r\rightarrow\neg p$

r

$\therefore p$

4. 确定下列各题的论证是否有效。

(1) $p\rightarrow q$

$\neg p$

$\therefore \neg q$

(2) $p\wedge\neg p$

$\therefore q$

(3) $(p\rightarrow q)\wedge(r\rightarrow s)$

$p\vee r$

$\therefore q\vee s$

(4) $p\rightarrow(q\rightarrow r)$

$q\rightarrow(p\rightarrow r)$

$\therefore(p\vee q)\rightarrow r$

(5) $p\rightarrow q$

$\neg q$

$\neg r$

(6) $p\rightarrow(q\rightarrow r)$

$\neg q\rightarrow\neg p$

p

$\therefore \neg(p \vee r)$　　　　　　　　　　$\therefore r$

(7) $[(p \wedge \neg p) \wedge r] \rightarrow [(p \wedge r) \vee q]$　　(8) $[p \wedge (p \rightarrow q) \wedge (\neg q \vee r)] \rightarrow r$

5. 证明对所有实数 x, y，如果 $x+y \geqslant 100$，则 $x \geqslant 50$，或者 $y \geqslant 50$。

2.5 推理规则

归结是由 J. A. 罗宾逊在 1965 年提出的一种证明技术。它依赖于如下比较单一的规则

$$\text{如果 } p \vee q \text{ 和} \neg p \vee r \text{ 都为真，则 } q \vee r \text{ 为真。} \quad (2.5.1)$$

规则(2.5.1)的正确性可由真值表 2.5.1 来证明。

表 2.5.1

p	q	$\neg p$	r	$p \vee q$	$\neg p \vee r$	$q \vee r$
T	T	F	T	T	T	T
T	T	F	F	T	F	T
T	F	F	T	T	T	T
T	F	F	F	T	F	F
F	T	T	T	T	T	T
F	T	T	F	T	T	T
F	F	T	T	F	T	T
F	F	T	F	F	T	F

观察上表中的第 2,4,6,7 行可知，规则(2.5.1)是正确的。

进一步地，我们还能得到：$[(p \vee q) \wedge (\neg p \vee r)] \rightarrow (q \vee r)$ 是一个永真式。这个简单规则是计算机程序进行推理和证明的基础。为了便于运用(2.5.1)，在归结证明中，前提和结论通常都要被改写为子句。所谓子句是一个由析取符号 $\vee$ 分隔的项所组成的式子，这些项或是一个简单命题(变量)或者是它的否定。

例 2.5.1

表达式

$$a \vee b \vee (\neg c) \vee d$$

是一个子句，因为其中的各项 $a, b, \neg c, d$ 被析取分隔，且每项都是一个变量或者一个变量的否定。

例 2.5.2

表达式

$$x \wedge y \vee w \vee \neg z$$

不是一个子句，因为其中有的项(比如 $x \wedge y$)是由合取分离的。

例 2.5.3

表达式

$$p \to q$$

不是一个子句，虽然每项都是一个变量，但其中的项被符号→分隔。

一个归结证明，其过程是反复地使用规则(2.5.1)于两个语句，从而得出一个新语句，直到得出所需的结论。在使用规则(2.5.1)时，p 必须是单个的变量，而 q 和 r 可以是比较复杂的表达式。注意，当规则(2.5.1)应用于子句时，结果 $q \vee r$ 是一个子句(因为 q 和 r 每一个都由析取分隔的项组成，每项是一个变量或变量的否定，所以 $q \vee r$ 也是由析取分隔的项组成，每项是一个变量或变量的否定)。

例 2.5.4

用归结进行下面的论证

1. $a \vee b$
2. $\neg a \vee c$
3. $\neg c \vee d$

$\therefore b \vee d$

把规则(2.5.1)用于表达式 1 和 2，得到

4. $b \vee c$

把规则(2.5.1)用于表达式 3 和 4，得到

5. $b \vee d$

此即所需的结论。由给出的前提 1,2 和 3，我们就得出了结论 $b \vee d$。

规则(2.5.1)的特殊情况是：

(a) 如果 $p \vee q$ 和 $\neg p$ 都为真，则 q 为真。 (2.5.2)

(b) 如果 p 和 $\neg p \vee r$ 都为真，则 r 为真。

其中，规则(a)的正确性可由真值表 2.5.2 给出证明。

表 2.5.2

p	q	$p \vee q$	$\neg p$	q
T	T	T	F	T
T	F	T	F	F
F	T	T	T	T
F	F	F	T	F

对于规则(b)，读者也可以通过真值表给出证明。

例 2.5.5

用归结进行下面的论证

1. a

2. $\neg a \vee c$

3. $\neg c \vee d$

$\therefore d$

把规则(2.5.2)用于表达式 1 和 2,得到

4. c

把规则(2.5.2)用于表达式 3 和 4,得到

5. d

这就是所需的结论。由给出的前提 1,2 和 3,我们就得出了结论 d。

如果前提不是一个子句,就必须用等价的表达式代替它。此表达式或者是一个子句,或者是几个子句的合取。例如,如果前提是$\neg(a \vee b)$,由于否定的范围多于一个变量,我们用德・摩根律(见例 2.2.11)

$$\neg(a \vee b) \equiv \neg a \wedge \neg b, \neg(a \wedge b) \equiv \neg a \vee \neg b \tag{2.5.3}$$

来得到一个等价的表达式,其否定符号的范围只是一个变量

$$\neg(a \vee b) \equiv \neg a \wedge \neg b$$

于是我们把原来的前提$\neg(a \vee b)$用两个前提$\neg a$ 和$\neg b$ 的合取来代替。

如果一个表达式,其各项都由析取来分隔,而其中的各项都由若干变量的合取组成,那么我们可以用一个由若干子句的析取组成的等价的表达式代替。这就是下面的等价式

$$a \vee (b \wedge c) \equiv (a \vee b) \wedge (a \vee c) \tag{2.5.4}$$

此种情况下,可以把单一的前提 $a \vee (b \wedge c)$用两个前提 $a \vee b$ 和$a \vee c$ 代替。使用德・摩根律(2.5.3),再使用其等价式(2.5.4),这样我们就得到等价的前提,而其中的每一个都是一个子句。

例 2.5.6

用归结进行下面的论证

1. $a \vee \neg(b \vee c)$

2. $\neg(a \vee d)$

$\therefore \neg b$

用德・摩根第一定律(2.5.3),把$\neg(b \vee c)$写成$\neg b \wedge \neg c$。

对表达式 1 应用规则(2.5.4),把前提 1 用下面的两个等价前提代替

$a \vee \neg b$

$a \vee \neg c$

使用德・摩根第一定律(2.5.3),用下面的两个等价前提代替前提 2

$\neg a$

$\neg d$

于是论证成为

1. $a \vee \neg b$

2. $a \vee \neg c$

3. $\neg a$

4. $\neg d$

$\therefore \neg b$

把规则(2.5.2)用于表达式1和3,立刻得出结论:$\neg b$。

注意,在此推理过程中,表达式2和4并没有得到运用。

在自动推理系统中,我们可以联合使用归结证明和反证法。也就是,把结论的否定改写为子句,并将它加入前提中,然后重复地使用规则(2.5.1),直到得出一个矛盾。

例 2.5.7

用归结和反证法重证例2.5.4。

我们首先把结论否定,并由德·摩根第一定律(2.5.3)得出

$$\neg(b \vee d) \equiv \neg b \wedge \neg d$$

然后把$\neg b$和$\neg d$加入到前提中,得到

1. $a \vee b$

2. $\neg a \vee c$

3. $\neg c \vee d$

4. $\neg b$

5. $\neg d$

把规则(2.5.1)用于表达式1和2,得出

6. $b \vee c$

把规则(2.5.1)用于表达式3和6,得出

7. $b \vee d$

把规则(2.5.2)用于表达式4和7,得出

8. d

联合表达式5和8就得到一个矛盾。于是证明完成。

例 2.5.8

试说明由前提"若你发给我电子邮件消息,则我将完成编写程序","若你不发给我电子邮件消息,则我将早早地去睡觉",以及"若我早早地去睡觉,则我将感觉精力充沛地醒来",可否导出结论"若我不完成编写程序,则我将感觉精力充沛地醒来"。

解:令p:你发给我电子邮件消息;q:我将完成编写程序;r:我将早早地去睡觉,s:我将感觉精力充沛地醒来,则这些前提可表示为:$p \rightarrow q$, $\neg p \rightarrow r$, $r \rightarrow s$,需证明的结论是$\neg q \rightarrow s$。

步骤	理由
1. $p \to q$	前提引入
2. $\neg q \to \neg p$	对 1 用逆否命题
3. $\neg p \to r$	前提引入
4. $\neg q \to r$	对步骤 2,3 用假言三段论
5. $r \to s$	前提引入
6. $\neg q \to s$	对步骤 4,5 用假言三段论

表达式 6 就是所需要的结论。

下面把前面讨论的推理规则用于量化命题。

例 2.5.9

证明苏格拉底三段论推理的有效性。

大前提：所有的人都是要死的。

小前提：苏格拉底是人。

结　论：所以，苏格拉底是要死的。

证明：用 s：苏格拉底；$P(x)$：x 是人；$D(x)$：x 是要死的，则

$$\begin{array}{c}\forall x(P(x) \to D(x)) \\ P(s) \\ \hline \therefore D(s)\end{array}$$

证明过程的形式化：

步骤	理由
1. $P(s)$	前提引入
2. $\forall x(P(x) \to D(x))$	前提引入
3. $P(s) \to D(s)$	对 2 应用全称量词的消去规则
4. $D(s)$	对 1,3 用例 2.4.6 的结果

例 2.5.10

设个体域为平面上所有的三角形，令命题函数

$p(x)$：x 有两条边相等。

$q(x)$：x 是一个等腰三角形。

$r(x)$：x 有两个角相等。

现在考虑一个具体的三角形 ABC，它没有两个角是相等的，用 s 表示它。那么，我们知道下面的推理

三角形 ABC 没有两个角相等。	$\neg r(s)$
如果一个三角形有两条边相等，那么它是一个等腰三角形。	$\forall x(p(x) \to q(x))$
如果一个三角形是等腰三角形，那么它有两个角相等。	$\forall x(q(x) \to r(x))$
所以，三角形 ABC 没有两条边相等。	$\neg p(s)$

是一个有效推理。形式化的证明如下：

步骤	理由
1. $\forall x(p(x)\to q(x))$	前提引入
2. $p(s)\to q(s)$	对 1 应用全称量词消去规则
3. $\forall x(q(x)\to r(x))$	前提引入
4. $q(s)\to r(s)$	对 3 应用全称量词消去规则
5. $p(s)\to r(s)$	对 2 和 4 应用假言三段论规则
6. $\neg r(s)$	前提引入
7. $\neg p(s)$	对 5 和 6 应用例 2.4.10 的结果

例 2.5.11

设个体域为所有的实数组成，令

$$p(x)\text{：}3x-7=20$$

$$q(x)\text{：}3x=27$$

$$r(x)\text{：}x=9$$

则代数方程求解的推理过程为：

1. 如果 $3x-7=20$，则 $3x=27$ $\quad\forall x(p(x)\to q(x))$
2. 如果 $3x=27$，则 $x=9$ $\quad\forall x(q(x)\to r(x))$
3. 所以，如果 $3x-7=20$，则 $x=9$ $\quad\therefore\ \forall x(p(x)\to r(x))$

具体的证明过程：

步骤	理由
1. $\forall x(p(x)\to q(x))$	前提引入
2. $p(a)\to q(a)$	对 1 应用全称量词消去规则
3. $\forall x(q(x)\to r(x))$	前提引入
4. $q(a)\to r(a)$	对 3 应用全称量词消去规则
5. $p(a)\to r(a)$	对 2 和 4 应用假言三段论规则
6. $\therefore\forall x(p(x)\to r(x))$	对 5 引入全称量词

注意，步骤 2、4 中的 a 是任意选取的同一个特定的元素。它没有特殊性，因而在步骤 5 中可以使用全称量词的引入，从而得到步骤 6。

习题 2.5

1. 用归结证明下列各题。

(1) $\neg p\vee q\vee r$

$\neg q$

$\neg r$

$\therefore\neg p$

(2) $\neg p \vee r$

$\neg r \vee q$

$\underline{p \qquad\quad}$

$\therefore q$

(3) $\neg p \vee t$

$\neg q \vee s$

$\neg r \vee (s \wedge t)$

$\underline{p \vee q \vee r \vee u}$

$\therefore s \vee t \vee u$

(4) $p \to q$

$\underline{p \vee q \quad}$

$\therefore q$

(5) $p \leftrightarrow r$

$\underline{r \qquad}$

$\therefore p$

2. 用归结和反证法重证例 2.5.6。

3. 找出一个与$(p \vee q) \to r$ 等价的、由子句的合取组成的表达式。

4. 找出一个与$(p \vee \neg q) \to (\neg r \wedge s)$等价的、由子句的合取组成的表达式。

5. 写出下列论证的具体过程和理由：

(1) $\forall x\,[\,p(x) \to (q(x) \wedge r(x))]$

$\underline{\quad \forall x(p(x) \wedge s(x)) \qquad\qquad}$

$\therefore \forall x(r(x) \wedge s(x))$

(2) $\forall x(p(x) \vee q(x))$

$\exists x\, \neg p(x)$

$\forall x(\neg q(x) \vee r(x))$

$\underline{\forall x(s(x) \to \neg r(x))}$

$\therefore \exists x\, \neg s(x)$

2.6　数学归纳法

数学归纳法是一种非常重要的证明技术。下面从一个具体例子开始我们的讨论。比如，如果要寻找前 n 个正整数之和的公式，通常是先尝试计算一些个别情况。比如，

$$S_1 = 1 = 1$$
$$S_2 = 1 + 2 = 3$$
$$S_3 = 1 + 2 + 3 = 6$$
$$S_4 = 1 + 2 + 3 + 4 = 10$$
$$\vdots$$

$$S_n=1+2+3+4+\cdots+n \tag{2.6.1}$$

进而猜测一般的公式 $S_n=n(n+1)/2$。但是如何证明该公式是正确的呢?

如果我们继续计算特定的数值 n 时的和,并未发现任何与该猜测相反的情况,那么可以越来越相信该猜测是正确的;但是,这仍不能证明该猜测是正确的。因为无论计算多少个特例,总是会有无穷多个没有计算出来,所以我们需要数学归纳法。

数学归纳法有两个步骤:

第 1 步:说明 $S_n=n(n+1)/2$ 在 $n=1$ 时是正确的。这称为初始条件或基本步骤。

$$S_1=1=1(1+1)/2=1$$

第 2 步:再假设

$$S_n=n(n+1)/2 \tag{2.6.2}$$

为真的情况下,证明

$$S_{n+1}=(n+1)(n+2)/2$$

为真。这一步通常称为归纳步骤。

归纳法的这两个步骤就足够建立最初的猜测。

第 1 步表明,猜测对 $n=1$ 是成立的。而后的归纳步骤说明应用于 $n=2$ 时公式成立,同样再次应用于 $n=3$ 时公式成立。依此类推,对任意正整数 n 均成立。归纳步骤保证了类推可以不断地进行下去。

在本例中,如何证明归纳步骤?过程如下,

根据式(2.6.1),有

$$S_{n+1}=1+2+3+\cdots+n+(n+1)$$

注意到 S_n 是 S_{n+1} 的一部分,由此

$$\begin{aligned}S_{n+1}&=1+2+3+\cdots+n+(n+1)\\&=S_n+(n+1)\end{aligned} \tag{2.6.3}$$

由式(2.6.2)和式(2.6.3),有

$$S_{n+1}=S_n+(n+1)=n(n+1)/2+(n+1)=(n+1)(n+2)/2$$

这样就证明了归纳步骤。

数学归纳法的证明过程是由两部分组成的。第 1 步要证明对应于 $n=1$,陈述为真;第 2 步,假设陈述对于 $1,2,\cdots,n$ 都为真,然后证明陈述对于$(n+1)$也为真。在证明第$(n+1)$个陈述为真时,允许应用陈述 $1,2,\cdots,n$。构造一个数学归纳法证明的关键是把陈述 $1,2,\cdots,n$ 和 $n+1$ 联系起来。

下面,我们形式地叙述**数学归纳法原理**。

设对于每个正整数 n,有一个陈述 $P(n)$。如果

$$P(1)\text{为真;} \tag{2.6.4}$$

$$\text{假设 } P(n)\text{ 为真,那么 } P(n+1)\text{ 也为真。} \tag{2.6.5}$$

那么,对于所有正整数 n,$P(n)$为真。

条件(2.6.4)称为基本步骤,而条件(2.6.5)称为归纳步骤。

特别注意,这个原理并没有假设对所有正整数 n,$P(n)$为真。只是要求证明:若假设 $P(n)$为真,则 $P(n+1)$也为真。

例 2.6.1

用数学归纳法证明

$$n! \geqslant 2^{n-1} \qquad n=1,2,\cdots \tag{2.6.6}$$

基本步骤:证明 $n=1$,式(2.6.6)为真。这容易完成,因为

$$1!=1\geqslant 1=2^{1-1}$$

归纳步骤:必须证明,如果对于 $i=1,2,\cdots,n$,有 $i!\geqslant 2^{i-1}$,那么有

$$(n+1)!\geqslant 2^n \tag{2.6.7}$$

因为假设对于 $i=1,\cdots,n$,有 $i!\geqslant 2^{i-1}$成立,那么,特别地对于 $i=n$,我们有

$$n!\geqslant 2^{n-1} \tag{2.6.8}$$

把式(2.6.7)和式(2.6.8)联系起来,于是

$$\begin{aligned}(n+1)! &=(n+1)(n!)\\ &\geqslant (n+1)2^{n-1} && (\text{由式}(2.6.8))\\ &\geqslant 2\cdot 2^{n-1} && (\text{由 } n+1\geqslant 2)\\ &\geqslant 2^n\end{aligned}$$

因此,式(2.6.7)为真。

根据归纳法原理,对每个正整数 n,式(2.6.6)为真。

为证实条件(2.6.5),我们假设对于所有的 $i\leqslant n$ 时 $P(i)$为真,然后证明 $P(n+1)$为真。这种形式的数学归纳法称为强归纳法。更常用的情况是,我们可以仅由 $P(n)$为真,导出 $P(n+1)$为真。因此,一般的归纳步骤经常陈述为:

如果 $P(n)$为真,则 $P(n+1)$为真。

这两种归纳形式的基本步骤是相同的,但归纳步骤有些不同:强归纳法中的归纳步骤包含了 n 个命题 $P(1),P(2),\cdots,P(n)$,并利用这 n 个命题为真来证明 $P(n+1)$为真;而一般归纳法只利用一个命题 $P(n)$为真来证明 $P(n+1)$为真。用逻辑符号表达就是,在强归纳法中要证明$[P(1)\wedge P(2)\wedge\cdots\wedge P(n)]\rightarrow P(n+1)$为真;一般归纳中要证明 $\forall n[P(n)\rightarrow P(n+1)]$为真。这两种形式是逻辑等价的。

例 2.6.2 几何和

用归纳法证明:如果 $r\neq 1$,对于 $n=0,1,\cdots$

$$a+ar^1+ar^2+\cdots+ar^n=\frac{a(r^{n+1}-1)}{r-1} \tag{2.6.9}$$

左边的和称为几何和。在一个几何和中,相邻项的比($ar^{i+1}/ar^i=r$)是常数。

基本步骤:在此情况下基本步骤是当 $n=0$ 时,

$$a=\frac{a(r^1-1)}{r-1}$$

该式为真。

归纳步骤：设对于 n，陈述式(2.6.9)为真。现在

$$
\begin{aligned}
a+ar^1+ar^2+\cdots+ar^n+ar^{n+1} &= \frac{a(r^{n+1}-1)}{r-1}+ar^{n+1} \\
&= \frac{a(r^{n+1}-1)}{r-1}+\frac{ar^{n+1}(r-1)}{r-1} \\
&= \frac{a(r^{n+2}-1)}{r-1}
\end{aligned}
$$

于是，数学归纳法告诉我们，对于 $n=0,1,\cdots$式(2.6.9)为真。

作为几何和应用的一个例，在式(2.6.9)中令 $a=1$ 和 $r=2$，我们得到公式

$$1+2+2^2+2^3+\cdots+2^n=\frac{2^{n+1}-1}{2-1}=2^{n+1}-1$$

读者可能已经注意到，运用归纳法进行公式证明，必须事前给出一个正确的公式。但是如何才能知道这个公式呢？对于这个问题可能有许多回答。通常情况下是，对于较小的 n 值进行试探，以便发现一个模式。比如，考察求和 $1+3+\cdots+(2n-1)$，表 2.6.1 给出了当 $n=1,2,3,4,5$ 时，此和式的值。

表 2.6.1

n	$1+3+\cdots+(2n-1)$
1	1
2	4
3	9
4	16
5	25

由于第 2 列是一些平方数，我们可以推测

$$1+3+\cdots+(2n-1)=n^2 \qquad n \text{为正整数}$$

然后用数学归纳法对这个推测进行证明。

当然，归纳法并不限于证明求和的公式和证明不等式。

例 2.6.3

证明：5^n-1 能被 4 整除($n=1,2,\cdots$)。

基本步骤：当 $n=1$ 时，$5^n-1=5^1-1=4$，它能被 4 整除。

归纳步骤：假设 5^n-1 可被 4 整除，我们必须证明 $5^{n+1}-1$ 可被 4 整除。

为了把 n 和 $n+1$ 时的情况联系起来，写出

$$5^{n+1}-1=5\cdot 5^n-1=(5^n-1)+4\cdot 5^n$$

由假设，5^n-1 可被 4 整除，又由于 $4\cdot 5^n$ 可被 4 整除，因此式子

$$(5^n-1)+4\cdot 5^n=5^{n+1}-1$$

能被 4 整除。

由于基本步骤和归纳步骤已被证明，数学归纳法告诉我们，对于 $n=1,2,\cdots$，式子

5^n-1能被 4 整除。

例 2.6.4

证明命题 $P(n)$：$1+2+3+\cdots+n=(n^2+n+2)/2$

在这里，假如我们忽略基本步骤，直接从归纳假设开始。

假设命题 $P(n)$：

$$1+2+3+\cdots+n=(n^2+n+2)/2$$

对于某个 n 为真。再推导命题 $P(n+1)$：

$$1+2+3+\cdots+n+(n+1)=[(n+1)^2+(n+1)+2]/2$$

也为真。

正如前面的方法，并利用归纳假设计算如下

$$\begin{aligned}1+2+3+\cdots+n+(n+1)&=(1+2+3+\cdots+n)+(n+1)\\&=(n^2+n+2)/2+(n+1)\\&=(n^2+n+2)/2+(2n+2)/2\\&=[(n+1)^2+(n+1)+2]/2\end{aligned}$$

这样就证明了归纳步骤。

但是，这个命题是假的。那么上述的证明过程一定是出了问题，关键就在于没有验证基本步骤 $P(1)$为真，而本题中的 $P(1)$不为真。这个例子说明，无论基本步骤为真的验证是多么简单，但它都是很重要的一个步骤。

例 2.6.5

用归纳法证明：仅用 4 分和 5 分邮票就可以组成超过或等于 12 分的每种邮资。

证明：设 $p(n)$是命题：可以用 4 分和 5 分邮票来构成 $n(\geqslant 12)$分邮资。

基本步骤：可以用 3 个 4 分邮票来组成 12 分邮资。

归纳步骤：假设命题 $p(k)$为真，即能用 4 分和 5 分邮票来构成 $k(\geqslant 12)$分邮资。为了完成归纳步骤，需要证明：当 $p(k)$为真时，$p(k+1)$也为真，其中 $k\geqslant 12$。也就是说，需要证明：如果能构成 k 分邮资的话，那么也能构成 $k+1$ 分邮资。为此，假设至少用了 1 个 4 分邮票来构成 k 分邮资。于是可以用 1 个 5 分邮票来代替 1 个 4 分邮票和 1 分邮资，来构成 $k+1$ 分邮资。但是，如果 k 分邮资中没有用到任何 4 分邮票的话，说明 k 分邮资中只用到了 5 分的邮票。又由于 $k\geqslant 12$，这意味着构成 k 分的邮资至少包含 3 个 5 分的邮票。在此之上再加 1 分邮资，就可用 4 个 4 分的邮票来代替 3 个 5 分的邮票来构成 $k+1$分邮资。这就完成了归纳步骤。

于是，对所有的 $k\geqslant 12$，$p(k)$为真。

例 2.6.6

考虑一种游戏，其中两名选手轮流从两堆火柴中的一堆取出任意正整数的火柴。取走最后一根火柴的选手获胜。证明:如果开始时两堆火柴的数目相同,则第 2 名选手总是可以保证获胜。

证明:设 n 是每堆火柴的数目。令 $p(n)$ 表示:当每堆开始有 n 根火柴时,第二个选手可以获胜。

当 $n=1$ 时,先取火柴的选手只有一个选择,从某堆中取走一根火柴;剩下一堆只有一根,第二个选手可以取走这根火柴而获胜。

假设对所有 $1\leqslant j\leqslant k$ 的 j 来说,$p(j)$ 为真。也就是说,只要游戏开始时两堆各有 j 根火柴,其中 $1\leqslant j\leqslant k$,第二个选手总是可以获胜。下面将要证明 $p(k+1)$ 为真。即开始时两堆各有 $k+1$ 根火柴时,且在 $p(j)$(其中 $1\leqslant j\leqslant k$)为真的条件下,第二个选手获胜。

现设游戏开始时两堆各有 $k+1$ 根火柴时,且第一个选手从其中一堆中拿走了 $r(1\leqslant r\leqslant k)$ 根火柴,那么此堆中剩下 $k+1-r$ 根火柴。如果第二个选手从另外一堆中也拿走同样数目的火柴,那么两堆火柴就都剩下了 $k+1-r$ 根火柴。因为 $1\leqslant k+1-r\leqslant k$,根据归纳假设,知道第二个选手获胜。注意,如果第一个选手从其中的一堆中拿走全部的 $k+1$ 根火柴的话,那么第二个选手也从另一堆中拿走全部火柴,因此,仍然是第二个选手获胜。

最后,我们还要说明数学归纳法对计算机科学为什么是重要的。在评价一个计算机程序的质量时,我们首先要关心的是这个程序能否达到设计目的。正如不能通过检查特定情况来证明定理一样,我们也不能简单地通过测试不同的数据集来建立一个程序的正确性。(另外,如果程序是一个较大软件包的一部分,那么有可能数据集会在其内部生成,此时这样做将会很困难。)既然软件的开发在很大程度上侧重于结构化程序设计,这就需要进行程序验证。这里,程序员必须要证明,所开发的程序无论对于什么样的数据集都是正确的。在这一阶段付出的努力会大大缩减耗费在调试程序所需要的时间。在这种程序验证中起重要作用的一种方法就是数学归纳法。下面看一看如何运用这种方法。

例 2.6.7

设计下面伪代码程序段的目的是:对于实型变量 x 和 y 要得到 $x\cdot y^n$ 的值,其中 n 是一个非负整数。而 x,y,n 这三个变量在程序的前面已经被赋值。下面用数学归纳法来验证这个程序段的正确性。

```
while  n≠0  do
    begin
        x: = x* y
        n: = n - 1
    end
answer: = x
```

令 $S(n)$：对于所有的 $x,y\in R$，如果程序到达 while 循环的顶部，并且 $n\in N$ 时，那么不执行循环（当 $n=0$），或者循环中的两条指令都执行了 $n(>0)$ 次以后，则实型变量 answer 的值为 $x\cdot y^n$。

首先考虑 $S(0)$，即在 $n=0$ 情况下的命题为真。当程序到达 while 循环的顶部时，由于 $n=0$，所以不执行循环体，并将值 $x:=x=x\cdot y^0$ 赋给实型变量 answer。因此，命题 $S(0)$ 为真。

假设 $S(k)$ 对于某个非负整数 k 为真。即 $S(k)$：对于所有的 $x,y\in R$，如果程序到达 while 循环的顶部，并且 $k\in N$ 时，那么不执行循环（当 $k=0$），或者循环中的两条指令都执行了 $k(>0)$ 次以后，则实型变量 answer 的值为 $x\cdot y^k$。

对于命题 $S(k+1)$ 时，因为 $k+1\geqslant 1>0$，所以，循环体中的两个指令都至少会被执行一次。当这次循环执行完后，此时会发现：

y 的值并没有改变。

x 的值已经变为 $x_1=x\cdot y$

n 的值是 $(k+1)-1=k$

之后程序再回到 while 循环的顶部。由归纳假设，对于 x 和 y，以及 $n=k$，如果 while 循环不执行（对于 $k=0$），或者循环中的两条指令都执行了 k 次以后，则赋给实型变量 answer 的值为

$$\text{answer}:=x_1\cdot y^k=(x\cdot y)\cdot y^k=x\cdot y^{k+1}$$

由数学归纳法原理可知，$S(n)$ 对于所有的 $n\geqslant 0$ 都为真，从而建立了这个程序段的正确性。

习题 2.6

1. 用归纳法证明下列等式。

(1) $\dfrac{1}{2n}\leqslant\dfrac{1\cdot 3\cdot 5\cdot\cdots\cdot(2n-1)}{2\cdot 4\cdot 6\cdot\cdots\cdot(2n)}$　　$n=1,2,\cdots$

(2) $\dfrac{1\cdot 3\cdot 5\cdot\cdots\cdot(2n-1)}{2\cdot 4\cdot 6\cdot\cdots\cdot(2n)}\leqslant\dfrac{1}{\sqrt{n+1}}$　　$n=1,2,\cdots$

(3) $(1+x)^n\leqslant 1+nx$　　$x\leqslant -1$ 且 $n=1,2,\cdots$

2. 用归纳法证明下列陈述。

(1) 7^n-1 可被 6 整除　　$n=1,2,\cdots$

(2) 8 整除 3^n+7^n-2　　$n=1,2,\cdots$

3. 通过研究 n 为小值的情况，猜测下面和的公式。

$$\frac{1}{1\times 2}+\frac{1}{2\times 3}+\cdots+\frac{1}{n(n+1)}$$

然后用归纳法证明所得的公式。

4. 证明：5 分以上的邮费可仅由 2 分和 5 分的邮票组成。

5. 有一个游戏，两名选手从一堆 n 根火柴之中轮流取火柴，每次取 1 根，2 根，或 3

根，取走最后一根火柴的选手落败。用归纳法证明：如果每名选手按最好可能的策略来游戏，那么若对于某个非负整数 i 来说，$n=4i,4i+2,4i+3$ 时，则先取的选手获胜；而在 $n=4i+1$ 时，后取的选手获胜。

6. 在下面的伪代码程序段中，x,y，answer 是实型变量，n 是整型变量。在 while 循环开始执行以前，x,y,n 已经被赋值。用数学归纳法证明：对于所有实数 x,y，如果程序到达 while 循环的顶部并且 $n\in N$ 时，那么不执行循环（对于 $n=0$）或者循环中的两条指令都执行 $n(>0)$ 次以后，则实变量 answer 的值为 $x+ny$。

```
while  n≠0  do
    begin
      x: = x + y
      n: = n - 1
    end
answer: = x
```

7. 找出下面"定理"的证明错在何处？

"定理"：对每个正整数 n，如果 a,b 是正整数，且 $\max\{a,b\}=n$，则 $a=b$。

证明：

(1) 当 $n=1$ 时，如果 $\max\{a,b\}=1$，且 a,b 是正整数，则必有 $a=b=1$。

(2) 设 k 是一个正整数，假定只要 $\max\{a,b\}=k$，且 a 和 b 是正整数，则 $a=b$。

现令 $\max\{a,b\}=k+1$，且 a 和 b 是正整数，于是有 $\max\{a-1,b-1\}=k$，由归纳假设有，$a-1=b-1$，由此得 $a=b$。由归纳法可知，任意两个正整数都是相等的。

第3章　算法基础

数学中有很多重要的思想，比如算法思想和化归思想，它们在解决一般的问题时也很有用。其中的算法思想在计算机科学中更是十分重要。所谓算法就是按部就班地解决某个问题的方法和步骤。随着人们对计算机兴趣的增长，算法的概念有了更广泛的含义，不仅包含做算术的过程，而且包含所有确定的解题过程。本章介绍算法的概念及其表示方法，在此基础上讨论几个常见的算法，如欧氏算法、搜索和排序、整数运算以及递归算法等。

3.1　算法的概念

算法“algorithm”一词取自9世纪阿拉伯数学家Alkhowarizmi（花拉子密）的名字。在古巴比伦和古代中国的数学中就已经有许多算法的实例。

在日常生活中，做任何事情都有一定的顺序和步骤。比如，一个团队外出旅游要遵循次序：订票、乘车、游玩、吃饭、住宿等多个环节。显而易见，次序或步骤错了，就可能导致工作混乱或做错事。这种解决问题的一系列步骤就是算法。

例3.1.1

下面的罗杰斯烹饪鲤鱼的步骤就给我们提供了一个算法的范例：

(1) 取一条0.5～1.0kg重的鲤鱼，并把它放在清水里游上6小时；

(2) 刮鱼鳞、去骨、切片；

(3) 给鱼涂上黄油，并撒上盐和胡椒；

(4) 把鱼片放在烤炉里，用温火烘烤25分钟；

(5) 取出并享用。

要让计算机解决一个问题，这个问题的解决方法就必须描述成一组精确的步骤和序列。一般地，由给定的一些数据，按照某种规定的顺序进行运算的一个运算序列，称为**算法**。一个算法就是一组有限的指令序列，其中每一条指令表示一个或多个操作。

一个算法具有以下几个重要特征。

输入：算法从某个特定对象的集合得到输入值。

输出：对每个输入值集合，算法都能从一个指定的集合中给出输出值。输出值就是问题的解。

确定性：每一条指令必须有确切的含义，不能产生歧义性。在任何条件下，算法只有唯一的一条执行路径，即对于相同的输入只能得出相同的输出。

唯一性：每一步执行后所得到的中间结果是唯一的，且仅依赖于输入和先前步骤的结果。

有穷性：任何算法都会在有限条指令执行完毕后结束，且每一步都可在有穷时间内完成。

通用性：算法过程可以应用于一类问题，而不只是用于特定的输入值。

在此，确定性、唯一性和有穷性是保证算法可以实现的基本条件；而输入和输出则是保证算法可以接收信息和解决相应问题不可缺少的基本要素。

请读者思考：参考电话指令手册，看看打长途电话的某组指令体现了算法的哪些性质，缺少哪些性质？

例 3.1.2

考虑如下算法：

1. x：＝a
2. **if** b＞x **then** x：＝b
3. **if** c＞x **then** x：＝c

这个算法是求 a、b、c 三个数中的最大值。其思想是逐个比较这些数，并将找到的最大值赋给变量 x。算法结束时 x 将等于三个数中的最大值。x：＝a 表示"把 a 的值赋给 x"或者"用 a 值替换 x 的当前值"。x：＝a 执行后，a 的值并不改变。我们称"：＝"为赋值运算符。

下面我们演示上述算法是如何执行的，这种模拟过程被称为跟踪。首先假设输入

$$a=1,b=5,c=3$$

第 1 行，把 a 赋给变量 x，x 等于 1。

第 2 行，b＞x(5＞1)为真，所以 x 等于 5。

第 3 行，c＞x(3＞5)为假，所以什么也不做，这时 x＝5 为 a，b，c 中的最大值。

再假设

$$a=6,b=1,c=9$$

第 1 行，x 等于 6。第 2 行，b＞x(1＞6)为假，什么也不做。第 3 行，c＞x(9＞6)为真，所以 x 等于 9，这时 x＝9 为最大值。

上面的算法基本上具有前面所列的几个性质。

算法的步骤必须精确描述。上面的算法描述是很精确的，从而可以被编写为程序并由计算机执行。

给定输入的值，算法的每个中间步骤产生的中间结果是唯一的。例如给定：

$$a=1,b=5,c=3$$

在第 2 行，不管是由人工操作还是由计算机执行该算法，都将是"x 等于 5"这个结果。

一个算法在执行完有限条指令后将结束并回答所给出的问题。例如上面的算法，在

三步以后结束并且得出三个数中的最大值。

一个算法接收输入产生输出。上面的算法接收 a,b,c 的值作为输入,得出 x 的值作为输出。

算法必须是通用的,因为上面的算法能够找出任何三个数中的最大值。

解决问题的方法往往不止一种,但是我们总希望采用最简单的和运算步骤最少的方法。因此,在解决问题时不仅要保证算法的正确性,更要考虑算法的质量,选择合适的算法。在计算机科学中,经常需要对算法本身进行分析,来判断算法的质量和估计算法所需要的时间和空间。算法执行时所需要的时间和空间的量称为算法复杂度。它包括空间复杂度和时间复杂度。空间复杂度用算法所需占用的内存空间来度量。时间复杂度是指一个算法执行的速度,通常用算法中使用的操作(赋值、加法、乘法、比较等)次数表示,有时更简单地用运算的次数来表示。

一般地,算法的执行时间和内存空间是一对矛盾体,即算法执行的高效率通常是以增加存储空间为代价的。对此有兴趣的读者可参见文献[3]。在此,我们仅通过两个例子来说明时间复杂度。

例 3.1.3

对于下面的程序段,写出表示语句 x:=x+1 执行次数的式子。

```
1. x = 0
2. for  i = 1  to  n  do
3.   for  j = 1  to  i  do
4.        x: = x + 1
```

当 i=1 时,j 从 1 变到 1,第 4 行执行 1 次;当 i=2 时,j 从 1 变到 2,第 4 行执行 2 次;…;当i=n 时,j 从 1 变到 n,第 4 行执行 n 次。最后,第 4 行被执行的总次数为:

$$1+2+3+\cdots+n=n(n+1)/2$$

其实,x:=x+1 被执行的总次数为 $C_{n+2-1}^{2}=C_{n+1}^{2}=n(n+1)/2$。

比如,考虑下面的程序段,其中 i,j,k 都是整型变量。

```
for  i = 1  to  n  do
    for  j = 1  to  i  do
        for  k = 1  to  j  do
            print(i * j + k)
```

在此程序段中,print 语句一共被执行多少次?

一般地,如果用 $r(\geqslant 1)$ 表示 for 循环语句中的条数,那么 print 语句一共执行 C_{n+r-1}^{r} 次。特别地当 $n=20$ 时,$C_{20+3-1}^{3}=C_{22}^{3}=1540$。

例 3.1.4

计算多项式 $P_n(x)=a_nx^n+a_{n-1}x^{n-1}+\cdots+a_1x+a_0$ 在 $x=t$ 时的值。

解法 1：如果直接计算每一项再求和。显然，计算 a_nx^n 需要作 n 次乘法，因此，计算 $P_n(x)$ 的值就需要作 $n+(n-1)+\cdots+2+1=n(n+1)/2$ 次乘法及 n 次加法运算。

根据 $P_n(x)=P_{n-1}(x)+a_nx^n$ 可写出如下伪代码。

```
procedure  poly(a,n,t)
s: = a0
for  i: = 1  to  n
    s: = s + an t^n
end
```

解法 2：

```
procedure  poly(a,n,t)
if  n = 0   then
    return(a0)
power: = 1
y: = a0
for  i = 1   to   n
    begin
      power: = power * t
      y: = y + ai * power
    end
return(y)
end poly
```

此法需要操作 $2n$ 次乘法和 n 次加法。

解法 3：将 $P_n(x)$ 改写为如下形式：

$$P_n(x)=(\cdots((a_nx+a_{n-1})x+a_{n-2})x+\cdots+a_1)x+a_0$$

进一步写成：

$$S_n=a_n$$

$$S_{k-1}=x*S_k+a_{k-1}(k=n,n-1,\cdots,2,1)$$

由 S_n 算出 S_{n-1}，再由 S_{n-1} 算出 S_{n-2}，最后则有 $S_0=P_n(x)$。这种算法称为秦九韶算法。比如，计算多项式 $P_4(x)=5x^4+7x^3+6x^2+4x+9$ 的值时就可写成：

$$P_4(x)=5x^4+7x^3+6x^2+4x+9$$

$$=\{[(5x+7)x+6]x+4\}x+9$$

按从里往外的次序，先计算 $S_3=5x+7$，其次计算 $S_2=(5x+7)x+6=S_3\cdot x+6$，再计算 $S_1=[(5x+7)x+6]x+4=S_2\cdot x+4$，最后计算 $S_0=\{[(5x+7)x+6]x+4\}x+9=S_1\cdot x+9$。

根据上述的递归式可以写出如下算法：

输入：系数列 $a_n,a_{n-1},\cdots,a_2,a_1$，t 值，n

```
输出：Pn(t)
Procedure poly(a,n,t)
if   n=0   then
        return(a0)
y:=an
for   i=1   to   n
      y:=y*t+a(n-i)
return(y)
end poly
```

由算法中的式子 $y:=y*t+a_{n-i}$ 可知，采用秦九韶算法计算 $P_n(x)$ 值只需作 n 次乘法和 n 次加法运算。

根据此例可知，对于同一个问题，虽然可以写出不同的算法，但是每种算法的复杂度却不相同。

算法通常只有三种基本的结构：顺序结构、选择结构、循环结构。顺序结构是指按顺序执行完一步后再执行下一步的执行结构，它是最简单的一种结构(见图 3.1.1)。选择结构也称分支结构，它按条件进行判断，然后根据条件成立与否，选择执行相应的步骤。可简单表示为，当 P 成立时执行 A，当 P 不成立时执行 B，其中 P 表示条件，A 与 B 表示要执行的步骤(见图 3.1.2)。循环结构又称重复结构，即反复执行某一部分的操作。有两种类型的循环结构：当型结构与直到型结构。当型结构是指条件 P 成立时，反复执行步骤 A，直到条件 P 不再成立时为止(见图 3.1.3)，此结构是先判断、后执行。直到型结构是指反复执行步骤 A，直到条件 P 成立为止(见图 3.1.4)，此结构是先执行、后判断。

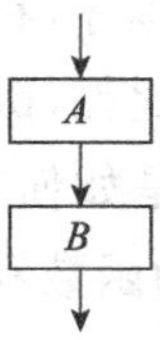

图 3.1.1　顺序结构

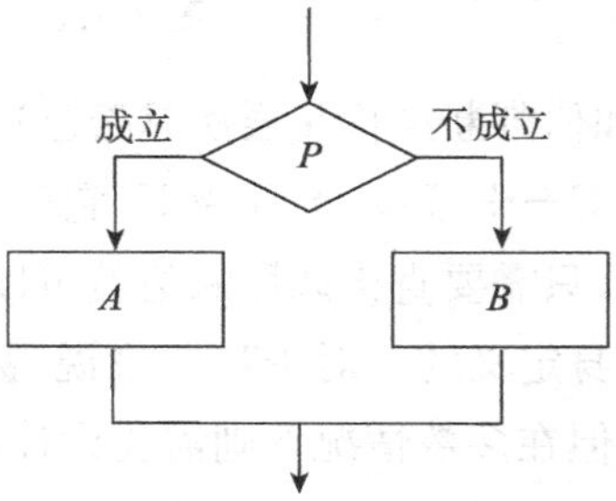

图 3.1.2　选择结构

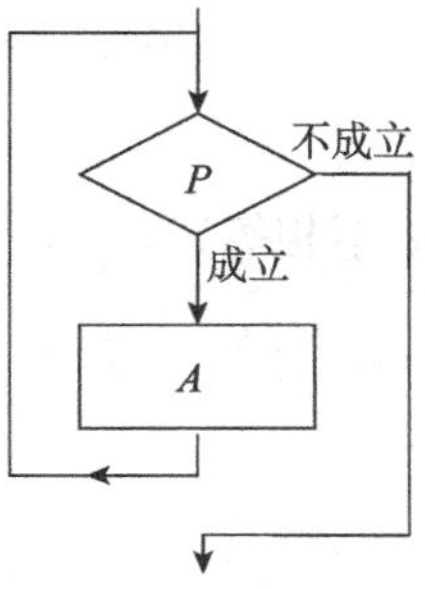

图 3.1.3　当型循环结构

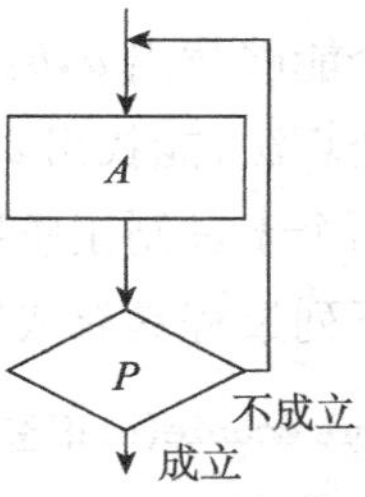

图 3.1.4　直到型循环结构

由上述三种基本的算法结构组成的算法必然是结构化算法，用高级语言表示的结构化算法就是一个结构化程序。结构化程序设计的基本思路是把一个复杂问题的求解过程分阶段进行，使每个阶段处理的问题都控制在人们容易理解也容易处理的范围内。它通常采用自顶向下、逐步细化的模块化设计、结构化编码的方式进行。

例 3.1.5

首先将工作总结分为日常工作概述、工作情况与业绩、工作中的问题、今后工作的打算 4 大部分，每一部分不一定很具体详细，但它们都是工作总结的一个要点。这是工作总结的"顶层"。将"顶层"的每一个部分细化，可以得到每一部分的下一层，这一层是上一层的细化，常称为"第二层设计"。然后一步步细化第二层、第三层，直到不需要细分为止。这样我们就设计出了工作总结的层次(见图 3.1.5)。

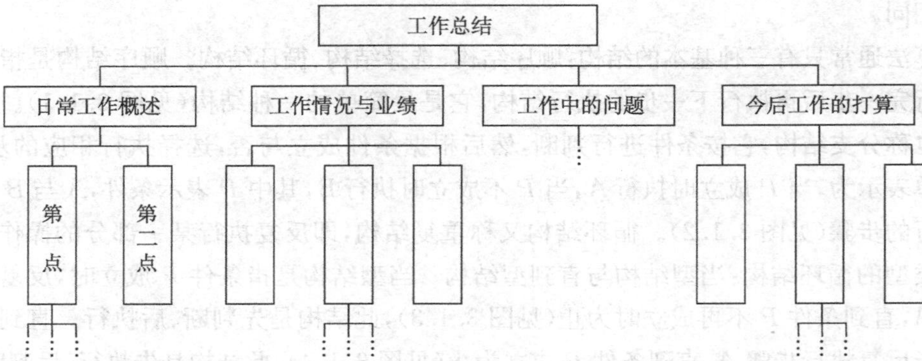

图 3.1.5 工作总结的层次设计

最后，如何判断结构化层次是否已达到了不需要细化的程度呢？这与编程所用的语言有关。在 C++，Java 等环境下，它已经定义了许多函数或子程序，在使用时我们不必再重新定义，只需要直接调用赋值就可以了，从而不需要细化。比如，printf()，scanf()等是由系统本身定义的。对于我们来说，甚至不需要搞清楚它们是如何定义的，只要会应用就可以。但在多数情况下则需要设计相应的算法，编写相应的函数和子程序才能实现自己的目标。C 语言中的函数就是讨论这个问题。

习题 3.1

1. 写一个能够找出 a,b,c 中最小值的算法。
2. 写一个算法，能找出 a,b,c 中次最小值(假定 a,b,c 不相等)。
3. 写出两个十进制正整数相加的算法。
4. 判断下列过程具有或缺乏算法的哪些特征。

(1) **Procedure** double(n:正整数)

while n>0 do
  n:=2n

(2) **Procedure** divide(n:正整数)

```
while n≥0 do
begin
  m:=1/n
  n:=n-1
end
```

(3) **Procedure** sum(n:正整数)

```
sum:=0
while i<10 do
    sum:=sum+i
```

5. 描述一个交换变量 x 和 y 的值的算法,只许赋值。请说明,至少需要多少个赋值语句才能完成交换?

3.2 算法的表示

算法可以用自然语言(在某些时候,它能够详细地描述一个算法)、传统流程图、N-S流程图(有的教材采用这种方法)、伪码、计算机语言等不同方法来表示。比如,在3.1节里查找几个数中最大值的算法就可以直接用中文描述。具体的一串步骤是:

1. 设临时最大值等于序列中的第一个整数。
2. 将序列中的下一个整数与临时最大值比较,如果这个数大于临时最大值,置临时最大值为这个整数。
3. 如果序列中还有其他的整数,重复前一步骤。
4. 当序列中没有留下可比的整数时停止,此刻的临时最大值就是序列中的最大整数。

但是,许多数学家和计算机科学家还是愿意用**伪码**,因为它的描述具有精确、结构化及通用性等特点。之所以称为伪码,是因为它与诸如C语言和Pascal语言等真正的编程语言相似。它提供的是在算法的英文描述及其程序设计语言实现之间的中间一步。以伪码描述为起点,可以用任何一种计算机语言产生计算机程序。真正的计算机语言对分号、大小写字母、特殊字符等有严格区分和格外要求;但伪码则不同,无论哪个版本的伪码,只要它的结构清晰、格式统一,都可以接受。除了强调语句的精确的语法,本书都用伪码描述算法。

在此,首先写一个对应于前面中文描述的伪码。

```
Procedure max(s1, …, sn, n)
max: = s1
for i: = 2 to n
  if si > max then //发现一个较大的数值
    max: = si
```

```
return(max)
```

即使是使用伪码,具体的描述过程也可能会因个人习惯和风格而异。下面通过几个例子介绍算法的描述方法。

算法 3.2.1 找出三个数中的最大值

此算法是在 a,b,c 中找出最大的一个数。

```
输入:a,b,c 三个数
输出:a,b,c 中的最大值 x
    1.  Procedure max(a,b,c)
    2.  x: = a
    3.  if b > x then   //判断 b 是否大于 x,若 b 大于 x,则修改 x
    4.      x: = b
    5.  if c > x then   //判断 c 是否大于 x,若 c 大于 x,则修改 x
    6.      x: = c
    7.  return(x)
    8.  end max
```

算法包括一个标题和算法的简短描述,算法的输入和输出,以及由指令构成的过程。算法 3.2.1 只包括一个过程。为了便于参考过程中的单独一行,有时会给每个行标上一个序号。算法 3.2.1 的过程中有 8 个标号行。第 1 行包括关键字 **procedure**,然后是过程名 max,后面是括号,括号里是提供给过程的参数,这些参数可以是过程(此例中就是函数 max())需要使用的数据、变量、数组等。在算法 3.2.1 中过程的参数是 a,b,c 三个数。过程的最后一行(第 8 行)包括关键字 **end** 和过程名,它是一个标记行,用来标记过程的结束,是不会被执行的。在关键字 **procedure** 和 **end** 之间是过程的执行体。算法 3.2.1 的执行体是第 2~7 行。

算法 3.2.1 的过程执行是:在第 2 行 x 等于 a,第 3 行比较 b 和 x 的大小,若 b 大于 x 则执行第 4 行

$$x:=b$$

否则,将跳到第 5 行,在第 5 行对 c 和 x 的值进行比较,若 c 大于 x 则执行第 6 行

$$x:=c$$

否则跳至第 7 行,执行第 7 行后,x 则为 a,b,c 中的最大值。

在第 7 行返回 a,b,c 三个数中的最大值 x 给过程 max()的调用者 max(a,b,c),完成对过程的调用。

通过逻辑分析,算法 3.2.1 可以正确地找到三个数中的最大值。它对应的 C++代码如下:

```
#include<stdio.h>
int max(int a, int b, int c) //自定义求三个数的最大值的函数 max,其中 a,b,c 是形参.
```

```
{
    int t;
    if(a>b)
      t = a;
    if(b>t)
      t = b;
    if(c>t)
      t = c;
    return t;
}
void main()
{
     int s;
     int a,b,c;
     scanf("%d%d%d",&a,&b,&c);
     printf("a=%d,b=%d,c=%d\n",a,b,c);
     s = max(a,b,c); //调用自定义函数,其中a,b,c是实参.
     printf("最大数=%d\n",s);
}
```

在 **if-then** 结构中

```
if  p  then
   action
```

如果条件 p 为真,则执行 action,然后把控制权交给 action 后面的语句;如果条件 p 为假,则把控制权直接交给 action 后面的语句。

if-then-else 语句是二选一的结构,结构形式为

```
if  p  then
      action 1
else
      action 2
```

其中如果条件 p 为真,则执行 action1,然后把控制权交给 action2 后面的语句,此时 action2 不被执行;如果 p 为假,则执行语句 action2,然后把控制权交给 action2 后面的语句,此时 action1 不被执行。

如上所示,通常用语句缩排方式来识别 action 语句,并且,如果 action 中包含多条语句,就需要用关键字 **begin** 和 **end** 来界定。如下例:

```
if  x≥0  then
  begin
    x: = x − 1
```

```
    a: = b + c
end
```

在程序设计语言中,语句的注释通常位于每一行之末,以双斜杠“//”开头来标识,算法 3.2.1 提供了关于注释的例子:

//判断 b 是否大于 x,如果 b 大于 x,修改 x

注释是为了增强程序的可读性,帮助读者理解算法的,但不可以执行。

return(x)这条语句用来结束一个过程,并且将 x 的值返回给此过程的调用者。而没有参数 x 的 **return** 语句只结束过程。如果没有 return 语句,过程在执行 end 语句之前结束。

包含 **return**(x)语句的过程是一个函数,它的定义域由参数的所有有效值构成,而值域是过程返回值的集合,因此,**return**(x)就是把 x 的值返回给过程函数的调用者。在 C 语言的函数中经常需要用到 **return** 语句。

使用伪码时,仍会用到熟悉的数学运算符+、−、*(乘号)、/(除号)和关系运算符=、≠、<、>、≥、≤,逻辑运算符 and、or、not。我们用“=”表示相等,用“:=”表示赋值运算。有时我们也使用一些不太正式的语句(例如:“从集合 S 中取出元素 x”)。若不这样做,就有可能表达不清某些句子的真正含义。一般涉及算法的练习题要按照算法 3.2.1 的格式写出算法。

过程中的语句体是按顺序执行的,典型的语句有赋值语句、条件语句、循环语句、返回语句和这些语句的集合。一种比较常用的当型循环结构是 **while** 语句:

while p **do**(有的教材上将此行写成 **while** p,没有字 **do**,其意思是一样的。)

    action

其中,只要条件 p 为真,action 将反复地执行,直到条件 p 变假为止。action 叫做循环体,与 **if** 语句一样,如果 action 中包含多条语句,则用关键字 **begin** 和 **end** 来界定。下面我们通过算法 3.2.2 来对 **while** 循环语句做出说明,该算法是找出一个数列中的最大值,与算法 3.2.1 一样,我们依次遍历数列中的每个数,随之更新变量中的值,即当前的最大值。我们用 **while** 循环来遍历数列中的每个数。

算法 3.2.2 找出有限数列中的最大值

该算法在数列 $s_1, s_2, \cdots, s_n$ 中找出最大值,其中使用了 **while** 循环。

输入:数列 $s_1, s_2, \cdots, s_n$ 和数列的长度 n

输出:max,即数列的最大值

```
1. Procedure find_max(s,n)
2. max: = s1
3. i: = 2
4. while  i≤n  do
5.    begin
```

```
6.        if si > max then  //发现一个较大值
7.          max: = si
8.        i: = i + 1
9.    end
10. return(max)
11. end  find_max
```

我们跟踪执行算法 3.2.2，假定 n=4，数列 s 为

$$s_1=-2, s_2=15, s_3=5, s_4=15$$

在第 2 行我们令 max 等于 s_1，则 max 的值为 −2；在第 3 行令 i 的值为 2，第 4 行检测是否 $i \leqslant n$；现在 $2 \leqslant 4$，此条件为真，因此执行循环体(5～9 行)。第 6 行检测是否 $s_i >$ max，即检查是否 $s_2 >$ max，现在 $15 > -2$，此条件为真，因此执行第 7 行，max 的值变为 15，第 8 行 i 的值变为 3，然后再回到第 4 行。

再次检测是否 $i \leqslant n$，现在 $3 \leqslant 4$，条件为真，因此执行循环体，在第 6 行检测是否 $s_i >$ max，即检查是否 $s_3 >$ max($5 > 15$)，由于条件为假，因此跳过第 7 行，执行第 8 行，在第 8 行 i 的值变为 4，然后回到第 4 行。

再次检测是否 $i \leqslant n$，现在 $4 \leqslant 4$，此条件为真，因此执行循环体，在第 6 行检测是否 $s_i >$ max，即检查是否 $s_4 >$ max($15 > 15$)，由于条件为假，因此跳过第 7 行，执行第 8 行，在第 8 行使 i 的值变为 5，然后回到第 4 行。

再次检测是否 $i \leqslant n$，现在 $5 \leqslant 4$，此条件为假，因此结束循环体，接着执行第 10 行，把 max 的值(15)返回给 find_max(s,n)。至此，此算法已经找到了数列的最大值。

在算法 3.2.2 中变量 i 依次取为从 1 到 n 的整数，以此来逐个遍历数列中的所有数。这种循环相当普遍，有时也用 for 语句来表示这种循环，for 循环的格式是：

```
for var:=init to limit
    action
```

for 循环是先判断、后执行的语句，它的循环体是 action，与 **if**、**while** 语句一样，如果 action 中包含多条语句，则用关键字 **begin** 和 **end** 来标识。有时也用后退缩排的方式表示。当 for 循环执行时，var(变量)从 init(初始值)开始每改变一次，action 就执行一次，直到 var 的值变为 limit(最终值)。更确切地说，init 和 limit 都为整数值，变量 var 先赋值为 init，如果 var≤limit，则执行 action，并且使 var 的值自动地加 1，一直重复此过程，直到 var>limit 为止。需要注意的是，如果 init>limit，则不执行 action。

循环语句虽然是比较简单的，但在多重嵌套的情况下，特别要注意循环体的起始和终止位置。

下面用 for 循环重写算法 3.2.2。

算法 3.2.3　找出有限数列中的最大值

该算法在数列 $s_1, s_2, \cdots, s_n$ 中找出最大值，其中使用了 **for** 循环。

输入：数列 $s_1, s_2, \cdots, s_n$ 和数列的长度 n

输出：max，即数列的最大值

```
Procedure find_max(s,n)
max: = s1
for i: = 2 to n
  begin
      if si > max then   //发现一个较大的数值
          max: = si
  end
return(max)
end  find_max
```

请读者修改上述算法，使之还能同时找出最大值首次出现的位置，或者最大值末次出现的位置。

根据算法 3.2.2，我们可以写出下面的算法。

算法 3.2.4　找出数列 $s_1, s_2, \cdots, s_n$ 中的最大值和最小值

输入：数列 $s_1, s_2, \cdots, s_n$ 和 s 的长度 n

输出：small，此数列的最小值

large，此数列的最大值

```
procedure small_large(s,n,small,large)
small: = s1
large: = s1
i: = 2
while i ≤ n do
  begin
    if si < small then
        small: = si
    if si > large then
        large: = si
    i: = i + 1
  end
end small_large
```

算法 3.2.5　找出数列 $s_1, s_2, \cdots, s_n$ 中的连续元素之和的最大值

输入：数列 $s_1, s_2, \cdots, s_n$ 和 s 的长度 n

输出：max

```
procedure max_sum(s,n)   // sum_ij = si + … + sj = sum_ij-1 + sj
for i: = 1 to n
```

```
        sum_{ii-1} = 0
    begin
      for j = i to n
        sum_{ij} := sum_{ij-1} + s_j
    end
  //比较每个 sum_{ij} 求出最大值
  max = 0
  for i: = 1 to n
    for j = i to n
      if sum_{ij} > max then
        max: = sum_{ij}
  return(max)
  end max _sum(s,n)
```

请读者将上面的两个循环合并起来，改写这个算法。

在优化算法时，一个好的思想就是把原始问题分成几个子问题来考虑。每个过程解决一个问题，然后将这些过程合起来就能解决原始问题。下面算法将说明这种优化思想。

假设我们要编写一个算法，查找大于给定正整数的最小素数。具体地说：给定正整数 n，要求找到最小素数 p，满足 $p>n$。我们可以将此问题分为两个子问题。首先，要设计一个算法来判断一个正整数是否为素数，然后利用此算法来找到大于给定正整数的最小素数。

算法 3.2.6 用来检测正整数 m 是否为素数。我们只要逐个检查在 2 到 $m-1$ 之间的每个整数，如果其中某一个正整数能整除 m，则 m 不是素数。否则，如果在 2 到 $m-1$ 之间不存在能整除 m 的整数，则 m 为素数。算法 3.2.6 表明，可以允许过程返回 true 或 false。

算法 3.2.6 检测一个正整数是否为素数

此算法检测正整数 m 是否为素数，如果 m 为素数则输出 **true**，否则输出 **false**

```
输入:正整数 m
输出:m 为素数时输出 true,否则输出 false
  Procedure is_prime(m)
  for i: = 2 to m - 1 do
    if m(mod i) = 0 then   //符号 m(mod i)表示 m 除以 i 的余数
      return (false)//余数为 0 时 m 不是素数
  return (true)
  end is_prime
```

此算法的 C++代码如下：

```
#include "stdio.h"
int sushu(int m);
main()
{
    int m;
    printf("请输入一个数\n");
    scanf("%d",&m);
    sushu(m);
}
int sushu(int m)
{
    int i;
    for(i=2;i<=m-1;i++)
{
      if(m%i==0)break;
}
if(i>=m)
    printf("%d is a prime",m);
else
    printf("%d is not a prime",m);
printf("\n");
return m;
}
```

根据初等数论的相关知识,上述算法可以做如下的改写。这样能使循环次数大大减少。

```
Procedure is_prime(m)
k = sqrt(m)
for i: = 2 to k do
  if m(mod i) = 0 then
    return(false)
return(true)
end is_prime
```

下面的算法 3.2.7 利用算法 3.2.6 来找到大于给定正整数的最小素数。

算法 3.2.7 找出大于给定正整数的素数

此算法可找到大于给定正整数 n 的最小素数。

输入:正整数 n

输出:大于 n 的最小素数 m

```
Procedure large_prime(n)
```

```
m: = n + 1
while not is_prime(m) do
  m: = m + 1
return(m)
end large_prime
```

上述算法调用了算法 3.2.6 中的过程 is_prime()。

习题 3.2

1. 写一个算法在输入 a,b,c 三个数后，如果三个数互不相同则输出 yes，否则输出 no。

2. 用伪码写出下列算法。

(1) 输出数列 $s_1,s_2,\cdots,s_n$ 中的最大值首次出现的位置。

例如，数列为 6,2,8,4,8,7；算法最终输出为 3。

(2) 输出数列 $s_1,s_2,\cdots,s_n$ 中的最大值末次出现的位置。

例如，数列为 6,2,8,4,8,7；算法最终输出为 5。

3. 用伪码写出下列算法。

(1) 输出数列 $s_1,s_2,\cdots,s_n$ 中的最大值和次最大值。

(2) 输出数列 $s_1,s_2,\cdots,s_n$ 中的最小值和次最小值。

3.3 欧几里得算法

古老而闻名的欧氏算法用来找出两个整数的最大公约数。两个整数 m,n(不全为 0)的最大公约数是同时能整除 m 和 n 的最大正整数。例如，4 和 6 的最大公约数是 2，而 3 和 8 的最大公约数是 1。当 m,n 是正整数时，我们可以用最大公约数的概念来检验分式 m/n 是否为最简式。如果 m,n 的最大公约数是 1，那么 m/n 是最简式；否则我们就可以化简 m/n。例如，4/6 不是最简式，因为 4 和 6 的最大公约数是 2(4 和 6 都能被 2 整除)。而 3/8 是最简式，因为 3 和 8 的最大公约数是 1。下面我们来具体讨论最大公约数和欧氏算法。

设 a,b,q 均为整数，且 $b\neq0$，如果 $a=bq$，则称 b 整除 a，记作 $b \mid a$，其中 a 是被除数，b 是除数，q 称为商。如果 b 不能整除 a，则记为 $b\nmid a$。

例 3.3.1

因为 $21=3\times7$，所以 3 能整除 21，商为 7，我们记为 $3 \mid 21$。

因为 $15=7\times2+1$，这说明 15 除以 7，商是 2，余数是 1，也就是，7 不能整除 15，记为 7X15。

定义 3.3.2

假设 m,n 为不全为 0 的整数，能同时整除 m 和 n 的整数叫做 m 和 n 的公约数。其中最大的一个叫做最大公约数，记为 $\gcd(m,n)$。

例 3.3.3

30 的正约数有

$$1,2,3,5,6,10,15,30$$

105 的正约数有

$$1,3,5,7,15,21,35,105$$

30 和 105 的公约数为

$$1,3,5,15$$

因此，30 和 105 的最大公约数 $\gcd(30,105)=15$。

定理 3.3.4

设 m,n,c 均为整数。

(1) 如果 c 是 m,n 的一个公约数，则 $c \mid (m+n)$。

(2) 如果 c 是 m,n 的一个公约数，则 $c \mid (m-n)$。

(3) 如果 $c \mid m$，则 $c \mid mn$。

(4) 如果 $c \mid m, m \mid n$，则 $c \mid n$。

证明：(1)令 c 是 m 与 n 的一个公约数。因为 $c \mid m$，则存在整数 q_1，使得

$$m=cq_1 \tag{3.3.1}$$

同样，对 $c \mid n$，存在整数 q_2 使得

$$n=cq_2 \tag{3.3.2}$$

将式(3.3.1)和式(3.3.2)相加，得到

$$m+n=cq_1+cq_2=c(q_1+q_2)$$

因此，c 能整除 $m+n$（商为 q_1+q_2），即 $c \mid (m+n)$。

(2)、(3)、(4)的证明由读者自己完成。

设 a 为非负整数，b 为正整数，a 除以 b 得到的商为 q 和余数为 r，则

$$a=bq+r, \quad 0\leqslant r<b, q\geqslant 0 \tag{3.3.3}$$

例 3.3.5

下面用 a 和 b 的不同值来说明式(3.3.3)中的商 q 和余数 r：

$$\begin{gathered} a=22,b=7,q=3,r=1,22=7\times 3+1 \\ a=24,b=8,q=3,r=0,24=8\times 3+0 \\ a=103,b=21,q=4,r=19,103=21\times 4+19 \end{gathered} \tag{3.3.4}$$

$$a=0, b=47, q=0, r=0, 0=47\times 0+0 \tag{3.3.5}$$

在式(3.3.4)和(3.3.5)中余数 r 为 0,所以 $b \mid a$;在其余式子中则有 $b \nmid a$。

设 a 为非负整数,b 为正整数,a 除以 b,得

$$a=bq+r, \qquad 0\leqslant r<b$$

下面我们将证明 a 和 b 的所有公约数等于 b 和 r 的所有公约数。

设 c 为 a 和 b 的公约数,根据定理 3.3.4(3)有 $c \mid bq$,又因为 $c \mid a$ 和 $c \mid bq$,根据定理 3.3.4(2)有 $c \mid (a-bq)(=r)$。因此,c 为 b 和 r 的一个公约数。相反地,如果 c 为 b 和 r 的公约数,则有 $c \mid bq$ 和 $c \mid bq+r(=a)$,因此 c 为 a 和 b 的公约数。所以 a 和 b 的所有公约数等于 b 和 r 的所有公约数。从而

$$\gcd(a,b)=\gcd(b,r)$$

我们将此结果总结为下面的定理。

定理 3.3.6

若 a 为非负整数,b 为正整数,且有

$$a=bq+r, \qquad 0\leqslant r<b$$

则

$$\gcd(a,b)=\gcd(b,r)$$

进一步地,若 $a>b\geqslant 0$,则 $\gcd(a,b)=\gcd(a-b,b)$(由读者自己完成证明)。

例 3.3.7

105 除以 30,得

$$105=30\times 3+15$$

余数是 15,根据定理 3.3.6

$$\gcd(105,30)=\gcd(30,15)$$

30 除以 15,得

$$30=15\times 2+0$$

余数为 0,根据定理 3.3.6

$$\gcd(30,15)=\gcd(15,0)$$

因为 $\gcd(15,0)=15$,所以

$$\gcd(105,30)=\gcd(30,15)=\gcd(15,0)=15$$

在例 3.3.3 中,我们通过列出 105 和 30 的所有约数才得到它们的最大公约数。利用定理 3.3.6,只需两个除法运算便可求出最大公约数。这就是**欧氏算法**,也称为辗转相除法。读者可能还记得,短除法也是求最大公约数的一种方法。

总体来说,利用欧氏算法求两个数 a 和 b 的最大公约数,要逐渐缩小被除数,重复利用定理 3.3.6 直到将问题化简为求一个数与 0 的最大公约数,因为 $\gcd(m,0)=m$,这样就解决了问题。我们将以上的思路精确描述如下:

设 r_0 和 r_1 为非负整数，r_1 不为 0，由 r_0 除以 r_1 得

$$r_0 = r_1 q_2 + r_2, \quad 0 \leqslant r_2 < r_1$$

根据定理 3.3.6

$$\gcd(r_0, r_1) = \gcd(r_1, r_2)$$

如果 $r_2 \neq 0$，由 r_1 除以 r_2 得到

$$r_1 = r_2 q_3 + r_3, \quad 0 \leqslant r_3 < r_2$$

根据定理 3.3.6

$$\gcd(r_1, r_2) = \gcd(r_2, r_3)$$

如此继续下去，由 r_i 除以 r_{i+1}，其中 $r_{i+1} \neq 0$，因为 $r_1, r_2, \cdots$ 为非负整数，并且

$$r_1 > r_2 > r_3 > \cdots$$

最后某一 r_i 将为 0，令 r_n 为第 1 个为 0 的余数，则有

$$\gcd(r_0, r_1) = \gcd(r_1, r_2) = \gcd(r_2, r_3) = \cdots$$
$$= \gcd(r_{n-1}, r_n) = \gcd(r_{n-1}, 0)$$

r_{n-1} 和 0 的最大公约数为 r_{n-1}，所以

$$\gcd(r_0, r_1) = \gcd(r_{n-1}, 0) = r_{n-1}$$

因此，r_0 和 r_1 的最大公约数是最后一个非零的余数。

算法 3.3.8 欧氏算法

此算法可找出非负整数 a 和 b 的最大公约数，其中 a 和 b 不全为 0。

```
输入:a 和 b(不全为 0 的非负整数)
输出:a 和 b 的最大公约数
procedure gcd(a,b)
//made a largest
if a<b then
  swap(a,b)
    //temp: = a
    //a: = b
    //b: = temp
while b≠0 do
  begin
    r: = a mod b        // r 是 a 除以 b 的余数,0 ≤ r<b
    a: = b
    b: = r
  end
return(a)
end gcd
```

例 3.3.9

下面演示算法 3.3.8 是如何找到 **gcd**(504,396)的。

令 $a=504$,$b=396$,因为 $a>b$,跳至第 5 行。因为 $b\neq0$,执行第 7 行,a(504)除以 b(396)得

$$504=396\times1+108$$

即,余数 $r=108$

然后执行第 8 行,置 $a=396$,$b=108$,然后回到第 5 行。因为 $b\neq0$,执行第 7 行,将 a(396)除以 b(108)得

$$396=108\times3+72$$

然后执行第 8 行,置 $a=108$,$b=72$,然后回到第 5 行。因为 $b\neq0$,执行第 7 行,将 a(108)除以 b(72)得

$$108=72\times1+36$$

然后执行第 8 行,置 $a=72$,$b=36$,然后回到第 5 行。因为 $b\neq0$,执行第 7 行,将 a(72)除以 b(36)得

$$72=36\times2+0$$

然后执行第 8 行,置 $a=36$,$b=0$,然后回到第 5 行。由于 $b=0$,跳至第 11 行,算法返回 a(36),即为 396 和 504 的最大公约数。

算法 3.3.8 的 C++代码如下:

```
#include<stdio.h>
int gcd(int a, int b);
void main()
{
    int n,m,f;
    scanf("%d%d",&n,&m);
    printf("n=%d,m=%d\n",n,m);
    f=gcd(n,m);
    printf("gcd(%d,%d)=%d\n",n,m,f);
}
int gcd(int a, int b)//下面采用了递归算法
{
    int temp;
    if(a<b)
    {temp=a;a=b;b=temp;}
    if(b!=0)
      return gcd(b,a%b);
    else
```

```
    return a;
}
```

算法 3.3.10　利用减法求两个非负整数 a 和 b(不全为 0)的最大公约数

输入:a 和 b(不全为 0 的非负整数)

输出:a 和 b 的最大公约数

```
procedure sub_gcd(a,b)
while true do
    begin
      if a<b then
          swap(a,b)
      if b=0 then
          return(a)
      a:=a-b
    end
end sub_gcd
```

建议读者令 $a=3,b=11$ 跟踪上述算法。

在初等数论中,通常用 $a(\text{mod } b)$表示 a 除以 b 的余数(前面我们已经提过),因此,式(3.3.3)又可以写成 $r=a(\text{mod } b)$。一般地,我们定义如下。

定义 3.3.11

如果 x 是一个非负整数,y 是一个正整数,我们规定 $x \text{ mod } y$ 表示 x 除以 y 的余数。

例 3.3.12

16 mod 2=0,7 mod 1=0,1 mod 7=1,8 mod 14=8,259675 mod 2=1。

定义 3.3.13

设 x,y 为整数,m 为正整数,如果 $m \mid (x-y)$,我们就说 x,y 关于模 m 同余。记为 $x\equiv y(\text{mod } m)$。有时也记为 $x \equiv_m y$。

比如,29−17=12 能被 6 整除,所以 $17 \equiv 29(\text{mod } 6)$。事实上,29 和 17 被 6 除后的余数都是 5。

此处要注意,$x \equiv y(\text{mod m})$与 $x=y(\text{mod } m)$的区别。前者表示$(x-y)$能被 m 整除,也就是 x,y 被 m 除后所得的余数是相同的。后者表示 y 被 m 除所得余数为 x。由后者可推出前者,但由前者不能推出后者。如 $17 \equiv 29(\text{mod } 6)$,但是 $17 \neq 29(\text{mod } 6)$。

关于模 m 的同余运算有如下基本结论。

定理 3.3.14

设 x,y,a,b 为整数，m 为正整数，则

(1) 若 $x\equiv y(\bmod m)$，$a\equiv b(\bmod m)$，那么

$$x+a\equiv y+b(\bmod m),\ x\,a\equiv y\,b(\bmod m)$$

(2) $x\equiv y(\bmod m)$ 当且仅当 $x(\bmod m)=y(\bmod m)$

(3) 若 $x\equiv y(\bmod m)$，$k\geqslant 2$，则 $x^k\equiv y^k(\bmod m)$

下面只证明(1)，(2)(3)的证明留给读者。

因为 $x\equiv y(\bmod m)$，$a\equiv b(\bmod m)$，所以有整数 s、t，使得 $y=x+sm$ 和 $b=a+tm$，

于是 $$y+b=(x+sm)+(a+tm)=(x+a)+m(s+t)$$

及 $$yb=(x+sm)(a+tm)=xa+m(xt+sa+st)$$

因此，$x+a\equiv y+b(\text{mod m})$，$xa\equiv yb(\text{mod m})$

同余理论在计算机的内存地址分配、计算机密码学中有非常重要的应用。详细内容可以参见文献[3]等。

例 3.3.15

星期三之后的第 365 天是星期几？

星期三之后的第七天又是星期三；星期三之后的第 14 天还是星期三……一般来说，其后的第 $7n$ 天还是星期三。这样，我们要从 365 中去掉尽可能多的 7，看剩下几天。而 365 mod 7=1。因此，星期三后的第 365 天在一周中要推后一天，就是星期四。这就说明了，除了闰年在二月多加一天外，相邻两年的同月同日在一周中后推一天。

例 3.3.16　散列(Hash)函数

假设计算机的内存中有 11 个单元，其下标为 0 到 10(见图 3.3.1)。我们要在这些单元中进行非负整数的存储和检索，就可以用散列函数。它根据要存储或检索的数据，计算其地址的首选值。例如，要存储或计算整数 n，我们可以用 n mod 11 作为其地址的首选值。此时的散列函数就是

$$h(n)=n \bmod 11$$

如图 3.1.1 所示，在开始为空的单元中，数 15，558，32，132，102 和 5 存入的结果如图 3.3.1 所示。

0	1	2	3	4	5	6	7	8	9	10
132			102	15	5	257		558		32

图 3.3.1

假设我们要继续存入 257。由于 $h(257)=4$，257 应存入单元 4；但此单元已被占用。此时，我们就说发生了碰撞。一般地，对于一个散列函数 H，如果 $H(x)=H(y)$，且

$x \neq y$,这时就会发生碰撞。因为所用数据的值经常比内存的数目大得多,散列函数一般不是入射的。换句话说,大多数的散列函数都会产生碰撞。为了处理碰撞,需要有解决的方法和原则。一个简单的解决原则就是用下一个未被使用的单元(假设单元 0 接续在单元 10 后)。如果用这个方法,257 将被存放在单元 6 内。

如果我们要检索一个已存入的数 n,就要计算出 $m=h(n)$,并从地址 m 开始查找。如 n 不在此位置,我们就查看下一个地址(同样设单元 0 接续在单元 10 后);如还不在,继续查看下一个地址,等等。如果遇到一个空单元或回到开始位置,就可以得出数 n 不存在的结论。

如果碰撞不经常发生,且若发生时能够快速地解决,那么散列函数就是一个存入和检索数据的很快方法。例如,人事数据就常根据对雇员的身份证号进行散列来存储和检索。

例 3.3.17

保险公司的中央计算机保存着所有客户的档案记录。如何分配内存地址才能迅速地检索到客户记录呢?适当地选取一个散列函数就能解决这个问题。记录通常用关键字进行识别的,每个关键字唯一地识别一个客户记录。在现实中,往往用客户的社会安全号作为其记录的关键字。通过散列函数将内存地址 $h(k)$ 分配给以 k 为关键字的记录。

实践中使用许多不同的散列函数。最常用的散列函数之一是

$$h(k) = k \bmod m$$

其中 m 是可供使用的内存地址的数目。

散列函数应该易于计算以便快速检索到文件。散列函数 $h(k) = k \bmod m$ 符合这一要求:要求 $h(k)$,只需计算 k 被 m 除的余数。另外,散列函数还是满射的,这样所有内存地址均可利用。

例如,当 $m=111$ 时,以 064212848 为社会安全号的客户记录分配到的地址是 14,因为

$$h(064212848)=064212848 \bmod 111=14$$

类似地,由于

$$h(037149212)=037149212 \bmod 111=65$$

以 037149212 为社会安全号的客户记录分配到的地址就是 65。

由于散列函数不是一对一的(因为关键字的个数可能大于内存地址数),有可能存在着多个记录被分配到同一个内存地址。这时就出现了冲突。消解冲突的一个办法是使用散列函数给出的但已被占用的地址后面第一个未占用的地址。例如,在分配了上述两个地址以后,社会安全号为 107405723 的客户记录存放在哪里呢?根据

$$h(107405723)=107405723 \bmod 111=14$$

可知,$h(k)$会把这个社会安全号映射到地址 14,但是 14 号地址已经被占用(社会安全号为 064212848 的客户文件占用),而地址 15 是内存地址 14 后面的第一个未被占用的地

址，因此，内存地址 15 就会被分配给社会安全号为 107405723 的客户记录。

习题 3.3

1. 求下列各题满足 $a=bq+r, 0 \leqslant r<b$ 的整数 q 和 r。

(1) $a=45, b=6$；(2) $a=221, b=17$；(3) $a=0, b=31$；

2. 利用欧氏算法求下列每对数的最大公约数。

(1) 60,90;(2)315,825 ;(3)490256,337

3. 设 a,b,c 为正整数，若 $a \mid b$ 且 $b \mid c$，则 $a \mid c$。

4. 设 a,b 为正整数，证明 $\gcd(a,b)=\gcd(a,a+b)$。

5. 若 p 为素数，a,b 为正整数，且 $p \mid ab$，证明 $p \mid a$ 或 $p \mid b$。

6. 写出一个关于正整数 a,b,c 的例子，其中 a,b,c 满足 $a \mid bc$，a X b，a X c。

7. 通用产品代码(UPC)是众所周知的条形码，它唯一地代表该产品。一个 UPC 通常由 12 个数字组成的代码，其第一位标志产品的类型(0 代表普通的食品杂货，1 代表按重量计价，2 代表医药，3 代表特别的商品，4 是证券，5 和 6 不在零售商店出售)。接下来的 5 位代表生产厂家，再下面的 5 位代表产品，最后是检验码(所有的 UPC 代码都有一个检验码，它在条形码中存在，但不一定在打印的版本中出现)。例如，10 个包装的"OrtegaTaco shells"，其 UPC 是 0－54400－00800－5。第一个 0 代表它是普通的食品杂货，54400 代表生产厂家是 Nabisco 食品厂，下面的 00800 代表 10 个包装的"Ortega Taco shells"。

检验码的计算如下：先计算 s，s 是各奇数位上的数字之和乘以 3，再加上各偶数位上的数字之和(检验码除外)。检验码 c 是一个 0～9 之间的数字，且满足 $(c+s) \bmod 10=0$。对于 10 个装的“taco shells”，我们有

$$s=3(0+4+0+0+8+0)+5+4+0+0+0=45$$

由于 $(5+45) \bmod 10=0$，所以检验码 $c=5$。

对于 UPC 码 3－41280－21414，求其检验码。

8. 设散列函数 $h(x)=x \bmod 11$；单元的下标为 0～10；数据：53,13,281,743,377,20,10,796。假如开始时各单元都为空，按给定的次序，各个数据是如何被存入的。使用例 3.3.16 的原则来处理碰撞。

9. 写一个算法，输出给定的一个两位正整数中所含有的 3 的个数。

3.4 搜索与排序

一般的搜索问题可以描述为：在不同元素 $s_1, s_2, \cdots, s_n$ 的列表中为 x 元素定位，或判定 x 不在该表中。若 $x=s_i$，则 i 就是解；当 x 不在列表中时，解为 0。

搜索算法的过程是：从比较 x 和 s_1 开始。若 $x=s_1$，那么解就是 s_1 的位置，也就是 1。当 $x \neq s_1$ 时，比较 x 和 s_2。若 $x=s_2$，解就是 s_2 的位置，也就是 2。当 $x \neq s_2$ 时，比较 x 和

s_3……继续这个过程,依次比较 x 和列表中的每一项;除非不出现相等,否则一旦发现相等,解就是该项的位置。如果搜索整个列表都不能为 x 定位,那么解是 0。

算法 3.4.1 无序搜索

输入:序列 $s_1, s_2, \cdots, s_n$,其长度为 n,以及要找的值 key

输出:key 在序列中首次出现的位置,如果 key 不在序列中,则输出 0

```
procedure find(s,n,key)
i: = 1
while(i≤ n 且 si≠key)do //当 i≤ n 与 si≠key 同时真时,i≤ n 且 si≠key 才为真
  i: = i + 1
if i≤ n then
  location: = i  //查找成功
else
  location: = 0  //查找不成功
end find
```

在本例中,设序列为 gale,marry,ice,make,rude;如果 key 值为 make,则输出 4。请根据这个序列跟踪上述算法。上述算法也可改写为:

```
procedure find(s,n,key)
i: = 1
while i≤ n do
  begin
   if si = key then
    return(i)
   i: = i + 1
  end
return(0)
end find
```

有时也会出现在有序列表中为元素定位的问题。比如在字典中查找一个生词,就要在字典中搜索这个生词,而字典其实就是单词的有序列表。对于有序列表的搜索问题,可以用下面更高效的搜索方法——二分搜索算法(折半查找算法)。

当列表中的各项以升序出现时可以用这一算法。比如,若各项是数,则各项按从小到大的顺序排列;若各项是单词,则各项按字典序或字母序排列。因此,运用二分搜索算法,首先要把列表中的各个元素按升序排列,然后再把整个表分成两个较小的长度相等(或一个比另一个少一项)的子表,最后比较要搜索的元素与表的中间项。根据与中间项的比较结果,将搜索限制在两个子表的一个之中来进行。

比如,要在序列表 1,2,3,5,6,7,8,10,12,13,15 中搜索 12,第一步把表分成两个较小的子表,即

1,2,3,5,6,7 与 8,10,12,13,15

然后比较 12 和前一子表的最大项,因为 7<12,于是,对 12 的搜索就可以限于后一子表。下一步把子表 8,10,12,13,15 再分成两个子表,即

8,10,12 与 13,15

然后比较 12 和前一子表的最大项,因为 12=12,12 是原表中的第 9 项。于是完成了对 12 的搜索。

一般地,要在表 $s_1,s_2,\cdots,s_n$ 中搜索整数 x,其中 $s_1<s_2<\cdots<s_n$,从比较 x 和序列的中间项 s_m 开始,其中 $m=[(n+1)/2]$。如果 $x<s_m$,搜索限制在序列 $s_1,s_2,\cdots,s_m$ 中进行。如果 $x>s_m$,搜索限制在序列 $s_{m+1},s_{m+2},\cdots,s_n$ 中进行。二分搜索算法的伪码如下。

算法 3.4.2　二分搜索

```
procedure binary_find(s,n,x)

i: = 1   //是搜索区间的左端点
j: = n   //是搜索区间的右端点
while  i<j  do   //把表拆分成两个子表,并判断在哪个子表中进行比较
     begin
        m: =⌊(i + j)/2⌋   //⌊x⌋表示不超过 x 的最大整数
        if x>s_m then
          i: = m + 1
        else                                   // 如果 x≤s_m
          j: = m
     end
if x = s_j then
        location: = j
else
        location: = 0
end binary_find
```

运用二分搜索算法跟踪在表 3,4,5,8,10,12,13,15,18,19,22,23,24 中搜索 18 的过程。请读者自己完成。

下面用递归过程重写上述算法。该算法从一个以升序排序的序列 $s_i,s_{i+1},\cdots,s_j$,$i\geq 1$ 中查找特定值 key。若找到则返回序号,否则返回 0。也就是说,当 $s_k=$key 时,输出索引 k;若序列中没有等于 key 的,则输出 0。为了便于说明,我们给算法的句子标号。

```
1. procedure binary_search(s,i,j,key)
2. if i>j then                      //没有找到(此时的列表为空)
3.        return(0)
4. k: =⌊(i + j)/2⌋
5. if key = s_k then                //找到(其中的最坏情况是此行的条件为假)
```

```
6.          return(k)
7.  if key<s_k then            //查找将在左半部分进行
8.          j: = k - 1
9.  else                       //查找将在右半部分进行
10.         i: = k + 1
11. return(binary_search(s,i,j,key))
12. end binary_search
```

假设算法的输入序列为：$s_1=B$，$s_2=D$，$s_3=F$，$s_4=S$，要找的值 key=S，此时，$i=1$，$j=4$。

当算法执行到第 2 行时，$i>j(1>4)$为假，算法执行第 4 行，得 $k=2$。在第 5 行，key(S)不等于 $s_2(D)$，执行第 7 行。key<$s_k(S<D)$为假，转到第 10 行，得 i 为 3。调用输入为 $i=3$，$j=4$ 的递归过程，在序列 $s_3=F$，$s_4=S$ 中查找 key。

在第 2 行，$i>j(3>4)$为假，到第 4 行，$k=3$。在第 5 行，由于 key(S)不等于 $s_3(F)$，转到第 7 行，由于 key<$s_k(S<F)$为假，转到第 10 行，$i=4$，调用输入为 $i=j=4$ 的过程，在序列 $s_4=S$ 中查找。

在第 2 行，$i>j(4>4)$为假，到第 4 行，$k=4$。在第 5 行，由于 key(S)等于 $s_4=S$，得返回值得 4，即 key 在 s 序列中的索引为 4。

算法 3.4.3

输入：序列 $s_1,s_2,\cdots,s_n$，和 s 的长度 n

输出：比其前继元素大的第一个元素的位置.如果序列按降序排列，则输出 0

```
procedure check_order(s,n)
i: = 2
while i≤n do
  begin
    if s_i>s_{i-1} then
      return(i)
    i: = i+1
  end
return(0)
end check_order
```

请读者分别在序列 5,4,2,3,1 和 5,4,3,2,1 之中跟踪上述算法。

对表中的元素进行排序也是一个常见问题。比如，制作电话本要按字母顺序排列用户的姓名。在电子邮件列表中按地址排序，可以确定有无重复的地址。具体地说，对表 7,2,1,4,5,8 的排序就产生表 1,2,4,5,7,8。对表 d,c,e,a,f 的排序就产生表 a,c,d,e,f。这里介绍三种排序算法：冒泡排序、插入排序和选择排序。

冒泡排序是最简单的排序算法之一，但不是最有效的排序算法(因为它所包含的比较次数不是最少)。它通过下面的方法把一个表排列成升序:一次次比较相邻的元素,若相邻元素顺序不对,就交换相邻元素。为了完成冒泡排序,执行基本操作,即交换一个较大元素与其后的较小元素,从表的头部开始,对整个表执行一遍。此时表的最后一个元素就是最大的。让这个过程迭代,直到排序宣告完成为止。在此算法里,当较小的元素与较大的元素交换时,较小的元素就冒泡到顶上,较大的元素则下沉到底部。

例 3.4.4

用冒泡排序把 3,2,4,1,5 排列成升序。

首先比较前两个元素 3 和 2。因为 3>2,交换 3 与 2,产生表 2,3,4,1,5。因为 3<4,3 与 4 位置不变。继续比较 4 与 1,因为 4>1,交换 4 与 1,产生表 2,3,1,4,5。因为4<5,第一遍就完成了。第一遍保证了最大元素 5 在正确位置上。

第二遍首先比较 2 和 3,因为这两个数的顺序正确,就比较 3 和 1,因为 3>1,交换这两个数,产生表 2,1,3,4,5。因为 3<4,这两数的顺序正确。第二遍保证了两个最大元素 4,5 都在正确位置上。

第三遍首先比较 2 和 1,因为 2>1,交换这两个数,产生表 1,2,3,4,5。因为 2<3,所以这两数的顺序正确。第三遍保证了三个最大元素 3,4,5 都在正确位置上。

第四遍比较 1 和 2,因为 1<2,所以这两数的顺序正确。这样就完成了冒泡排序。

根据上述过程,可以写出冒泡排序算法的伪码。

算法 3.4.5 冒泡排序

```
procedure bubble_sort(s1, s2, …, sn; n≥2)

for i: = 1 to n-1
  for j: = 1 to n-i
    if sj > sj+1 then
      begin                          //交换 sj 与 sj+1
        temp: = sj
        sj : = sj+1
        sj+1 : = temp
      end
end bubble_sort
```

当然,冒泡排序也可以从最后一个元素与其直接前趋元素(即倒数第二个元素)进行比较开始,最后实现升序排列。只要将 $s_j>s_{j+1}$ 改写为 $s_{n-j}>s_{n-j+1}$ 即可,请读者写出上述算法,实现这个想法。

插入排序是另一种简单的排序算法(不是最有效的)。为了对 n 个元素的列表进行排序,插入排序是从第二个元素开始进行比较。

(1) 首先把第二个元素与第一个元素进行比较,若第二个元素小于等于第一个元素,就把第二个元素插入到第一个元素的前面;若第二个元素大于第一个元素,就把第二个元素插入到第一个元素的后面。此时前两个元素的顺序就确定了。

(2) 然后,将第三个元素与第一个元素进行比较。若第三个元素小于第一个元素,就把第三个元素插入到第一个元素的前面。若第三个元素大于第一个元素,再将其与第二个元素比较;由此将第三个元素插入到前三个元素中的正确位置上。

如此继续下去,就可将所有的元素排序。

例 3.4.6

用插入排序把 3,2,4,1,5 排列成升序。

插入排序首先比较元素 3 和 2。因为 3>2,把 2 插入到 3 前面,产生表 2,3,4,1,5。此时 2 和 3 是表的已排序部分。接着比较 4>2 和 4>3,把第三个元素 4 插入表的已排序部分。因为 4>3,把 4 插入表的第三个位置上,此时表是 2,3,4,1,5。接着把第四个元素 1 插入表的已排序部分,因为 1<2,把 1 插入到表的最前面,此时得到表 1,2,3,4,5。最后依次比较 5 与 1,2,3,4,并把 5 插入表的已排序部分,因为 5>4,于是 5 插入到表的最后。

算法 3.4.7 插入排序

```
Procedure insertion_order(s1, s2, …, sn, n)

for j: = 2 to n
    begin
    i: = 1
    while sj > si do
            i: = i + 1
    m: = sj
    for k: = 0 to j - i - 1
          sj-k : = sj-k-1
    si : = m
  end
end insertion_order
```

请读者在 5,3,6,4,7,2 中跟踪上述算法。

我们也可以将 s_n 插入已递归排列的前 $n-1$ 个增序元素之中,使 $s_1, s_2, \cdots, s_n$ 以增序排列。

```
procedure insertion_order(s, n)
if n = 1 then
    return
insertion_order(s, n - 1)          //递归调用
i: = n - 1
```

```
temp: = s_n
while i≥1 and s_i>temp do
    begin
      s_{i+1}: = s_i
      i: = i - 1
    end
    s_{i+1}: = temp
end insertion_order
```

选择排序是首先选出一组数中最大的数并将其置于最后位置，然后从剩下的数中再选出最大的放在这些数的最后(即倒数第二的位置)，如此不断重复该过程，直至排好为止。

算法 3.4.8　选择排序

```
输入:s_1,s_2,…,s_n 及序列长度 n
输出:以递增顺序排列 s_1,s_2,…,s_n
procedure selection_sort(s,n)
        //基础情形
if n = 1 then
    return
//找出最大的
max_index : = 1           //假设 s_1 是最大的
for i: = 2 to n
    if S_i>S_max_index then          //找到较大的,修改
        max_index: = i
        swap(S_i,S_max_index)//将最大的元素移到尾部
call selection_sort(s,n-1)
end selection_sort
```

习题 3.4

1. 写一个算法，输出 key 在序列 $s_1,s_2,\cdots,s_n$ 中最后一次出现的位置。如果 key 不在序列中，则输出 0。

2. 用伪码写出算法，输出序列 $s_1,s_2,\cdots,s_n$ 中比其前继元素小的第一个元素的位置。如果元素按升序排列，则输出 0。例如，若序列为 army，blue，elite，die，age，zigzag；算法输出结果为 4。

3. 用冒泡法排序 6，2，3，1，5，4，并说明在每步所获得的列表。

4. 用插入法排序 3，1，5，7，4，2，并说明在每步所获得的列表。

5. 选择排序是首先找出表中的最小元素，把这个元素移到表的前面；然后再找出剩

余元素里的最小元素并且把它放到第二个位置。重复这个过程，直到整个表都已经排序为止。

(1) 用选择法排序表 3,5,8,6,2。

(2) 用伪码写出选择排序的算法。

3.5 整数运算算法

整数运算是常见的基本运算，它在计算机科学中是非常重要的。在第 0 章里，我们已经用纸笔演算能把一个十进制数化成二进制数，下面写出这个算法。

算法 3.5.1 整数 n 的 b 进制展开

```
procedure base b expansion(n:正整数)
  q: = n
  k: = 0
  m: = 0
  while q≠0 do
    begin
      a_k : = q mod b    //表示 q 除以 b 所得的余数
      q: =⌊q/b⌋     //下取整函数
      m: = a_k * 10^k + m
      k: = k + 1
    end
  end
```

在此算法中，初始时 q=n，接下来的 q 表示不断地用 b 去除时得到的商，b 进制展开中的数字就是做这些除法时所得到的余数，由 q **mod** b 给出。在得到的商 q=0 时，算法结束。

请读者用 n=15，b=2 跟踪上述算法，也就是把 15 写成二进制数。

两个整数的加法也是极其常见的。一般地，设 $a=(a_n\cdots a_2a_1a_0)_{10}$，$b=(b_n\cdots b_2b_1b_0)_{10}$，我们要计算 $a+b$。

为此，我们看一个具体的例子

$$\begin{array}{r} 958 \\ +\ 634 \\ \hline \end{array}$$

首先是个位上的 8+4=1×10+2，产生进位 1，个位是 2；十位上是 5+3+1(进位)=0×10+9，没有进位或进位为 0，个位是 9；再次，百位上是 9+6+0(进位)=1×10+5，产生进位 1，百位是 5。

一般地，这个过程可以写成：个位上的运算是 $a_0+b_0=c_0\times10+s_0$，其中 s_0 是个位数字，c_0 是进位，或为 0 或为 1。十位上数的运算是 $a_1+b_1+c_0=c_1\times10+s_1$，其中 s_1 是十位数字，c_1 是进位，或为 0 或为 1。如此继续下去，就可以得到下面的算法。

算法 3.5.2 整数相加

```
procedure add(a,b,n)

c: = 0
s: = 0
for i: = 0 to n do
    begin
        d: = ⌊(aᵢ + bᵢ + c)/10⌋  // d表示 aᵢ + bᵢ + c 所产生的进位
        sᵢ: = aᵢ + bᵢ + c − 10d   // sᵢ是 i 位上各数字相加后所得的数字
        c: = d
        s: = s + sᵢ × 10^i
    end
end add()
```

当然，对于此题，我们还可以写出另一种算法。请读者依照上述算法写出两种二进制数的加法算法。

下面再考虑两个 $n+1$ 位整数 a 和 b 的乘法运算。设 $a=(a_n\cdots a_2a_1a_0)_{10}$，$b=(b_n\cdots b_2b_1b_0)_{10}$，那么 $a\,b=(a_n\cdots a_2a_1a_0)_{10}\times(b_n\cdots b_2b_1b_0)_{10}=(a_n\times10^{n+1}+\cdots+a_2\times10^2+a_1\times10^1+a_0\times10^0)\times(b_n\times10^{n+1}+\cdots+b_2\times10^2+b_1\times10^1+b_0\times10^0)=\sum a_i\,b_j\times10^{i+j}$。下面是算法代码。

算法 3.5.3 两个十进制整数相乘

```
procedure multiply(a,b,n)

m: = 0
for i: = 0 to n do
  for j: = 0 to n do
    m: = m + aᵢ bⱼ × 10^(i+j)
end multiply()
```

算法 3.5.4 两个二进制数 *a*,*b* 相乘

```
procedure multiply(a,b,n)

for i: = 0 to n do
    begin
        if bᵢ: = 1 then
            cᵢ: = aᵢ × 10^i
        else
```

```
        ci: = 0
    end
m: = 0
for i: = 0 to n do
    m: = m + ci
end multiply()
```

请读者对$(110)_2\times(101)_2$进行分析，解释上述算法的过程。

对于两个整数a、d的除法($a\div d$)，可以通过多次的减法来实现。也就是从a中尽可能多地减去d，直到剩下的值小于d为止。减法进行的次数q就是所求的商，最后减剩的值r就是余数。

算法 3.5.5　整数的除法

```
procedure division(a,d)

q = 0
r: = a
while r≥d do
    begin
        r: = r-d
        q: = q+1
    end
end division()
```

上述算法(规定$d>0$)对应于被除数$a>0$。

习题 3.5

1. 写出一个算法，求两个二进制数之和。
2. 用本节给出的算法，逐步地把$(10111)_2$和$(11010)_2$相加。
3. 用本节给出的算法，逐步地把$(1110)_2$和$(1010)_2$相乘。
4. 设计一个算法，通过二进制展开式判断两个整数a和b，是$a>b$，$a=b$，还是$a<b$。

3.6　矩阵运算

在第1章里，矩阵曾被我们用来表示两个集合中元素之间的关系。其实，计算机信息管理也经常需要对数据进行一定的组织，而常用的数据组织方式就是把它们组织成行和列的形式。这种行列形式的数表就是矩阵。

例 3.6.1

某大型商场三个分场的两种商品一天的营业额(万元)见表 3.6.1。

表 3.6.1

	第一分场	第二分场	第三分场
彩电	8	6	5
冰箱	4	2	3

这个表可以简明地表示为矩形的数据表

$$\begin{pmatrix} 8 & 6 & 5 \\ 4 & 2 & 3 \end{pmatrix}$$

这样的矩形数表，在数学上就称为矩阵。

定义 3.6.2

由 $m \times n$ 个数 $a_{ij}(i=1,2,\cdots,m;j=1,2,\cdots,n)$ 排成的一个 m 行 n 列的矩形数组

$$\begin{pmatrix} a_{11} & a_{12} & \cdots & a_{1n} \\ a_{21} & a_{22} & \cdots & a_{2n} \\ \vdots & \vdots & & \vdots \\ a_{m1} & a_{m2} & \cdots & a_{mn} \end{pmatrix}$$

称为 m 行 n 列的矩阵，简称为 $m \times n$ 矩阵，这里的 $m \times n$ 个数叫做矩阵的元素，a_{ij} 是矩阵的第 i 行第 j 列的元素；通常用大写字母 $\boldsymbol{A}$、$\boldsymbol{B}$、$\boldsymbol{C}\cdots$ 或用 (a_{ij})、$(b_{ij})\cdots$ 表示矩阵；有时为了标明矩阵的行数 m 和列数 n，常记成 $\boldsymbol{A}_{m\times n}$ 或 $(a_{ij})_{m\times n}$。

当 $m=n$ 时，矩阵称为 n 阶方阵。矩阵的左上角至右下角叫做矩阵的主对角线，左下角至右上角称为矩阵的次对角线。

只有一行（即 $m=1$）的矩阵 $(a_n\ a_{12}\ \cdots\ a_{+n})_{1\times n}$ 叫做行矩阵，只有一列（即 $n=1$）的矩阵

$$\begin{pmatrix} a_{11} \\ a_{21} \\ \vdots \\ a_{m1} \end{pmatrix}$$

叫做列矩阵。

定义 3.6.3

设 $\boldsymbol{A}=(a_{ij})$，$\boldsymbol{B}=(b_{ij})$ 均为 m 行 n 列矩阵，若它们对应位置上的元素都相等，即

$$a_{ij}=b_{ij}(i=1,2,\cdots,m;j=1,2,\cdots,n)$$

则称矩阵 $\boldsymbol{A}$ 与矩阵 $\boldsymbol{B}$ 相等，记为 $\boldsymbol{A}=\boldsymbol{B}$。

例 3.6.4

设

$$\boldsymbol{A}=\begin{pmatrix} x & 2 & -4 \\ 0 & 5 & y \end{pmatrix},\quad \boldsymbol{B}=\begin{pmatrix} -2 & 2 & z \\ 0 & 5 & 1 \end{pmatrix}$$

如果 $\boldsymbol{A}=\boldsymbol{B}$，根据矩阵相等的定义，则可得

$$x=-2, y=1, z=-4$$

定义 3.6.5

设 $\boldsymbol{A}=(a_{ij})$，$\boldsymbol{B}=(b_{ij})$ 均为 $m \times n$ 矩阵，将它们的对应位置上的元素相加而得到的新 $m \times n$ 矩阵

$$\boldsymbol{C}=\begin{pmatrix} a_{11}+b_{11} & a_{12}+b_{12} & \cdots & a_{1n}+b_{1n} \\ a_{21}+b_{21} & a_{22}+b_{22} & \cdots & a_{2n}+b_{2n} \\ \vdots & \vdots & & \vdots \\ a_{m1}+b_{m1} & a_{m2}+b_{m2} & \cdots & a_{mn}+b_{mn} \end{pmatrix}$$

称为矩阵 $\boldsymbol{A}$ 与 $\boldsymbol{B}$ 的和，记为 $\boldsymbol{C}=\boldsymbol{A}+\boldsymbol{B}$。

类似地，可以定义矩阵的减法，只要将加法中对应的元素相加，改为对应的元素相减。

由定义可知，两个矩阵只有在行数与列数对应相同时才能进行加减运算。

定义 3.6.6

设矩阵 $\boldsymbol{A}=(a_{ij})_{m\times n}$，$k\in\mathbf{R}$ 为常数，矩阵 $\boldsymbol{B}=(k\cdot a_{ij})_{m\times n}$ 称为数 k 与矩阵 $\boldsymbol{A}$ 的数乘，记为 $k\boldsymbol{A}$，即 $k\boldsymbol{A}=(k\,a_{ij})_{m\times n}$。

例 3.6.7

设

$$\boldsymbol{A}=\begin{pmatrix} 3 & 1 & 0 \\ -1 & 2 & 1 \\ 4 & 4 & 2 \end{pmatrix} \quad \boldsymbol{B}=\begin{pmatrix} 1 & 0 & 2 \\ -1 & 1 & 1 \\ 2 & 1 & 1 \end{pmatrix}$$

且 $3\boldsymbol{A}-2\boldsymbol{X}=\boldsymbol{B}$，求矩阵 $\boldsymbol{X}$。

解：由于 $\boldsymbol{A}$，$\boldsymbol{B}$ 都是三阶方程，所以 $\boldsymbol{X}$ 也是三阶方阵，于是设

$$\boldsymbol{X}=\begin{pmatrix} x_{11} & x_{12} & x_{13} \\ x_{21} & x_{22} & x_{23} \\ x_{31} & x_{32} & x_{33} \end{pmatrix}$$

则

$$3\begin{pmatrix} 3 & 1 & 0 \\ -1 & 2 & 1 \\ 4 & 4 & 2 \end{pmatrix}-2\begin{pmatrix} x_{11} & x_{12} & x_{13} \\ x_{21} & x_{22} & x_{23} \\ x_{31} & x_{32} & x_{33} \end{pmatrix}=\begin{pmatrix} 1 & 0 & 2 \\ -1 & 1 & 1 \\ 2 & 1 & 1 \end{pmatrix}$$

即

$$\begin{pmatrix} 9-2x_{11} & 3-2x_{12} & -2x_{13} \\ -3-2x_{21} & 6-2x_{22} & 3-2x_{23} \\ 12-2x_{31} & 12-2x_{32} & 6-2x_{33} \end{pmatrix}=\begin{pmatrix} 1 & 0 & 2 \\ -1 & 1 & 1 \\ 2 & 1 & 1 \end{pmatrix}$$

由于相等矩阵的对应位置上的元素相等，可得

$$X=\begin{pmatrix}4 & 3/2 & -1\\ -1 & 5/2 & 1\\ 5 & 11/2 & 5/2\end{pmatrix}$$

当然，我们也可由 $3A-2X=B$ 得，$2X=3A-B$，从而解出 X。

定义 3.6.8

设矩阵 $A=(a_{ij})_{m\times t}$ 的列数与矩阵 $B=(b_{ij})_{t\times n}$ 的行数相同，则由元素

$$c_{ij}=a_{i1}b_{1j}+a_{i2}b_{2j}+\cdots+a_{it}b_{tj}\ (i=1,2,\cdots,m;j=1,2,\cdots,n)$$

构成的 m 行 n 列矩阵

$$C=(c_{ij})_{m\times n}=(a_{i1}b_{1j}+a_{i2}b_{2j}+\cdots+a_{it}b_{tj})_{m\times n}$$

称为矩阵 A 与 B 的乘积，记为 $C=A\cdot B$。

注意，只有当左边矩阵 A 的列数与右边矩阵 B 的行数相等时，两个矩阵才能相乘。

例 3.6.9

设

$$A=\begin{pmatrix}1 & 0 & 4\\ 2 & 1 & 1\\ 3 & 1 & 0\\ 0 & 2 & 2\end{pmatrix},\quad B=\begin{pmatrix}2 & 4\\ 1 & 1\\ 3 & 0\end{pmatrix}$$

求 AB。

解：因为 A 是 4×3 矩阵，B 是 3×2 矩阵，因而 A 和 B 的乘积是有意义的，是 4×2 矩阵。根据矩阵乘法的定义，得

$$AB=\begin{pmatrix}14 & 4\\ 8 & 9\\ 7 & 13\\ 8 & 2\end{pmatrix}$$

例 3.6.10

设

$$A=\begin{pmatrix}1 & 1\\ -1 & -1\end{pmatrix},\quad B=\begin{pmatrix}1 & -1\\ -1 & 1\end{pmatrix},\quad C=\begin{pmatrix}2 & -3\\ -2 & 3\end{pmatrix}$$

求 AB,BA,AC。

解：

$$AB=\begin{pmatrix}1 & -1\\ 1 & -1\end{pmatrix}\begin{pmatrix}1 & -1\\ -1 & 1\end{pmatrix}=\begin{pmatrix}0 & 0\\ 0 & 0\end{pmatrix}$$

$$BA=\begin{pmatrix}1 & -1\\-1 & 1\end{pmatrix}\begin{pmatrix}1 & 1\\-1 & -1\end{pmatrix}=\begin{pmatrix}2 & 2\\-2 & -2\end{pmatrix}$$

$$AC=\begin{pmatrix}1 & 1\\-1 & -1\end{pmatrix}\begin{pmatrix}2 & -3\\-2 & 3\end{pmatrix}=\begin{pmatrix}0 & 0\\0 & 0\end{pmatrix}$$

通过此例不难看出，一般地

(1) $\boldsymbol{AB}\neq\boldsymbol{BA}$，即矩阵乘法不满足交换律；

(2) $\boldsymbol{A}\neq 0,\boldsymbol{B}\neq 0$，但有 $\boldsymbol{AB}=0$，所以由 $\boldsymbol{AB}=0$ 不能得出 $\boldsymbol{A}=0$ 或 $\boldsymbol{B}=0$；

(3) $\boldsymbol{AB}=\boldsymbol{AC},\boldsymbol{A}\neq 0$，但 $\boldsymbol{B}\neq\boldsymbol{C}$，说明矩阵乘法不满足消去律。

容易验证，矩阵乘法满足以下运算律：

(1) 结合律：$(\boldsymbol{AB})\boldsymbol{C}=\boldsymbol{A}(\boldsymbol{BC})$

(2) 分配律：$(\boldsymbol{A}+\boldsymbol{B})\boldsymbol{C}=\boldsymbol{AC}+\boldsymbol{BC},\boldsymbol{C}(\boldsymbol{A}+\boldsymbol{B})=\boldsymbol{CA}+\boldsymbol{CB}$

(3) $k(\boldsymbol{AB})=(k\boldsymbol{A})\boldsymbol{B}=\boldsymbol{A}(k\boldsymbol{B})$，其中 k 为常数

定义 3.6.11

设 $\boldsymbol{A}$ 是 n 阶方阵，k 为正整数，则

$$\boldsymbol{A}^k=\boldsymbol{AA}\cdots\boldsymbol{A}(k\text{ 个 }\boldsymbol{A}\text{ 相乘})$$

称为方阵 $\boldsymbol{A}$ 的 k 次幂。

根据矩阵乘法的结合律，可以得到，方阵的幂满足

(1) $\boldsymbol{A}^m\boldsymbol{A}^k=\boldsymbol{A}^{m+k}$

(2) $(\boldsymbol{A}^m)^k=\boldsymbol{A}^{mk}$ （其中 m,k 为正整数）

但由于矩阵乘法不满足交换律，因此一般情况下

$$(\boldsymbol{AB})^k\neq\boldsymbol{A}^k\boldsymbol{B}^k$$

定义 3.6.12

把 $m\times n$ 矩阵 $\boldsymbol{A}$ 的行列互换（即把所有行的元素换到相应的列上）所得到的 $n\times m$ 矩阵，称为矩阵 $\boldsymbol{A}$ 的转置矩阵，记为 $\boldsymbol{A}^{\mathrm{T}}$。

例 3.6.13

矩阵 $\boldsymbol{A}=\begin{pmatrix}3 & 11 & 0\\-7 & 6 & 2\end{pmatrix}$ 的转置矩阵就为

$$\boldsymbol{A}^{\mathrm{T}}=\begin{pmatrix}3 & -7\\11 & 6\\0 & 2\end{pmatrix}$$

容易验证，矩阵的转置满足以下运算规律：

(1) $(\boldsymbol{A}^{\mathrm{T}})^{\mathrm{T}}=\boldsymbol{A}$

(2) $(\boldsymbol{A}+\boldsymbol{B})^{\mathrm{T}}=\boldsymbol{A}^{\mathrm{T}}+\boldsymbol{B}^{\mathrm{T}}$

(3) $(kA)^{\mathrm{T}}=kA^{\mathrm{T}}$

(4) $(AB)^{\mathrm{T}}=B^{\mathrm{T}}A^{\mathrm{T}}$

例 3.6.14

已知 $A=\begin{pmatrix}2&0&-1\\1&3&2\end{pmatrix}$，$B=\begin{pmatrix}1&7&-1\\4&2&3\\2&0&1\end{pmatrix}$

验证$(AB)^{\mathrm{T}}=B^{\mathrm{T}}A^{\mathrm{T}}$。

解：因为

$$AB=\begin{pmatrix}2&0&-1\\1&3&2\end{pmatrix}\begin{pmatrix}1&7&-1\\4&2&3\\2&0&1\end{pmatrix}=\begin{pmatrix}0&14&-3\\17&13&10\end{pmatrix}$$

所以

$$(AB)^{\mathrm{T}}=\begin{pmatrix}0&17\\14&13\\-3&10\end{pmatrix}$$

而

$$B^{\mathrm{T}}A^{\mathrm{T}}=\begin{pmatrix}1&4&2\\7&2&0\\-1&3&1\end{pmatrix}\begin{pmatrix}2&1\\0&3\\-1&2\end{pmatrix}=\begin{pmatrix}0&17\\14&13\\-3&10\end{pmatrix}$$

所以　$(AB)^{\mathrm{T}}=B^{\mathrm{T}}A^{\mathrm{T}}$

下面我们介绍矩阵运算中几个常用算法。

算法 3.6.15　两个矩阵之积

设矩阵 $A=(a_{ij})_{m\times t}$，$B=(b_{ij})_{t\times n}$，则 $AB=C=(c_{ij})_{m\times n}$。

```
procedure matrix_multiplication(A,B)
for i: = 1 to m
  for j: = 1 to n
    begin
      cij : = 0
      for s: = 1 to t
          cij : = cij + ais bsj
    end
  end
```

此算法的 C++代码如下：

```
#include "stdio.h"
main()
```

```
{
    int A[100][100];
    int B[100][100];
    int i,j,s;
    int m,n,t;
    printf("请输入矩阵A的行m:            ");
    scanf("%d",&m);
    printf("请输入矩阵A的列与矩阵B的行t:");
    scanf("%d",&t);
    printf("请输入矩阵B的列n:            ");
    scanf("%d",&n);
    printf("输入矩阵A,m*t个数:\n");
    for(i=0;i<m;i++)
    {
        for(j=0;j<t;j++)
        {
          scanf("%d",&A[i][j]);
        }
    }
    printf("输入矩阵B,t*n个数:\n");
    for(i=0;i<t;i++)
    {
        for(j=0;j<n;j++)
        {
          scanf("%d",&B[i][j]);
        }
    }
    printf("\n");
    int C[100][100];
    printf("运行矩阵A乘矩阵B的结果得矩阵C为:\n");
    for(i=0;i<m;i++)
    {
        for(j=0;j<n;j++)
        {
          C[i][j]=0;
          for(s=0;s<t;s++)
          {
            C[i][j]+=A[i][s]*B[s][j];
          }
```

```
        printf("%d\t",C[i][j]);
      }
      printf("\n");
    }
}
```

算法 3.6.16 求 A 的转置矩阵 A^T

输入:n×n的方阵A和n

输出:A^T

procedure transpose(A,n)

for i: = 1 **to** n − 1　　　　//i是矩阵的行号

　for j: = i + 1 **to** n　　　//j是矩阵的列号

　　swap(a_{ij}, a_{ji})

end transpose

当矩阵 A 不是方阵时,请读者改写上述算法。

在第1章里,我们曾经讨论过关系矩阵和函数。那么如何从一个关系 R 的关系矩阵来判断 R 是否是一个函数呢? 一般地,如果一个关系矩阵 R 的每个行都恰好只含有一个1,那么这个关系就是一个函数。

算法 3.6.17 以关系 R 的关系矩阵作为输入,判断 R 是否是一个函数

输入:关系R的m×n矩阵A,以及m和n的值

输出:如果R是一个函数,输出真;如果R不是一个函数,输出假

procedure is_function(A,m,n)

for i: = 1 **to** m

　begin

　　sum: = 0

　　for j: = 1 **to** n //求R的每个行上的所有元素之和

　　　sum: = sum + a_{ij}

　　if sum≠1 **then**

　　　return(false)

　end

return(true)

end is_function

此算法的C++代码如下:

```
#include<stdio.h>
main()
{
```

```
    int i,j,sum;
    int a[3][4]={{1,0,0,0},{0,1,0,0},{0,1,0,0}};
    for(i=0;i<=2;i++)
        {
          sum=0;
          for(j=0;j<=3;j++)
            sum=sum+a[i][j];
          if(sum!=1)
            printf("false\n");
        }
    printf("true\n");
}
```

算法 3.6.18 以关系 *R* 的关系矩阵 *A* 作为输入,判断 *R* 是否对称

输入:关系 R 的 n×n 矩阵 A 和 n

输出:如果 R 不是对称的,输出假;如果 R 是对称的,输出真

procedure is_symmetric(A,n)

for i:=1 **to** n−1

  for j:=i+1 **to** n

    if $a_{ij} \neq a_{ji}$ **then**

      return(false)

return(true)

end is_symmetric

习题 3.6

1. 设矩阵 $\boldsymbol{A}=\begin{pmatrix}1 & 1 & -1\\0 & 2 & 2\\1 & -1 & 0\end{pmatrix}$,$\boldsymbol{B}=\begin{pmatrix}1 & 2 & -3\\0 & 1 & 2\\0 & 0 & 1\end{pmatrix}$,求 $\boldsymbol{A}-\boldsymbol{B}$,$3\boldsymbol{A}+2\boldsymbol{B}$,$\boldsymbol{A}^2-\boldsymbol{B}$,$\boldsymbol{A}+\boldsymbol{B}^2$。

2. 已知 $\boldsymbol{A}=\begin{pmatrix}1 & 2\\3 & 0\end{pmatrix}$,$\boldsymbol{B}=\begin{pmatrix}1 & 1\\0 & 1\end{pmatrix}$,且满足 $3\boldsymbol{X}+2\boldsymbol{A}=\boldsymbol{B}$,求矩阵 $\boldsymbol{X}$。

3. 设矩阵 $\boldsymbol{A}=\begin{pmatrix}0 & 1 & 1\\1 & 1 & 2\\2 & -1 & 0\end{pmatrix}$,$\boldsymbol{B}=\begin{pmatrix}2 & -1 & 1\\4 & -2 & 1\\-3 & 2 & -1\end{pmatrix}$,求 $\boldsymbol{AB}$,$\boldsymbol{BA}$,$\boldsymbol{A}^3$,$\boldsymbol{B}^2$。

4. 设矩阵 $\boldsymbol{A}=\begin{pmatrix}6 & 1 & 2\\a & 5 & c\\b & 3 & 4\end{pmatrix}$,且 $\boldsymbol{A}^{\mathrm{T}}=\boldsymbol{A}$,求 a,b,c。

5. 设 $\boldsymbol{A}=\begin{pmatrix}4 & -1\\0 & 2\\-3 & 2\end{pmatrix}$，$\boldsymbol{B}=\begin{pmatrix}2 & 1\\3 & 4\end{pmatrix}$，求 $(\boldsymbol{AB})^{\mathrm{T}}$ 和 $\boldsymbol{B}^{\mathrm{T}}\boldsymbol{A}^{\mathrm{T}}$。

6. 求矩阵 $\boldsymbol{A}$，使得 $\begin{pmatrix}1 & 1 & 2\\0 & 5 & -1\\1 & 3 & 2\end{pmatrix}\boldsymbol{A}=\begin{pmatrix}0 & 1 & 1\\1 & 1 & 2\\2 & -1 & 0\end{pmatrix}$。

7. 写出下列算法。

(1) 以关系 R 的关系矩阵作为输入，判断 R 是否是自反性的。

(2) 以关系 R 的关系矩阵作为输入，判断 R 是否是反对称的。

(3) 以关系 R 的关系矩阵作为输入，输出关系 R 的逆关系的关系矩阵。

(4) 以关系 R 的关系矩阵作为输入，输出关系矩阵的转置矩阵。

3.7 递归算法

在计算机科学中，大多数算法的执行都表现为按某种条件重复地执行一些循环，而这些循环经常可以用递归关系来表达。下面先介绍递归的概念。

例 3.7.1

一群细菌的数目开始时只有 5 个，其后每小时增加 3 个。问，在 n 小时末将有多少细菌？

这个问题可以转换成如下的产生一个序列的指令：

(1) 以 5 开始；

(2) 给定了某一项，加上 3 得到其下一项。

列出该序列的各项，可以得到：

$$5,8,11,14,17 \tag{3.7.1}$$

根据指令(1)，可知第一项为 5。再根据指令(2)，5 加 3 可得第二项为 8。同理，8 加 3 得第三项 11。因此，根据指令(1)和(2)，我们可以计算出数列中的任意一项。指令(1)、(2)并没有明确给出该序列的第 n 项或通项公式，但我们仍可以一项接一项求出数列的任一项。

如果我们用 $a_0,a_1,a_2,\cdots$ 来表示序列(3.7.1)，那么指令(1)可写为

$$a_0=5 \tag{3.7.2}$$

指令(2)可改写为

$$a_n=a_{n-1}+3,\qquad n\geqslant 1 \tag{3.7.3}$$

取 $n=1$ 代入式(3.7.3)，可以得到

$$a_1=a_0+3$$

又由式(3.7.2) $a_0=5$，因而

$$a_1=a_0+3=5+3=8$$

取 $n=2$ 代入式(3.7.3),可以得到

$$a_2=a_1+3$$

由于 $a_1=8$,$a_2=a_1+3=8+3=11$

利用式(3.7.2)和式(3.7.3),我们可以像利用指令(1)和(2)那样求得数列中的各项。从而可以看出式(3.7.2)和式(3.7.3)等价于指令(1)、(2)。

等式(3.7.3)就是递归关系的一个例子。递归关系是由数列第 n 项前面的若干项来确定第 n 项,并由此确定这个数列。在式(3.7.3)中,第 n 项是由其前一项直接表示出来的。由式(3.7.3)这种形式的递归关系确定一个数列,还需要给定一个或若干个初始值,比如式(3.7.2),这些初始值常被称为初始条件。

递归函数一般地定义如下。

定义 3.7.2

所谓数列 $a_0,a_1,a_2,\cdots$ 的递归关系是一个由 $a_0,a_1,a_2,\cdots,a_{n-1}$ 中的一些或全部来确定 a_n 的一个等式。或者说,如果一个数列的后项是通过其前面的一些项所表示的,那么我们就称这样的表达式为递归函数。

比如,$a_n=2a_{n-1}+a_{n-2}$,$a_0=2$,$a_1=3$。在这个式子里,第 n 项是通过第 $n-1$ 项与第 $n-2$ 项的和表示出来的。又如,$f(n+1)=\sqrt{2+f(n)}$,$f(1)=2$,这里的第 $n+1$ 项是通过第 n 项表示出来的。

例 3.7.3

13 世纪,Fibonacci 在《算书》中提出了一个兔子问题:一对刚出生的公兔和母兔被放到岛上。每对兔子出生后两个月才开始繁殖后代。在出生两个月以后,每对兔子在每个月都将繁殖一对新的兔子。假定兔子不会死去,找出 n 个月后岛上兔子对数的递归关系。

在第 1 个月末,岛上兔子的对数是 $f_1=1$。由于这对兔子在第 2 个月没有繁殖,因此 $f_2=1$。第 3 个月繁殖了一对新兔子,因此 $f_3=2$……如此继续下去,我们通过列表找出第 3 月、第 4 月、第 5 月末的兔子的对数,见表 3.7.1。如果用 f_n 表示第 n 个月末兔子的对数,则数列 f_n 的递归关系可定义为:

初始条件:$f_1=1,f_2=1$

递归关系:$f_n=f_{n-1}+f_{n-2},n\geqslant 3$

表 3.7.1

第几个月末	新生的对数	已有的对数	总对数
1	0	1	1
2	0	1	1
3	1	1	2

续表

第几个月末	新生的对数	已有的对数	总对数
4	1	2	3
5	2	3	5
6	3	5	8

例 3.7.4

某人投资 10 000 元，其每年的增值率为 12%，用 A_n 表示第 n 年年底的总金额，试为序列 $\{A_n\}$ 确定一个递归关系和初始条件。

第 $n-1$ 年年底总金额为 A_{n-1}，一年后加上利润，即

$$A_n = A_{n-1} + 0.12 \cdot A_{n-1} = 1.12 \cdot A_{n-1},\ n \geqslant 1 \tag{3.7.4}$$

为了在 $n=1$ 时可应用递归关系，我们需要知道 A_0 值。由于 A_0 是初始金额，因此有初始条件

$$A_0 = 10\ 000 \tag{3.7.5}$$

由初始条件(3.7.5)和递归关系(3.7.4)，可计算任何 A_n。比如

$$\begin{aligned} A_3 &= 1.12 \times A_2 = 1.12 \times 1.12 \times A_1 \\ &= 1.12 \times 1.12 \times 1.12 \times A_0 \\ &= 1.12^3 \times 10\ 000 = 14\ 049.3 \end{aligned} \tag{3.7.6}$$

因此第三年年底总金额为 14 049.3 元。

由式(3.7.6)可得出求数列任意项的公式为

$$A_n = 1.12 \cdot A_{n-1} = \cdots = 1.12^n \times 10\ 000$$

该递归过程的算法可写为：

```
procedure compound_interest(n)
if n = 0 then
        return(10000)
return(1.12* compound_interest(n-1))
end compound_interest
```

递归关系和数学归纳法紧密相关。它们都以当前项的前一项或前几项是已知或可求为前提的。不同的是，递归是用先前的值计算当前的值；数学归纳法则是假定前一步是正确的，由此推导出当前步也是正确的，其中所包含的当前步与前一步的关系就是一个递归。可以说，任何归纳证明之中都隐含着一个递归定义。

递归关系在算法中的应用很普遍，其主要原因是，用一个数列的前面的一些项来表达数列的第 n 项，比确定数列的通项公式往往会更加容易一些。从下面的几个例子可以看出这一点。

例 3.7.5

S_n 表示不包含子串“111”的 n 位二进制字符串的个数，确定 $S_1, S_2, \cdots$ 的递归关系及

初始条件。

通过观察可知，S_1 有 0，1 两个串；S_2 有 00，01，10，11 四个串；S_3 有 000，001，010，100，001，110，011 七个串。它们都不包含“111”串，因此 $S_1=2,S_2=4,S_3=7$。

我们将计算以下三种情况的满足条件的字符串的个数：

(1) 以 0 打头的

(2) 以 10 打头的

(3) 以 11 打头的

以上三种情况的字符串是互不包含的，且包含了满足条件的 n 位字符串的所有情况，所以 S_n 等于满足条件的以上三种类型的串数的总和。

先考虑以 0 打头不包含 111 的 n 位字符串，即 0 后跟一个 $n-1$ 位的字符串，该 $n-1$ 位字符串不包含 111，而以 0 打头不包含 111 的 $n-1$ 位字符串个数为 S_{n-1}，所以类型(1)的个数为 S_{n-1}。

同理，(2)类型的字符串是 10 加一个满足条件的 $n-2$ 位字符串，个数为 S_{n-2}；(3)类型个数为 S_{n-3}。因此

$$S_n=S_{n-1}+S_{n-2}+S_{n-3}, \qquad n\geqslant 4$$

例 3.7.6

有 n 根火柴，甲、乙二人轮流来取，每次仅能取一根或两根，若甲先取，最后还由甲取光的方案数为 a_n，求出关于 a_n 的初始条件以及递归关系。

显然，根据题意，初始条件是 $a_0=1,a_1=1,a_2=1,a_3=1$。

当至少有 4 根火柴时，我们可以分成下面的 4 种情况进行讨论：

(1) 甲先取 1 根，乙再取 1 根，再按要求取下去的方案数为 a_{n-2}；

(2) 甲先取 1 根，乙再取 2 根，再按要求取下去的方案数为 a_{n-3}；

(3) 甲先取 2 根，乙再取 1 根，再按要求取下去的方案数为 a_{n-3}；

(4) 甲先取 2 根，乙再取 2 根，再按要求取下去的方案数为 a_{n-4}。

上述 4 种情况是互不包含的。根据加法原理得，递归关系如下：

$$a_n=a_{n-2}+2a_{n-3}+a_{n-4}, \qquad n\geqslant 4$$

例 3.7.7 Hanoi 塔

设有三个塔座，分别标以 1，2，3 号。1 号塔座上套有 n 个圆盘，圆盘大小不一，只能小圆盘放在大圆盘上面(见图 3.7.1)。一次只能移动一个圆盘，如何将塔座 1 上的所有圆盘移到另一个塔座上?

设 H_n 表示移动 n 个圆盘所需次数。下面我们将寻找解决方法，求出数列 H_n 的递归关系及初始条件，并证明该解决方法是最优的，即没有其他解法能移动更少的次数达到目的。

下面我们通过两步给出一个递归算法：

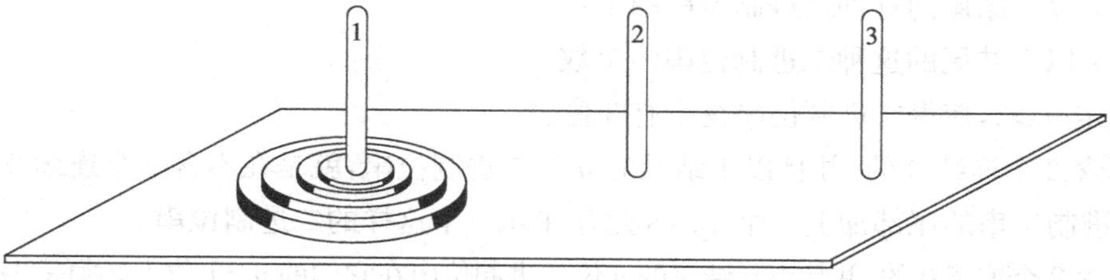

图 3.7.1

(1) 若只有一个圆盘，仅需要直接将它移动到所要求的塔座上。

(2) 如果圆盘的个数为 $n(>1)$，我们用递归算法先将上面的 $n-1$ 个圆盘移到塔座 2（见图 3.7.2），再将第 n 个圆盘移到塔座 3，最后用递归算法把塔座 2 上的 $n-1$ 个圆盘移到塔座 3 上。这样我们就完成了移动。

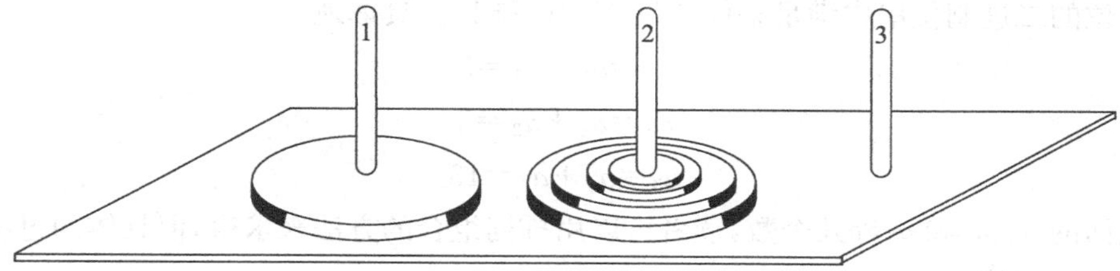

图 3.7.2

根据上述分析，当 $n>1$ 时，需要移动 $n-1$ 个圆盘两次和移动最下面的一个圆盘一次，因而可得如下递归公式

$$H_n=2\cdot H_{n-1}+1,\qquad n>1$$

初始条件为 $H_1=1$。

运用后面的迭代法可以求出

$$H_n=2^n-1$$

Hanoi 塔问题是 19 世纪后期法国数学家 Edouard Lucas 提出的（Lucas 是第一个提出 1,2,3,5,…Fibonacci 序列的人）。关于 Hanoi 问题还有一个传说：有一座金塔中有 64 个圆盘，僧侣按 Hanoi 的规则移动圆盘，当所有的圆盘都被搬走之后，金塔将倒塌。现在我们可以知道，若要将圆盘完全搬走（即有 64 个圆盘的 Hanoi 塔问题），需移动至少 $2^{64}-1=18\ 446\ 744\ 073\ 709\ 551\ 615$ 次，若每移动一次需要 1s，这将需要 5845 亿年。我们可以确信在金塔倒塌之前不知将会发生多少意想不到的事情。由此可见，如果一个算法的复杂度呈指数增长，那是相当可怕的。

例 3.7.8

找出不含 2 个连续 0 的 n 位二进制位串的个数的递归关系和初始条件。

设 a_n 表示不含 2 个连续 0 的 n 位二进制位串的个数。为了得到一个关于 a_n 的递归关系，由排列组合的加法原理，不含 2 个连续 0 的 n 位二进制位串的个数可分为两种情况：

(1) 以 0 结尾的这种二进制位串的个数。

(2) 以 1 结尾的这种二进制位串的个数。

我们假定 $n\geqslant 3$,使得二进制位串至少有 3 位。

不含 2 个连续 0 的、并且以 1 结尾的 n 位二进制位串，就是在不含 2 个连续 0 的 $n-1$ 位二进制位串的尾部加上一个 1。因此存在 a_{n-1} 个这样的二进制位串。

不含 2 个连续 0 的、并且以 0 结尾的 n 位二进制位串在它们的 $n-1$ 位上必须是 1;否则它们就将以 2 个连续 0 结尾。因而，不含 2 个连续 0 的并以 0 结尾的 n 位二进制位串，就是在不含 2 个连续 0 的 $n-2$ 位二进制位串的尾部加上 10。因此存在 a_{n-2} 个这样的二进制位串。

于是，对于 $n\geqslant 3$ 有

$$a_n=a_{n-1}+a_{n-2}$$

初始条件是 $a_1=2$,因为 1 位的二进制位串是 0 和 1,没有连续的 2 个 0。而 $a_2=3$,因为 2 位的二进制位串中满足条件的是 01、10 和 11。具体地，

$$a_3=a_2+a_1=5$$

$$a_4=a_3+a_2=8$$

$$a_5=a_4+a_3=13$$

对于上面的 a_3、a_4 和 a_5 等几个数，读者可以用排列组合的方法来求得，但具体的过程并不比上述方法更简单。

现在我们讨论递归算法。

递归算法是计算机程序设计中非常重要的一种算法。在此，我们从一个求和过程来讨论递归算法。比如求下式之和

$$S_7=1+2+3+4+5+6+7$$

先把这个求和式转化为一个递归关系：

$$S_1=1$$

$$S_i=S_{i-1}+i \quad (i=2,\cdots,7) \tag{3.7.7}$$

在实施计算时会有两种不同方法。

第一种是迭代法。它是从函数在一个或多个较小整数点处的函数值开始，连续地应用递归定义一个一个地求出函数在较大整数点处的函数值。具体过程如下：

$$S_1=1$$

$$S_2=S_1+2=1+2=3$$

$$S_3=S_2+3=3+3=6$$

$$S_4=S_3+4=6+4=10$$

$$S_5=S_4+5=10+5=15$$

$$S_6=S_5+6=15+6=21$$

$$S_7=S_6+7=21+7=28$$

也就是先求 S_2,再求 S_3,…,最后求出 S_7。

第二种是递归法。这种方法是先倒推，后计算。具体过程如下：

$$
\begin{aligned}
S_7 &= S_6 + 7 \\
&= (S_5 + 6) + 7 \\
&= ((S_4 + 5) + 6) + 7 \\
&= (((S_3 + 4) + 5) + 6) + 7 \\
&= (((S_3 + 4) + 5) + 6) + 7 \\
&= ((((S_2 + 3) + 4) + 5) + 6) + 7 \\
&= (((((S_1 + 2) + 3) + 4) + 5) + 6) + 7
\end{aligned}
$$

（上面是倒推部分，下面是求和部分）

$$
\begin{aligned}
&= (((((1 + 2) + 3) + 4) + 5) + 6) + 7 \\
&= ((((3 + 3) + 4) + 5) + 6) + 7 \\
&= (((6 + 4) + 5) + 6) + 7 \\
&= ((10 + 5) + 6) + 7 \\
&= (15 + 6) + 7 \\
&= 21 + 7 \\
&= 28
\end{aligned}
$$

在这种方法中含有一个表达式(3.7.7)，即下式

$$S_i = S_{i-1} + i$$

我们称之为递归关系（或递归方程）。它揭示了从 1 开始相加，一直加到 i 的这 i 个数的和 S_i 本身所具有的一种内在关系。

在这两种方法中，哪一种方法更好呢？就本例来说，两种方法并没有太大的区别。第二种方法看起来比较长，这是因为它将所有的算术简化都放在了后面，而不是边算边简化。但是，一般情况下，一个用递归定义的迭代算法会比用递归过程的算法减少很多的计算量，它们所产生的时间和空间复杂度有很大差异。读者可以试着用这两种方法计算 Fibonacci 数列中的 $F(8)$，从中就能体会到这两种方法的巨大差异。

在计算机科学中，递归是一种强有力的重要工具。采用递归方法编写的计算机程序往往简洁清晰，可读性强。运用递归可以解决一大类问题，这类问题都可以用“分而治之”的方法来解决（有的教材称这种方法为分治算法）。其基本策略是将一个给定规模为 n 的问题转化为：

(1) 直接求解一个 n 值较小的同一问题。

(2) 将规模为 n 的一般问题分解为若干个同类型并且（近似）同规模的问题。

也就是将原问题分解成同类的若干子问题，每个子问题继续再分解下去，直到产生可以直接得到结果的子问题为止。最后，把所有子问题的解组合起来便得到原问题的解。前面曾经讨论的二分搜索就是典型的分治算法。

比如，我们可以递归定义指数函数 2^n。

初始条件：$2^0 = 1$

递归步骤：$2^{n+1} = 2 \cdot 2^n$

或写成如下形式：

$$f(0)=1$$

$$f(n+1)=2\cdot f(n)$$

根据计算 2^n 的递归式，为了求出 2^n，就连续地运用这个递归定义来缩小指数，直到指数是零为止。下面的算法给出了这个过程。

算法 3.7.9 计算 2^n

输入：正整数 n

输出：2^n 的值

```
Procedure power(2,n)
if n = 0 then
        power(2,n) = 1
else
        power(2,n) = 2 × power(2,n-1)
end
```

一般地，如果递归计算 a^n（其中 a 为实数，n 为正整数），我们还可以写为：

```
procedure exp(a,n)
if n = 1 then
    return(a)
m: = ⌊n/2⌋        //下取整函数
power: = exp(a,m)
power: = power·power
if n = 2*⌊n/2⌋ then          // n是偶数还可以表示为 n(mod2) = 0
    return(power)
else
    return(power·a)
end exp
```

或者是写成下面的形式：

```
procedure exp1(a,n)
if n = 1 then
    return(a)
m: = ⌊n/2⌋      //下取整函数
return(exp1(a,m)·exp1(a,n-m))
end exp1
```

上面的几种不同描述形式有助于读者了解递归的意义。

例 3.7.10

n 的阶乘定义为

$$n!=\begin{cases}1, & n=0\\ n(n-1)(n-2)\cdots 2\times 1, & n\geqslant 1\end{cases}$$

即如果 $n\geqslant 1$,$n!$ 等于 1 到 n 之间所有正整数相乘的积。规定 $0!=1$。例如:

$$3!=3\times 2\times 1=6,\quad 6!=6\times 5\times 4\times 3\times 2\times 1=720$$

注意,n 的阶乘可以利用其“自身的形式”来表示,我们有

$$n!=n(n-1)(n-2)\cdots 2\times 1=n\cdot(n-1)!$$

比如,

$$5!=5\times 4\times 3\times 2\times 1=5\times 4!$$

可以得到等式

$$n!=n\cdot(n-1)!$$

当 $n=1$ 时同样成立,这样将原问题($n!$)逐步简化成计算$(n-1)!$,$(n-2)!$ 直到 $0!$,再将这些子计算的结果相乘就得到原问题的解。

下面给出计算阶乘的递归算法,此算法可根据等式 $n!=n\cdot(n-1)!$ 直接转换得到。

算法 3.7.11 计算 $n!$

输入:n,大于等于 0 的整数

输出:n!

```
1. Procedure fact(n)
2. if n = 0 then
3.         fact(n): = 1
4. else
5.         fact(n): = n * fact(n - 1)
6. return fact(n)
7. end
```

在这个算法中,通常把能够调用自身的过程叫做递归过程,把包含递归过程的算法叫做递归算法。下面我们取 $n=3$ 跟踪算法 3.7.11 是如何计算 $n!$ 的。

如果 $n=0$,执行第 3 行和第 6 行,过程返回值 1。

如果 $n=1$,因为 $n\neq 0$,执行第 5 行,这要调用过程本身计算 $0!$。在第 5 行,过程算出 $1!$ 的值,即

$$(n-1)!\cdot n=0!\times 1=1\times 1=1$$

如果 $n=2$,因为 $n\neq 0$,执行第 5 行,这要调用过程本身计算 $1!$。上面已经算出 $1!$ 的值为 1。在第 5 行,过程算出 $2!$ 的值,即

$$(n-1)!\cdot n=1!\times 2=1\times 2=2$$

如果$n=3$,因为$n\neq0$,执行第5行,这要调用过程本身计算2!。上面已经算出2!的值为2。在第5行,过程算出3!的值,即

$$(n-1)!\cdot n=2!\times3=2\times3=6$$

最后过程再返回值6。

为了更好地理解算法与C++的转换关系,我们写出这个算法的C++程序如下:

```
#include <stdio.h>
int fact(int n);
main()
{
        int n;
        scanf("%d",&n);
        printf("%d\n",fact(n));
}
int fact(int n)
{
        int f;
        if(n= =0)
          f=1;
        else
          f=n*fact(n-1);
        return f;
}
```

请读者通过这个例子仔细分析递归算法的实现过程。

用数学归纳法可以证明,算法3.7.11对任意非负整数都能正确地输出其阶乘$n!$的值。

定理3.7.12

对$n\geqslant0$,算法3.7.11可以计算出$n!$的值。

求证:

基本步骤:当n=0时,算法3.7.11的第2~3行已经正确输出0!的值1。

归纳步骤:假设对所有的k,算法3.7.11能正确输出$k!$的值($k\geqslant0$)。

证明:如果归纳假设为真,那么算法3.7.11能正确输出$(k+1)!$的值。现将$k+1$输入算法3.7.11。因为$k+1\neq0$,所以算法执行第5行,得$(k+1)!=(k+1)\cdot k!$,根据归纳假设,算法已经算出$k!$的值,所以算法能够正确计算出$(k+1)!$的值。

因此,对任意非负整数n,算法3.7.11都能正确输出其阶乘的值$n!$。

当然,我们也可以用循环语句描述计算$n!$的算法过程:

1. **Procedure** fact

```
i=1
fact:=1
while i<n do
      begin
        i:=i+1
        fact:=i* fact
      end
return fact
```

一个递归算法必须能在某种情况下结束调用自身，否则算法将永远不会结束。在算法 3.7.11 中，当 n=0 时，过程不会调用自身。当某些值出现时，算法将不会调用自己，我们把这种值叫作基本情况。总之，任何递归过程都必须有基本情况。

我们可以用数学归纳法证明一个递归算法能否计算出其想要的结果。数学归纳法与递归算法关系很密切，一个数学归纳法的证明过程可以作为一个用来计算数值或者执行一个特定结构的算法。数学归纳法证明中的基础步骤和归纳法步骤分别与递归算法中的基本情况和调用自身的部分相对应。

下面我们给出求两个非负整数(不全为 0)的最大公约数的递归算法。

定理 3.3.6 表明：若 a 为非负整数，b 为正整数，且

$$a=bq+r,\qquad 0\leqslant r<b$$

则

$$\gcd(a,b)=\gcd(b,r) \tag{3.7.8}$$

$\gcd(x,y)$表示 x 和 y 的最大公约数。等式(3.7.8)本身就是递归的，它把求 a 和 b 的最大公约数的问题化简为求 b 和 r 的最大公约数。递归算法 3.7.13 就是根据等式(3.7.8)来求最大公约数。

算法 3.7.13

用递归方法求非负整数 a,b 的最大公约数(a,b 不全为 0)。(算法 3.3.8 给出的是求最大公约数的非递归算法)

输入：a 和 b(不全为 0 的非负整数)

输出：a 和 b 的最大公约数

```
Procedure gcd(a,b)
if a<b then
        swap(a,b)        // 通过交换，使 a 比 b 大
if b=0 then
        gcd(a,b):=a
else
      gcd(a,b):=gcd(a mod b,b)    // a mod b 表示 a 除以 b 的余数
end gcd
```

例 3.7.14

一种机器人能上楼梯,它一步能跨 1 个台阶或 2 个台阶。写一个算法来计算机器人上 n 个台阶时一共有多少种走法。

例如,我们列出 4 个台阶的情况见表 3.7.2。

表 3.7.2

台阶数	走法序列	走法的数目
1	1	1
2	1,1 或 2	2
3	1,1,1 或 1,2 或 2,1	3
4	1,1,1,1 或 1,1,2 或 1,2,1 或 2,1,1 或 2,2	5

令 walk(n)表示机器人走 n 个台阶时的走法数目。如表 3.7.2 所示,可得

$$\text{walk}(1)=1,\qquad \text{walk}(2)=2$$

现假设 $n>2$,机器人开始可以一步走 1 个台阶,也可以一步走 2 个台阶。如果开始一步走 1 个台阶,则还剩下 $n-1$ 个台阶,而根据定义,剩下的 $n-1$ 个台阶能通过 walk($n-1$)种方法走完。同样,如果开始一步走 2 个台阶,则还剩下 $n-2$ 个台阶,而剩下的$n-2$个台阶能通过 walk($n-2$)种方法走完。因为对任意 n 个台阶的距离,无论哪种走法,开始要么一步走 1 个台阶,要么一步走 2 个台阶。根据加法原理,得到公式

$$\text{walk}(n)=\text{walk}(n-1)+\text{walk}(n-2)$$

例如

$$\text{walk}(4)=\text{walk}(3)+\text{walk}(2)=3+2=5$$

我们可以把等式

$$\text{walk}(n)=\text{walk}(n-1)+\text{walk}(n-2)$$

直接转换成递归算法来计算 walk(n),其中的基本情况是 $n=1$ 和 $n=2$。

算法 3.7.15　机器人走路

此算法计算下面的函数

$$\text{walk}(n)=\begin{cases}1, & n=1\\ 2, & n=2\\ \text{walk}(n-1)+\text{walk}(n-2), & n\geqslant 3\end{cases}$$

输入:n

输出:walk(n)

```
1.  Procedure robot_walk(n)
2.  if n = 1 or n = 2 then
3.      return(n)
```

```
else
    return(robot_walk(n-1) + robot_walk(n-2))
end robot_walk
```

此算法的C++代码如下：

```
#include "stdio.h"
int walk(int n)
{  int i;
    if (n= =1 || n= =2)
      return n;
    else
      i=walk(n-1)+walk(n-2);
    return i;
}
void main()
{
    int n,i,s;
    printf("请输入一个数\n");
    scanf("%d",&n);
    s=walk(n);
    printf("walk(%d) = %d\n",n,s);
}
```

序列

$$\text{walk}(1),\text{walk}(2),\text{walk}(3),\cdots,$$

的值为

$$1,2,3,5,8,13,\cdots$$

该序列通常称为Fibonacci数列，这是为了纪念欧洲中世纪意大利数学家Leonardo Fibonacci(1170—1250)而命名的。以后，我们把Fibonacci数列表示为

$$f_1,f_2,f_3,\cdots$$

它由下面的式子定义

$$\begin{cases} f_1=1 \\ f_2=2 \\ f_n=f_{n-1}+f_{n-2} \qquad (n\geqslant 3) \end{cases}$$

前面说到，Fibonacci数列源自于一个关于兔子的智力游戏。但是它经常出现在人们意想不到的地方，比如，向日葵的种子排列成的图案，人们惊奇地发现其中顺时针的螺线数目(13条)和逆时针的螺数目(8条)正好符合Fibonacci数列。

下面用两种不同方法写出求第 n 个Fibonacci数的算法。

```
Procedure Fibonacci(n)
```

```
if n = 1 then
        Fibonacci(1): = 1
else if n = 2 then
        Fibonacci(2): = 2
else
        Fibonacci(n): = Fibonacci(n - 1) + Fibonacci(n - 2)
end
```

上述方法是递归算法。在计算 f_n 时，它首先把 f_n 表示成 $f_{n-1}+f_{n-2}$，然后再把 f_{n-1}，f_{n-2}都换成其前面的两个数之和。当出现 f_1，f_2 时，就直接换成它的值。在递归的每个阶段，直到获得 f_1，f_2 为止，需要求值的 Fibonacci 数的个数会翻倍增长。比如，计算 f_6时需要做 7 次加法，但计算 f_8时却需要做 18 次加法。下面用迭代算法求 Fibonacci(n)。

```
Procedure Fibonacci(n)
if n = 1 then
          y: = 1
else
     begin
       x: = 1
       y: = 1
       for i: = 1 to n - 1
          begin
            z: = x + y
            x: = y
            y: = z
          end
end
```

上述过程在计算 f_n 时仅仅使用了 n－1 次加法。尽管递归算法可能会比迭代算法需要更多的计算量，但多数情况下还是会用递归算法，因为递归算法比较容易实现而迭代算法不容易实现。

算法 3.7.16　用递归算法计算 $2+4+6+\cdots+2n(n\geqslant2)$

输入：n

输出：2 + 4 + 6 + … + 2n 的和

```
Procedure sum(n)
if n=1 then
        sum(n): = 2
else
        sum(n): = sum(n - 1) + 2n
```

6. **end** sum

此算法的C++代码如下：

```
#include <stdio.h>
int sum(int n);
main()
{
    int n=0,a=0;
    scanf("%d",&n);
    a=sum(n);
    printf("sum(%d) = %d",n,a);
}
int sum(int n)
{
    int n=0,s=0;
    if(n==1)
      s=2;
    else
      s=sum(n-1)+2*n;
    return s;
}
```

当然，如果没有其他要求，本例中的自定义函数也可写成如下：

```
int sum(int n)
{
    int i=0,s=0;
    for(i=1;i<=n;i++)
      s=s+i*2;
    return s;
}
```

算法 3.7.17　用非递归算法计算 n!

输入：n

输出：**n**!

1. **Procedure** fact(n)
2. **if** n=0 **then**
3. 　　fact:=1
4. **else**
5. 　　fact:=1

```
6.      for i = 2 to n
7.          fact: = i·fact
8. return(fact)
9. end fact
```

习题 3.7

1. 确定下列数列的递归关系和初始条件。

(1) 3,7,11,15,…; (2)3,6,15,24,39,…;

2. 某人投资 20 000 元,每年的增值率为 14%,用 A_n 表示第 n 年年底的总金额。

(1) 确定数列 A_0,A_1,…的递归关系和初始条件。

(2) 求 A_1,A_2,A_3。

(3) 求通项公式 A_n。

(4) 需多长时间,才能使该人的总金额达到刚投资时的 2 倍?

3. S_n 表示不含子串"000"的 n 位二进制串的个数,求$\{S_n\}$的递归关系及初始条件。

4. 令 $n=4$,跟踪算法 3.7.11。

5. 令 $a=5$,$b=0$,跟踪算法 3.7.13。

6. 令 $a=20$,$b=55$,跟踪算法 3.7.13。

7.(1) 利用公式

$$S_1=1, \quad S_n=S_{n-1}+n^2 \qquad (n\geqslant 2)$$

写一个递归算法计算下式值

$$S_n=1^2+2^2+3^2+\cdots+n^2$$

(2) 利用数学归纳法证明(1)的递归算法是正确的。

8. 有一种机器人一步可以走 1 米、2 米或 3 米,用递归算法求解机器人走 n 米时共有多少种走法。

9. 要求用减法写一个递归算法计算两个非负整数(不全为 0)的最大公约数。

第4章　图　　论

图是一种由点和连接点的边所构成的比较复杂的非线性结构，是处理离散对象的重要工具。比如，用图表示生态环境里不同物种的竞争关系（或食物链）；用图表示一个组织中谁影响谁等。它已经渗透到人工智能、控制论和信息论、运筹学、电子工程、经济管理和计算机科学等许多领域。本章主要介绍图的基本概念（如路径和回路）、欧拉回路、哈密尔顿回路以及图的矩阵表示等知识，最后讨论最短路径算法。

4.1　图的模型与术语

虽然最早的图论问题可追溯到1736年（详见例4.2.15），而且在19世纪关于图论的许多重要结论就已经得出，但是直到20世纪20年代，图论才引起广大学者的注意并得到广泛传播。它受到广泛关注的一个重要原因是其在计算机科学中的数据结构、计算机网络、操作系统、算法理论、编译程序以及数据挖掘等方面扮演着重要角色。

图4.1.1显示的是广东省高速公路系统的一个局部。所有公路需要一个专人负责检查，具体地说，这个公路视察员必须走遍所有的公路，并写出关于公路的状况、公路标志线的能见度、路标的状况等报告。由于公路视察员住在河源市，最有效的视察方法是从河源市开始，当所有的路段都恰好走了一次后，再回到河源市。你认为这可能吗？

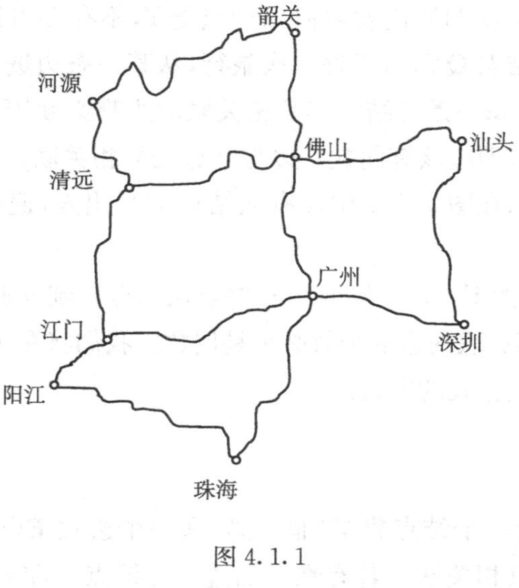

图4.1.1

上面的图看起来确实像公路系统图，我们可以把图 4.1.1 所示的路线图模型化为一般的图 G(见图 4.1.2)。图是由点和线连接而成的，其中的点称为结点，连接结点的线称作边。我们用每个城市名的首字母来标记对应的结点，用 $e_1, e_2, \cdots, e_{13}$ 来标记边。注意，在运用图来建模时，重要的信息是结点，以及与结点相关联的边。也就是说，只要正确地描述了结点之间的连接，画一个图的边可以是任意的。

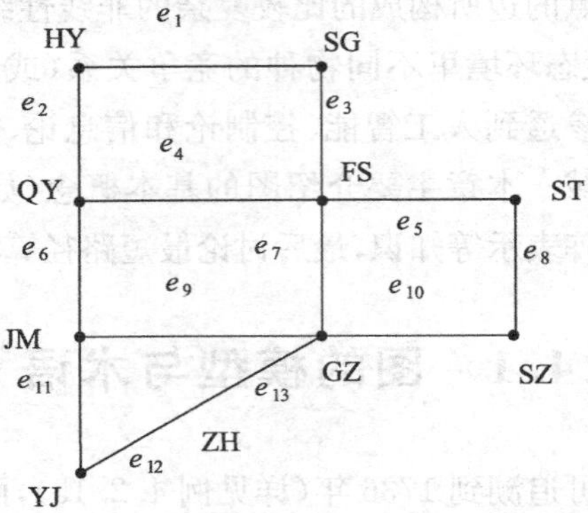

图 4.1.2

一般地，若从结点 v_0 出发，经一条边到达结点 v_1，再经另一条边到达结点 v_2，一直走下去直至到达结点 v_n，则称从 v_0 到 v_n 存在路径。从 SG 开始，经 FS 到达 ST 的路径对应于图 4.1.1 中从韶关开始出发，经过佛山到达汕头的路径。借助于图 G，公路视察员问题可以改述为：从结点 HY 出发，最后再回到结点 HY，是否存在一条可以遍历所有边一次的路径？

仔细分析发现，公路检查员不能从 HY 出发，遍历所有的道路一次再回到 HY。用图的形式来描述就是：从结点 HY 出发再回到结点 HY，不存在可以遍历所有边一次的路径。事实上，我们考虑结点 QY，对于每一次旅行，从某一条边进入结点 QY 就必须从另一边离开结点 QY，由于每一条与结点 QY 相关联的边都必须用到，因此，与结点 QY 相关联的边应该是成对的，即应该有偶数条边与结点 QY 相关联。而事实上只有 3 条边与结点 QY 相关联。因此，在图 4.1.2 中没有从结点 HY 出发，遍历所有边一次之后又回到结点 HY 的路径。

该结论适用于任意的图 G。如果图 G 存在着从结点 v 到 v 遍历所有边一次的路径，则与图 G 上每个结点相关联的边的个数必定是偶数。我们将在 4.2 节详细讨论该问题。

下面，我们给出一些正式的定义。

定义 4.1.1

一个无向图 G 包含一个结点集 $\boldsymbol{V}$(非空集)和一个边集 $\boldsymbol{E}$(可以是空集)，且每条边 $e \in \boldsymbol{E}$ 都与一对无序结点相关联。若有唯一的边 e 与结点 v 和 w 相关联，则可记作 $e=(v,w)$ 或 $e=(w,v)$。也就是说，无序结点对 (v,w) 表示无向图中结点 v,w 之间的一条无向边。

一个有向图 G 包含一个结点集 $\boldsymbol{V}$(非空集)和一个边集 $\boldsymbol{E}$,对于每一条边 $e\in\boldsymbol{E}$,e 与一对有序结点相关联。若有唯一的边 e 与有序结点对 (v,w) 相关联,则记作 $e=(v,w)$,它表示从 v 到 w 的有向边。特别注意,在有向图里,结点对 (w,v) 与 (v,w) 表示两条不同的边。

若图(有向图或无向图)上的边 e 与结点 v,w 相互连接,则称 e 与 v,w 相关联,或 v,w 是 e 的邻接点。

一般地,若图 G(有向图或无向图)由非空结点集 $\boldsymbol{V}$ 和边集 $\boldsymbol{E}$ 组成,我们将它简记为 $G=(\boldsymbol{V},\boldsymbol{E})$。

除非特别说明,我们一般假定集合 $\boldsymbol{V}$ 和 $\boldsymbol{E}$ 都是有限的,而且结点集 V 是非空的。下面我们主要讨论无向图,不讨论混合图(既含无向边又含有向边的图)。

例 4.1.2

在图 4.1.2 中,无向图 G 由点集 $\boldsymbol{V}=\{$SG,FS,GZ,ST,SZ,ZH,HY,JM,YJ,QY$\}$和边集 $\boldsymbol{E}=\{e_1,e_2,e_3,\cdots,e_{13}\}$组成。边 e_1 与无序结点对(HY,SG)相关联,边 e_{10} 与无序结点对(SZ,GZ)相关联。边 e_1 可以表示为 $e_1=$(HY,SG)或 $e_1=$(SG,HY),边 e_{10} 表示为 $e_{10}=$(GZ,SZ)或 $e_{10}=$(SZ,GZ)。边 e_4 与结点 QY 和 FS 相关联,或者说,结点 QY 和 FS 是边 e_4 的邻接点。

通常情况下,我们讨论的图不仅与结点的位置无关,而且与边的形状和长短也无关,这就是图的拓扑不变性。

例 4.1.3

图可以用来表示人与人之间的各种关系。比如,两个人是否相互认识,即他们是否是熟人。用结点表示具体人群里的每个人,当两个人互相认识时,就用无向边连接这两个人。图 4.1.3 所示就是一个小型的熟人关系图。

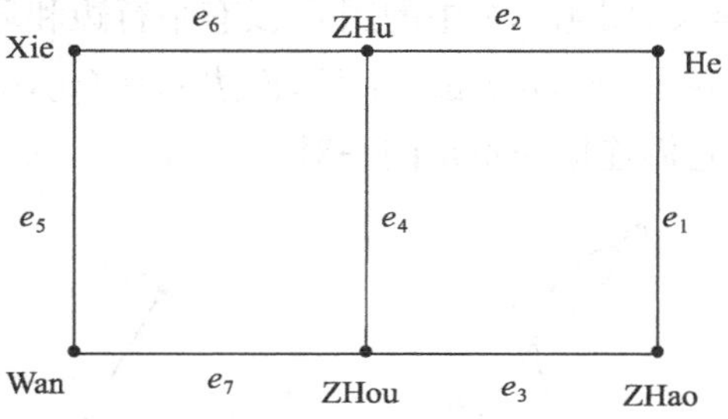

图 4.1.3

此图表示了姓氏分别是 Xie(谢)、ZHu(朱)、He(何)、Wan(万)、ZHou(周)、ZHao(赵)等 6 个人的熟人关系。

例 4.1.4

假设有 6 个程序，它们分别是 $v_1, v_2, v_3, v_4, v_5, v_6$，它们之间的调用关系如图 4.1.4 所示。

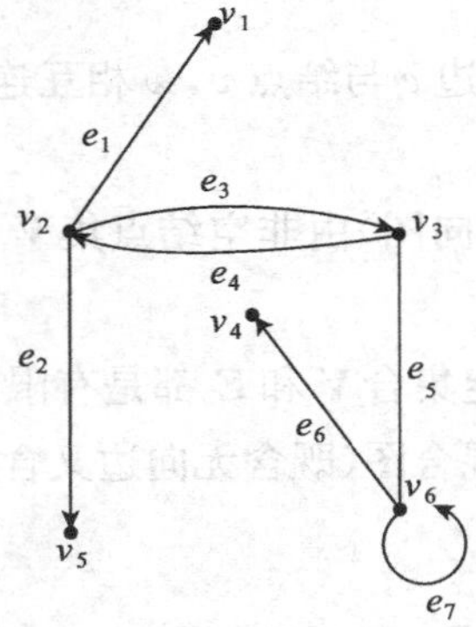

图 4.1.4

边 e_1 与有序结点对 (v_2, v_1) 相关联，表示 v_2 可以调用 v_1，边 e_7 与有序结点对 (v_6, v_6) 相关联，表示 v_6 可以调用 v_6。因此，边 $e_1=(v_2, v_1)$，边 $e_7=(v_6, v_6)$，$e_3=(v_2, v_3)$，$e_4=(v_3, v_2)$。显然，这是一个有向图，一般用箭头表示有向边的方向。

比如，万维网可以用有向图来建模，其中结点表示网页，并且若有从网页 a 指向网页 b 的链接，则用以 a 为起点、以 b 为终点的边表示。因为几乎每秒钟都有新页面在网络上某处产生，并且有其他页面被删除，所以网络图几乎是连续变化的。目前，网络图有超过 30 亿个结点和 200 亿条边。

定义 4.1.1 允许不同的边与相同的结点对相关联。也就是说，可以有两条或多条边连接着同一对结点。我们把这样的边称为**平行边(多重边)**。连接一个结点到其自身的边称为环(loop)。比如，在图 4.1.5 中，边 $e_3=(v_2, v_2)$ 是一个环，e_1 与 e_2 是平行边。不与任何边相关联的结点称为**孤立结点**，比如 v_4 就是孤立结点。我们把不含有环和平行边的图称为**简单图**。根据定义，图 4.1.2 中的图 G 没有平行边和环，所以它是一个简单图。

注意，在图 4.1.4 中，$e_7=(v_6, v_6)$ 是一个环，而边 $e_3=(v_2, v_3)$ 和边 $e_4=(v_3, v_2)$ 不是平行边，因为在有向图中它们连接的不是同一对结点。

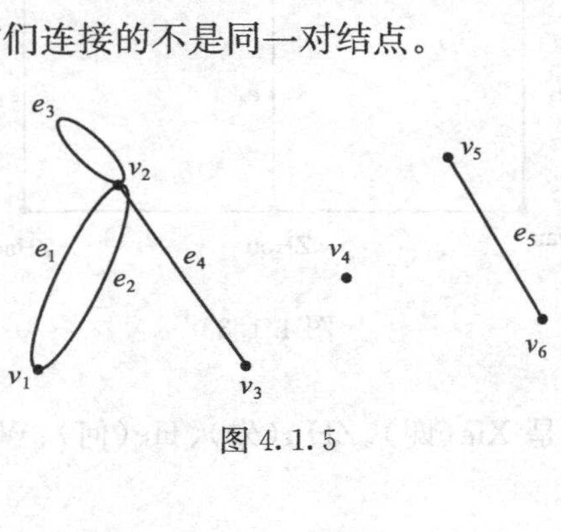

图 4.1.5

例 4.1.5

在生产制造过程中，经常需要在金属薄板上钻很多孔(见图 4.1.6)，然后将所需组件安装在这些薄板上。钻孔的钻头可用计算机控制，为了尽量地节省时间和资金，必须使钻头移动得尽可能地快。此问题可以用图来建模。

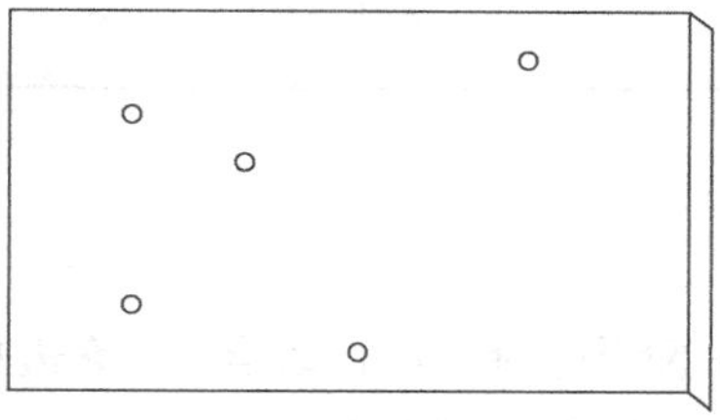

图 4.1.6

图 4.1.7 中的结点对应着要钻的孔，每一对结点由一条边相关联，在每条边上记下钻头在对应两孔之间移动的时间。我们称这类在边上赋有数值的图(见图 4.1.7)为加权图。若边(c,e)上标记的数值为k，则称边(c,e)的权为k。在图 4.1.7 中，(c,e)的权为 5。在加权图中，路径的长度为该路径上的所有边的权值之和。比如，在图 4.1.7 中，从 a 开始，经 c 到 b 的路径的长度为 $2+6=8$；又如从 d 开始，到 b，再到 e，再到 c，最后到 a 的路径长度为 $12+9+5+2=28$。在本例中，遍历每个结点一次的路径的最小长度就是钻头移动的最佳路径。

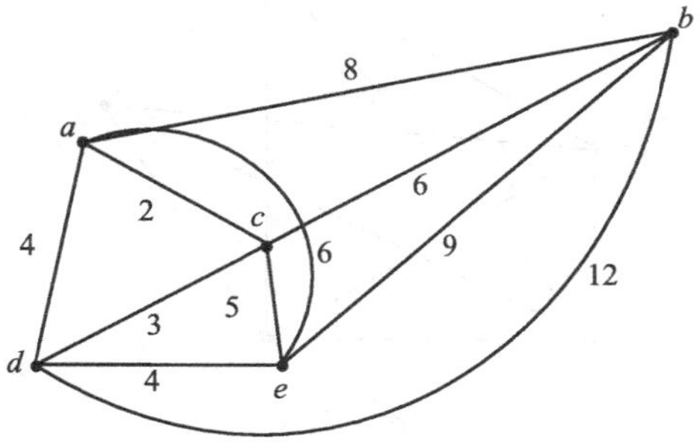

图 4.1.7

如果考察从结点 a 开始、在结点 e 结束的路径，我们可以把所有从 a 开始，遍历所有结点一次，然后到达 e 的路径都列出来(见表 4.1.1)，并选出长度最短的路径即找到了最短路径。我们可以看到最短路径是以 a,b,c,d,e 的顺序遍历结点。当然，选取其他不同的起点和终点可能会有更短的路径。

显然，本例中的方法是十分费时的。当结点很多时，这种解法是非常不切实际的。然而，求任意图的遍历所有结点的最短路径，人们还没有找到一种更为实用的方法。

表 4.1.1

路径	长度
a,b,c,d,e	21
a,b,d,c,e	28
a,c,b,d,e	24
a,c,d,b,e	26
a,d,b,c,e	27
a,d,c,b,e	22

定义 4.1.6

有 n 个结点的图称为 $\boldsymbol{n}$ 阶图。有 n 个结点 m 条边的图称为 $(\boldsymbol{n},\boldsymbol{m})$ 图。比如，图 4.1.1 所示图 G 是 10 阶图，或者(10,13)图。

设 G 是 n 阶简单图，若 G 中每对不同结点之间都恰好存在一条边，则称此图为完全图，记作 K_n。

比如，例 4.1.5 中的图 4.1.7 就是一个完全图。它的任意两个结点之间都只有一条加权的边。

例 4.1.7

图 4.1.8 所示是含有 5 个结点的完全图 K_5(即 5 阶完全图)。

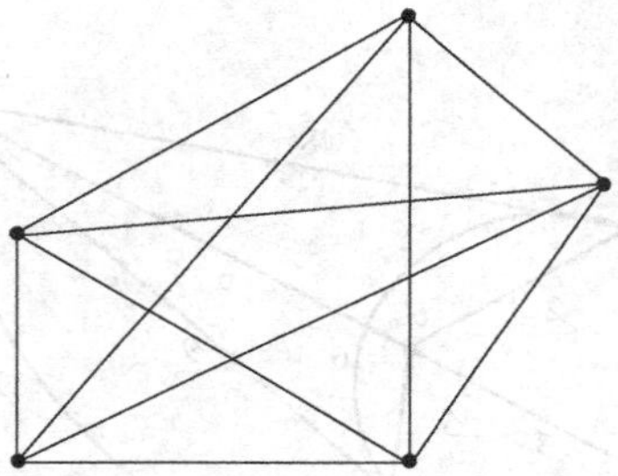

图 4.1.8

有时，我们可以把图的结点集分成两个不相交的子集，使得每条边都连接一个子集的结点与另一个子集的结点。比如，村民之间的婚姻关系图，其中一个子集结点表示男人，另一个子集结点表示女人，用边表示婚姻关系。这就引出了如下定义。

定义 4.1.8

在图 $G=(\boldsymbol{V},\boldsymbol{E})$ 中，若结点集 $\boldsymbol{V}$ 可划分为两个不相交的子集 $\boldsymbol{V}_1$ 和 $\boldsymbol{V}_2$，对于边集 $\boldsymbol{E}$ 中的任意一条边，与其关联的两个结点分别在 $\boldsymbol{V}_1$ 和 $\boldsymbol{V}_2$ 之中，则称图 G 为偶图。

显然，K_3 不是偶图。因为若把 K_3 的所有结点分成两个不相交的集合，则这两个集合之中必然有一个集合包含两个结点，而这两个结点之间有一条边连接着。

例 4.1.9

图 4.1.9 所示就是一个偶图。在此，我们设 $\boldsymbol{V}_1=\{v_1, v_2, v_3\}$ 和 $\boldsymbol{V}_2=\{v_4, v_5\}$，则与每条边相关联的两个结点分别属于 $\boldsymbol{V}_1$ 和 $\boldsymbol{V}_2$。

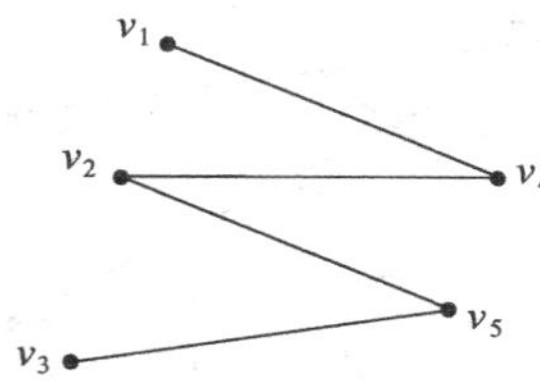

图 4.1.9

注意：定义 4.1.8 说明，若 e 为偶图中的一条边，则与 e 相关联的两个结点一个在 $\boldsymbol{V}_1$ 中，另一个在 $\boldsymbol{V}_2$ 中。并没有要求如果 v_1 是 $\boldsymbol{V}_1$ 中的点，v_2 是 $\boldsymbol{V}_2$ 中的点，则在 v_1 与 v_2 之间必定有相关联的边。比如，图 4.1.9 中边(v_1, v_5)与(v_3, v_4)是不存在的。

例 4.1.10

图 4.1.10 所示的图不是偶图。证明一个图不是偶图可以采取反证法。

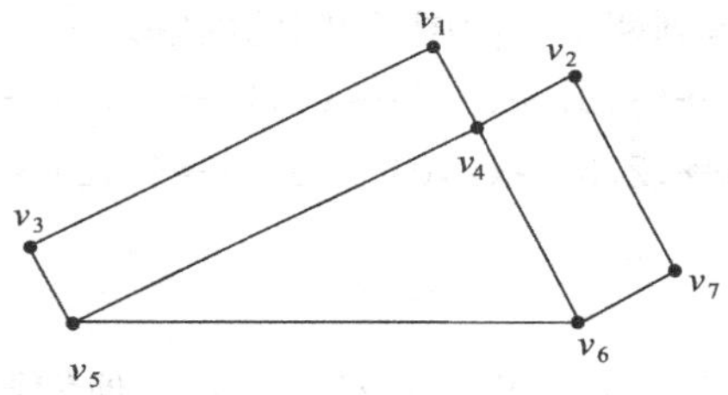

图 4.1.10

假设图 4.1.10 是一个偶图，则其结点集可划分成两个子集 $\boldsymbol{V}_1$、$\boldsymbol{V}_2$，使得每条边连接的结点分别在 $\boldsymbol{V}_1$,$\boldsymbol{V}_2$ 之中。我们考虑结点 v_4,v_5,v_6。由于 v_4 和 v_5 相邻，则它们应该分别在 $\boldsymbol{V}_1$ 和 $\boldsymbol{V}_2$ 中。不妨假设 v_4 在 $\boldsymbol{V}_1$ 中，v_5 在 $\boldsymbol{V}_2$ 中。因为 v_5 和 v_6 相邻，且 v_5 在 $\boldsymbol{V}_2$ 中，则 v_6 必在 $\boldsymbol{V}_1$ 中。因为 v_4 与 v_6 相邻接，且 v_4 在 $\boldsymbol{V}_1$ 中，则 v_6 必在 $\boldsymbol{V}_2$ 中。从而 v_6 既在 $\boldsymbol{V}_1$ 中又在 $\boldsymbol{V}_2$ 中，这与 $\boldsymbol{V}_1$ 和 $\boldsymbol{V}_2$ 是不相交的子集相矛盾。因此，图 4.1.10 必定不是偶图。

一般地，我们有如下结论：一个简单图是偶图，当且仅当对图中所有结点赋以两种不同的颜色时，相邻结点必定有不同颜色。

定义 4.1.11

一个简单图，其结点集划分为有 m 个结点的子集 $\boldsymbol{V}_1$ 和有 n 个结点的子集 $\boldsymbol{V}_2$，若对于任意结点 v_1(在 $\boldsymbol{V}_1$ 中)，v_2(在 $\boldsymbol{V}_2$ 中)，它们之间都存在一条边，则称该图为结点 m 和 n 的完全偶图，记为 $K_{m,n}$。

例 4.1.12

图 4.1.11 是一个结点数为 2,3 的完全偶图 $K_{2,3}$。

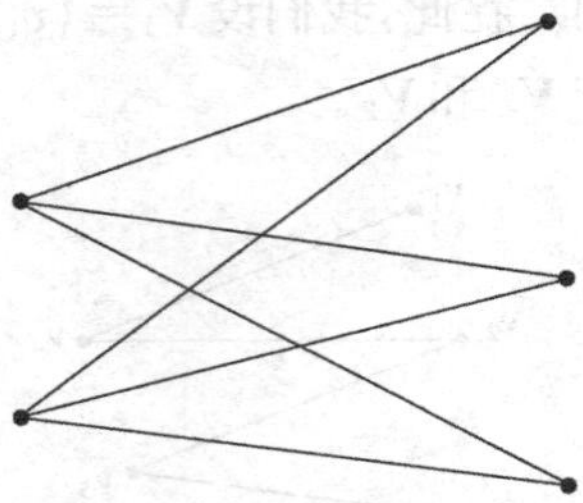

图 4.1.11

例 4.1.13

有 3 个油桶 A,B,C 分别可装 8 斤、5 斤、3 斤油。假设 A 桶已经装满了油,在没有其他度量工具的情况下,如何将 8 斤油平分?

下面我们通过建立图模型来解决问题。用(B,C)表示 B,C 两个油桶的状态,由于 $B=0,1,2,3,4,5$,且 $C=0,1,2,3$,于是所有状态共有 $6\times4=24$ 种。

现将这 24 种状态看作 24 个结点,两结点之间存在一条无向边当且仅当这两种状态之间可以相互转换。于是得到两个无向图,即问题的解。

第 1 种:$(0,0)\to(0,3)\to(3,0)\to(3,3)\to(5,1)\to(0,1)\to(1,0)\to(1,3)\to(4,0)$。

第 2 种:$(0,0)\to(5,0)\to(2,3)\to(2,0)\to(0,2)\to(5,2)\to(4,3)\to(4,0)$。

例 4.1.14

假设某小组有 4 名员工:Liang,Wang,Zhang,Li。他们要完成一个合作项目,这个项目有 4 种工作要做:需求分析、架构、实现、测试。已知 Liang 可以完成需求分析和测试;Wang 可以完成架构、实现和测试;Zhang 可以完成需求分析、架构和实现;Li 只能完成需求分析。为了完成项目,必须给员工分配任务,以满足每个任务都有一个员工接手,而且每个员工最多只能分配一个任务。

请读者用偶图建模,找出完成上述任务的一种分配方案。

习题 4.1

1. 在一次 10 周年同学聚会上,老班长想统计所有人握手的次数之和,应该如何建立该问题的图模型。

2. 对于任意 $n(\geqslant2)$个人的组里,必有两个人有相同个数的朋友,如何建立解决此问题的图模型。

3. 用点 A,B,C,D,E,F 表示 6 个人,两个点之间的无向边表示所对应的两个人相互认识。试用图模型证明:任意 6 个人中必定有 3 个人是相互认识或相互不认识的。

4. 某人挑一担菜并带一只狼和一只羊要从河的一岸到对岸去。由于船只太小,只能带狼、菜、羊中的一种过河。但是当人不在场时狼要吃羊，羊要吃菜。建立图模型解决问题。

5. 在图 4.1.12 中，试解释为什么没有从结点 a 到其自身的遍历每条边恰好一次的路径。

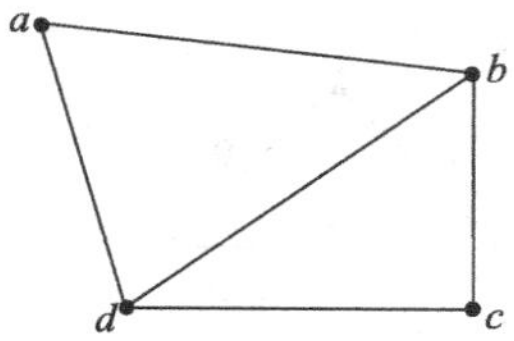

图 4.1.12

6. 根据图 4.1.13 与图 4.1.14，找出一条从结点 a 到其自身的遍历每条边恰好一次的路径。

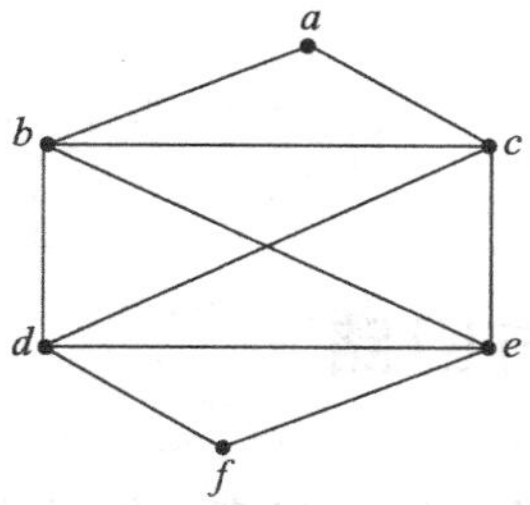

图 4.1.13

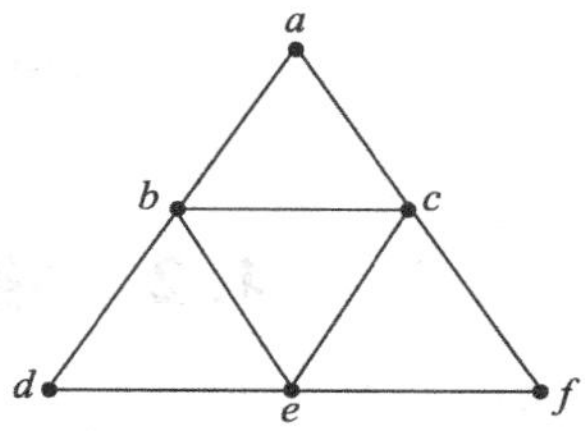

图 4.1.14

7. 确定图 $G(\boldsymbol{V},\boldsymbol{E})$（见图 4.1.15 和图 4.1.16）中的结点集 $\boldsymbol{V}$，边集 $\boldsymbol{E}$，所有的平行边，环和孤立结点，并判断图 G 是否为简单图，并指出与 e_1 相邻接的结点。

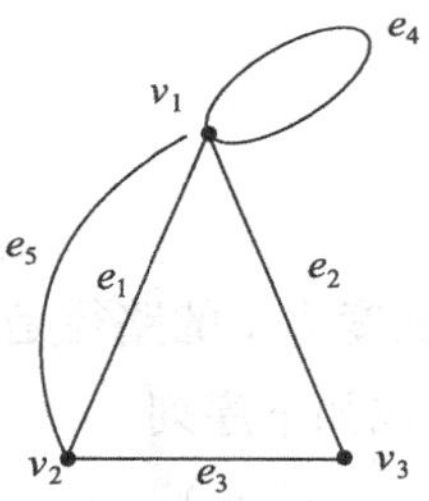

图 4.1.15

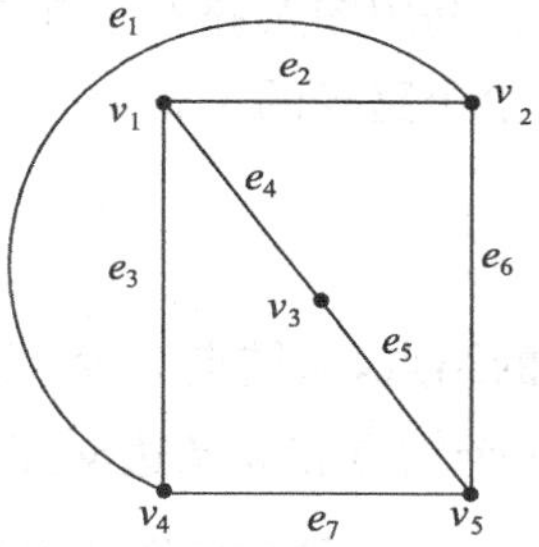

图 4.1.16

8. 画出 K_3 和 K_4，并说明它们是否为偶图。

9. 写出表示完全图 K_n 的边数的公式。

10. 画出 $K_{2,3}$ 和 $K_{3,3}$ 图。

11. 找出图 4.1.7 中从 v 到 w 遍历所有结点恰好一次的最短路径。

(1) $v=b, w=e$　(2) $v=c, w=d$　(3) $v=a, w=b$

12. 指出图 4.1.17 和图 4.1.18 两个图是否为偶图。若该图为偶图，则写出不相交的结点集。

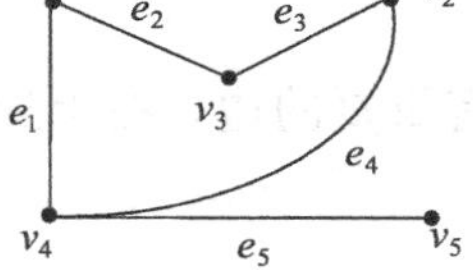

图 4.1.17

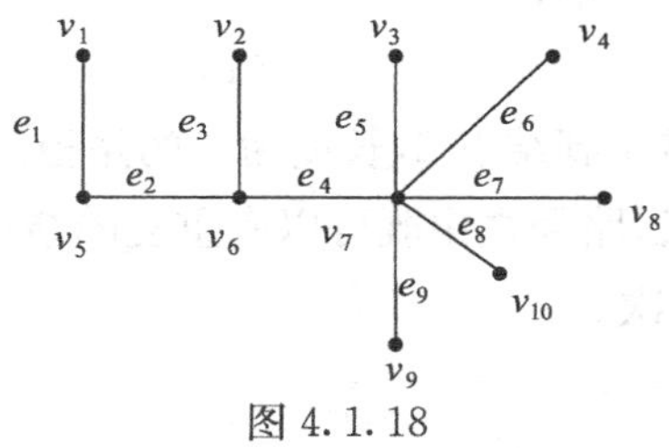

图 4.1.18

13. 如图 4.1.19 所示，结点表示城市，边上的数字表示建设指定公路所需的费用。找出能遍历所有城市，而且最经济的公路系统。

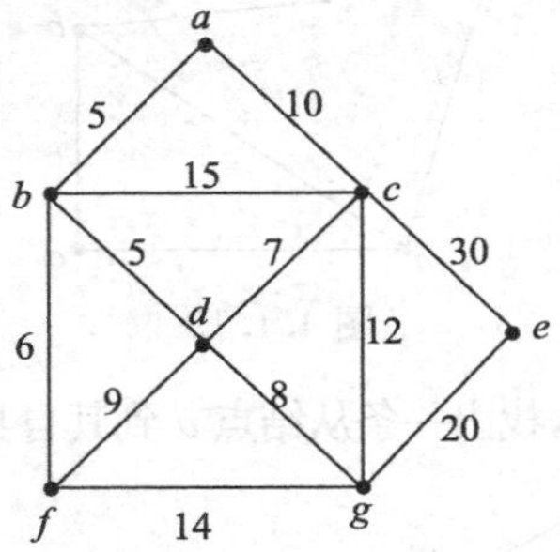

图 4.1.19

4.2 路径与回路

许多问题都可以用沿着图的边前行所形成的路线来建模。如果我们把图中的结点看作城市，边看作公路，那么道路就可看作是从某个城市开始，经过一些城市到达另一个城市的旅行路线。比如，判定在两个计算机之间通过中间连接能否传递消息的问题，也可以用图模型来研究。利用图及路径所组成的模型，可以解决投递邮件、收取垃圾等有效线路的问题。下面给出路径的正式定义。

定义 4.2.1

令 v_0，v_n 为图中的结点，从结点 v_0 到结点 v_n 长度为 n 的路径是从结点 v_0 开始，在结点 v_n 结束的，由 $n+1$ 个结点和 n 条边交互出现组成如下序列

$$(v_0, e_1, v_1, e_2, v_2, \cdots, v_{n-1}, e_n, v_n)$$

其中，e_i 是与结点 v_{i-1} 和 v_i 相关联的边，$i=1,\cdots,n$。

定义 4.2.1 的意思是：从结点 v_0 开始，经过 e_1 到达 v_1，再经 e_2 到达 v_2，依次类推下去。注意，此处路径的长度是指路径所经过的边的数目，这与加权图中路径的长度是有区别的。

例 4.2.2

在图 4.2.1 中，

$$(1, e_1, 2, e_2, 3, e_3, 4, e_4, 2)$$

是一条从结点 1 到结点 2，长度为 4 的路径。

根据定义，路径之中既可以有重复的结点，又可以有重复的边。在上述路径中，结点 2 就出现了两次。

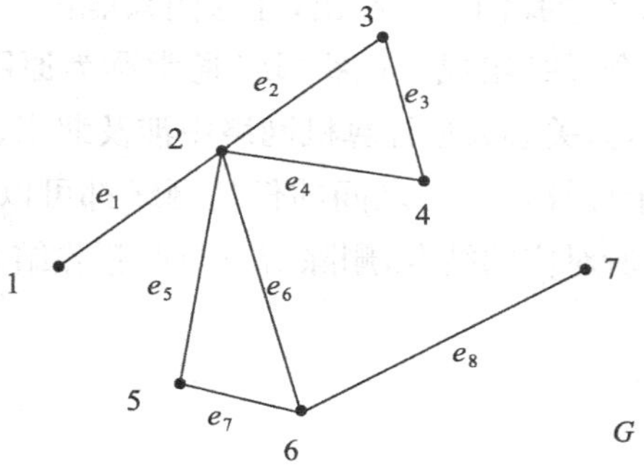

图 4.2.1

例 4.2.3

在图 4.2.1 中，路径(6)是仅由一个结点 6 组成，长度为 0 的路径。也就是说，长度为 0 的路径由单个结点组成。

在表示一条路径时，如果图中没有平行边和环，就可以省略边，仅由结点来表示。比如，路径$(1,e_1,2,e_2,3,e_3,4,e_4,2)$可简写为$(1,2,3,4,2)$。

在现实问题中，用结点表示计算机，用边表示通信连接时，那么计算机网络就可以用图来表示，计算机网络之中的每对计算机都可以共享信息的问题就变成:在什么情况下，网络图中的任何两个结点之间都存在路径？解决这个问题需要下面的定义。

定义 4.2.4

若图 G 中的任意两个结点 v,w 之间都存在一条路径，则称图 G 是连通的。特别地，只含有一个结点的图也是连通的。

因此，网络中任何两个计算机都可以通信，当且仅当这个网络是连通的。

例 4.2.5

图 4.2.1 中的图 G 是连通的，因为对任意两个结点 v,w，它们之间总存在一条路径。

例 4.2.6

图 4.2.2 中的图 G 不是连通的，因为图 G 中的结点 v_2 到 v_5，或 v_4 到 v_6 没有连接的路径。

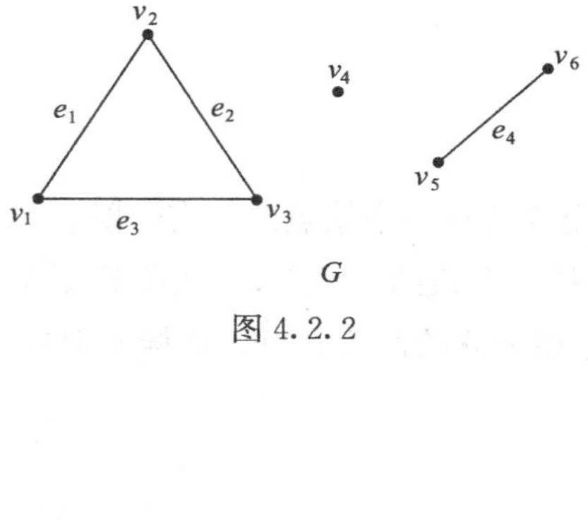

图 4.2.2

从图 4.2.1 和图 4.2.2 中我们可以看出，连通图只能由一个“块”组成，而非连通图必定是由两个“块”或更多个“块”组成。这些“块”通常称为原图的子图。有时候我们只需考虑图的一部分。比如，只关心大型计算机网络中涉及北京、上海、广州和武汉的那一部分，其他的不属于这 4 个计算机中心之间的任何网线都可以忽略。也就是，可以删除除这 4 处外的计算机中心所对应的结点，删除所有与所删除结点相关联的边。删除之后所剩下的图就是子图。

定义 4.2.7

令 $G=(V,E)$ 为一个图。如果

① $V'\subseteq V$ 且 $E'\subseteq E$，

② 对于每条边 $e'\in E'$，若边 e' 与结点 v' 和 w' 相关联，则 $v',w'\in V'$。我们称 (V',E') 为 G 的一个子图。

注意，此处的 V' 是 V 的非空子集，而且两个条件必须同时满足。

例 4.2.8

显然，图 4.2.3 是一个连通图。因为 $V'\subseteq V$ 且 $E'\subseteq E$，图 4.2.4 中的图 $G'=(V',E')$ 就是 $G=(V,E)$ 的一个子图。

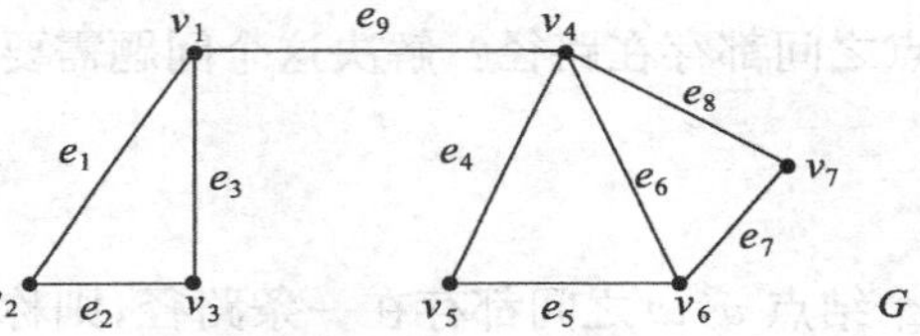

图 4.2.3

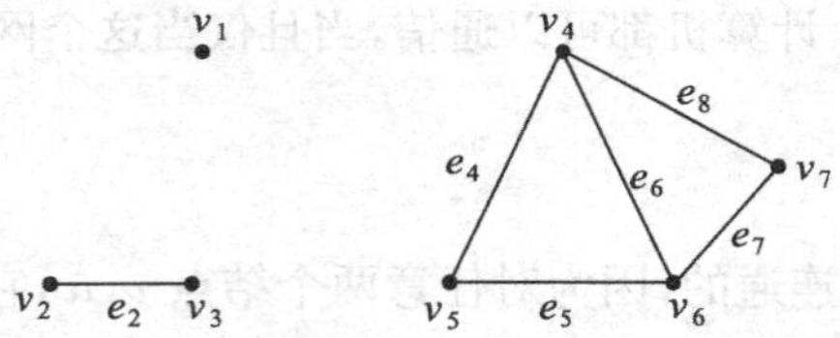

图 4.2.4

其实，一个图的子图是通过删除原图中的一些边，或者删除一些结点以及所有与所删除的结点相关联的边后所剩下的图。显然，子图可以只包含原图中的一些结点，但不能只包含原图中的边。

例 4.2.9

找出图 4.2.5 中 G 的至少含有一个结点的所有子图。

如果我们删除边，可选择一个或两个结点，从而得到 3 个子图 G_1,G_2,G_3。若选择一条边 e_1，则必须选择与边 e_1 相关联的两个结点。这样又得到 1 个子图 G_4。由此，图 G 共有 4 个子图,如图 4.2.6 所示。

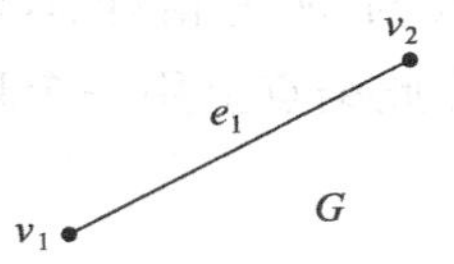

图 4.2.5

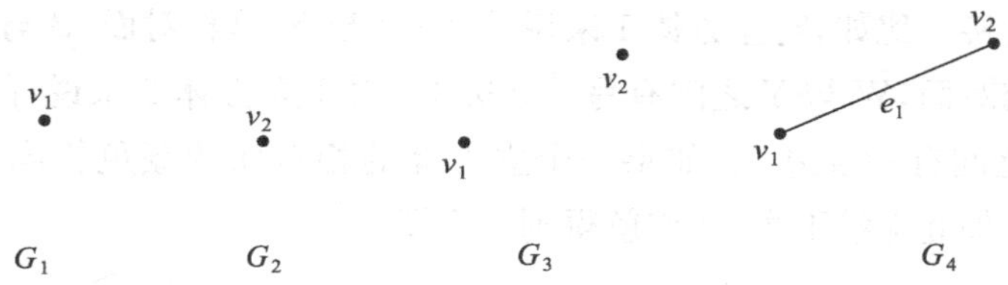

图 4.2.6

请读者画出 K_3 的所有不同类型的子图。

定义 4.2.10

设 v 为图 G 的一个结点。由从结点 v 开始的某路径上包含的所有边和结点形成的子图称为图 G 包含 v 的分支。

注意,分支子图是一个连通图。

例 4.2.11

令 G 为图 4.2.2 中的图,则图 G 中包含 v_3 的分支子图有

$$G_1=(V_1,E_1),V_1=\{v_1,v_2,v_3\},E_1=\{e_1,e_2,e_3\}$$

图 G 中包含 v_4 的分支子图有

$$G_2=(V_2,E_2),V_2=\{v_4\},E_2=\varnothing$$

图 G 中包含 v_5 的分支子图有

$$G_3=(V_3,E_3),V_3=\{v_5,v_6\},E_3=\{e_4\}$$

在解决问题时,子图的思想有时会非常有效。我们看下面 Instant Insanity 游戏问题。

现有 4 个立方体(见图 4.2.7),每个立方体的 6 个面都涂有 R(红)、W(白)、B(蓝)、Y(黄)4 种颜色之一(如下图所示)。游戏是将这 4 个立方体向上整齐地堆起来成为一个柱体,使得不管是从前面、后面、左面还是右面看,都可以看到所有的 4 种颜色。

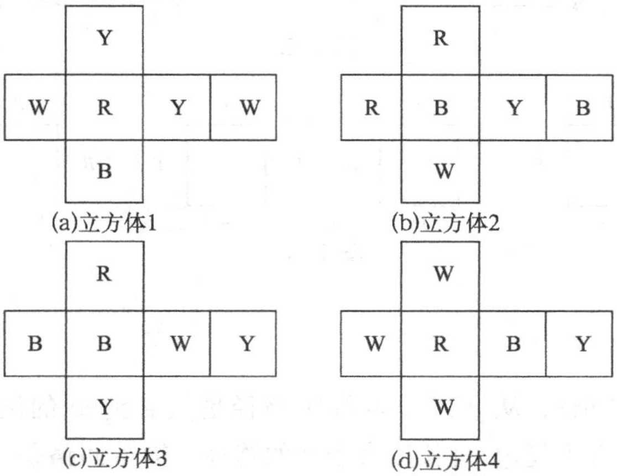

图 4.2.7

如图 4.2.8 所示，假设 4 种颜色 R，W，B，Y 是 4 个结点，一个立方体的相对面用一条边连接。比如，对立方体 1 来说，因为 B 与 Y 是相对面，B 与 Y 之间有一条边 1；W 与 Y 是相对面，W 与 Y 之间有另一条边 1。对于立方体 2 来说，因为 R 与 W 是相对面，R 与 W 之间有一条边 2。如果一个立方体的相对面的颜色相同，就在此结点上用一个环表示。如此继续下去，我们就得到一个图。

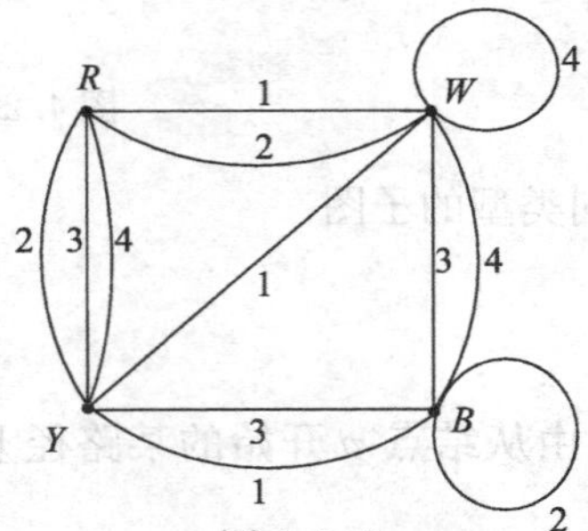

图 4.2.8

图中共有 12 条边，这 12 条边分别属于 4 个集合，每个集合对应着一个立方体，因此每个集合有 3 条边(每个立方体有 3 对相对的面)。对于每个结点来说，关联到这个结点的边数就是 4 个立方体中具有这种颜色的所有面的个数。比如结点 R 有 5 条边，因此 4 个立方体中总共有 5 个面是红色。

因为这 4 个立方体要堆成一个柱体，这个柱体有 2 组相对面，每个面中 4 个小方块的颜色各不相同，于是问题的求解就变为能否在图中找出两个由不同编号的边所组成的子图，并且在这两个子图中每个结点仅出现两次。事实上，我们能找出两个子图，见图 4.2.9。根据这个子图，我们就可以给出这 4 个立方体的一种堆砌方法，见图 4.2.10。

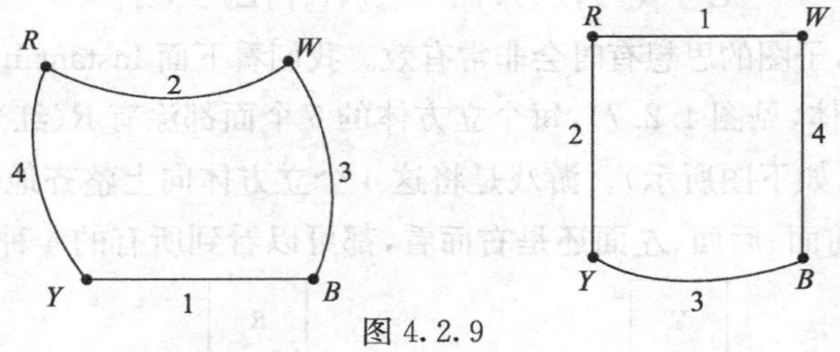

图 4.2.9

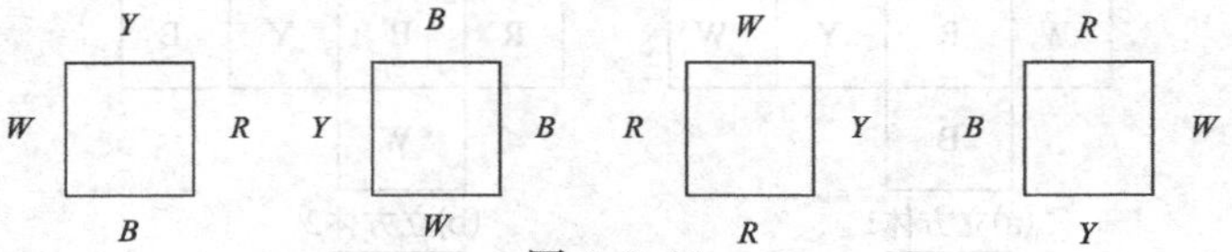

图 4.2.10

定义 4.2.12

令 v，w 为图 G 的结点，从 v 到 w 的简单路径是从 v 到 w 的没有重复结点的路径。回路是从 v 到 v 的没有重复边，且长度大于 0 的路径。简单回路是一个从 v 到 v 的回路，且除了开始和终止结点 v 相同外，没有其他相同的结点。也就是说，简单回路是既没有重复结点，也没有重复边的回路。

前面曾经定义过环，它与回路是不相同的。环是一个结点的自我连接所形成的边，其所指的是边，并不包含结点；而回路是既含有结点，也含有边的路径。单个结点与其上的环可以组成一个回路。

注意，由于图论应用的广泛性，很多学者给出的概念并不完全相同。有些文献书籍上的定义与本书就有差别。本书所说的简单路径是没有重复结点的路径；有些文献书籍上把没有重复边的路径称为简单路径。因此，当我们阅读关于图论的文献书籍时，对比不同文献书籍所用到的定义是十分必要的。事实上，不同学者对图及其相关概念的定义并没有达成一致，还没有形成统一的标准。

例 4.2.13

对于图 4.2.1 中的图，可以判断表 4.2.1 所列的路径是否是简单路径、回路和简单回路。

表 4.2.1

路径	简单路径	回路	简单回路
(6,5,2,4,3,2,1)	No	No	No
(6,5,2,4)	Yes	No	No
(2,6,5,2,4,3,2)	No	Yes	No
(5,6,2,5)	No	Yes	Yes
(7)	Yes	No	No

由前文的定义知，单个的结点可以是一个路径，但不是回路，因为它的长度为 0。

根据上述例子，读者一定要注意路径、简单路径、回路和简单回路等几个概念之间的联系和区别。简单路径的起点和终点不能相同；而回路的起点和终点必须相同。

我们下面再回头讨论 4.1 小节提出的问题，在图中找一个遍历所有边恰好一次的回路。

例 4.2.14

1736 年，列昂哈德·欧拉(Leonhard Eular)发表了关于图论的第一篇论文，其中讨论了人们现在所说的“哥尼斯堡七桥问题”。

在哥尼斯堡(Konigsberg，现在俄罗斯的 Kaliningrad)有一条普雷格尔河，河上有两个小岛，用桥将它们与河岸相连(见图 4.2.11)。问题是：是否可以从任意位置 A，B，C 或 D 开始，走过所有的桥恰好一次，并回到出发点。

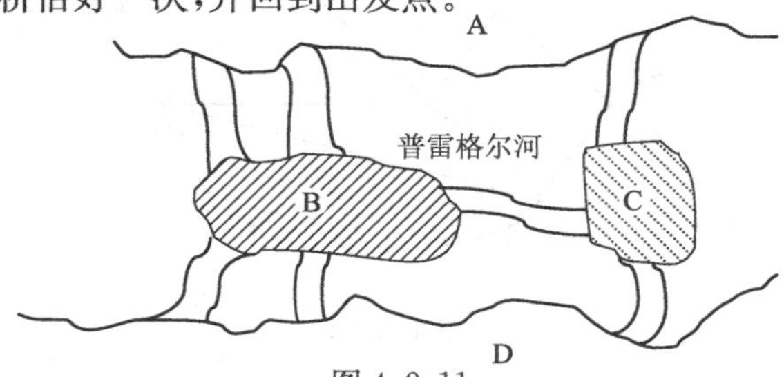

图 4.2.11

该问题可抽象为一个图的问题(见图 4.2.12)。结点代表位置,边代表桥。哥尼斯堡七桥问题现在可归结为在图 4.2.12 中找到一个回路,该回路包含原图中所有的边恰好一次。为了纪念欧拉,人们把包含原图中的所有边一次且仅一次的回路称作欧拉回路。从 4.1 小节的讨论中,我们可看出图 4.2.12 中的图没有欧拉回路,因为与结点 A 相关联的边的个数是奇数。(事实上,在图 4.2.12 中,与每一个结点相关联的边数都是奇数。)

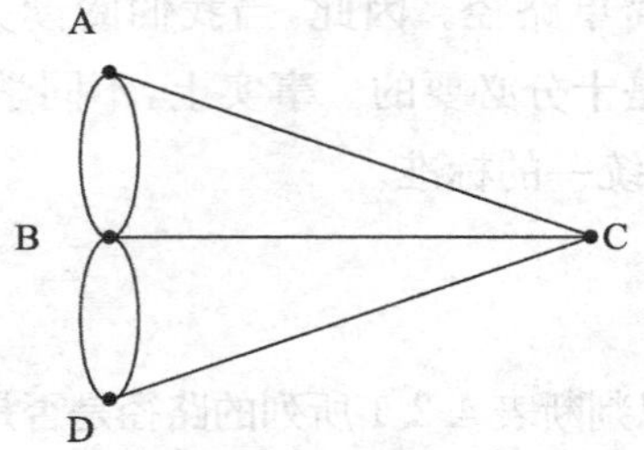

图 4.2.12

为了讨论图中欧拉回路的存在性问题,我们引入结点的度。

在无向图中,与结点 v 相关联的边的数目称为结点 v 的度,记为 $\deg(v)$。通常规定,结点 v 上的环在计算度时要算作两条边。孤立点的度为 0,悬挂点的度为 1。

注意,在有向图里,结点的度可分为入度和出度。对此本书不加讨论。

在 4.1 小节中我们已经发现,如果图 G 含有欧拉回路,那么图 G 中的每个结点的度均为偶数。这就是下面的定理。

定理 4.2.15

设 G 是连通图,则图 G 有欧拉回路的充要条件是 G 的每个结点的度均为偶数。

证明:(略)

在边数较少的情况下,如果 G 是连通图,而且它的每个结点的度均为偶数,我们就可以通过目测找到一个欧拉回路。

例 4.2.16

在图 4.2.13 中,运用定理 4.2.15,容易验证下面图 G 有欧拉回路。

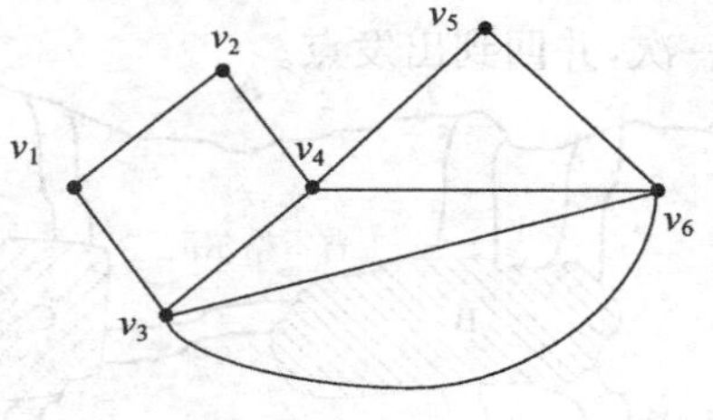

图 4.2.13

我们可以看出图 G 是连通的，且

$$\deg(v_1)=\deg(v_2)=\deg(v_5)=2$$
$$\deg(v_3)=\deg(v_4)=\deg(v_6)=4$$

因为所有结点的度均为偶数，根据定理 4.2.15，图 G 必有欧拉回路。请读者通过观察找出其中的一个欧拉回路。

许多实际问题的求解会用到欧拉回路。如求一条回路，它恰好一次地经过一个街区里的每条街道、或者是一个网络里的每条道路。古代中国“一笔画”数学游戏就与欧拉回路有关。所谓一个图能一笔画是指从图中的某个结点出发，经过所有边一次且仅一次(结点可以重复)，不离开纸面就可以将图画完。如何判断一个图能否一笔画呢？我们有如下结论。

定理 4.2.17

假设 G 是一个连通图，则 G 能一笔画的充分必要条件是图中的奇数度结点的个数为 0 或 2。

例 4.2.18

在图 4.2.14 中，根据定理 4.2.17 知，该图能够一笔画。我们可以找出一条从结点 a 到其自身的遍历每条边恰好一次的路径 a,b,d,e,c,b,e,f,d,c,a。

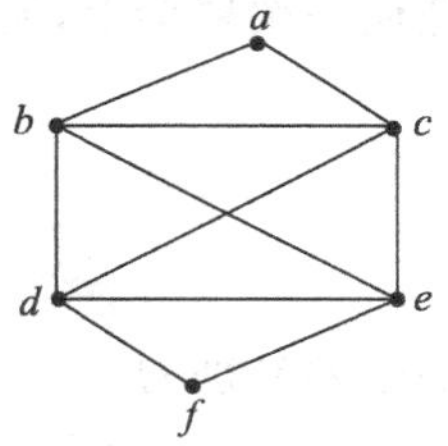

图 4.2.14

在有些图中，并非所有结点的度都是偶数。但是有如下“握手定理”，它是欧拉在 1736 年证明的图论中第一个定理。

定理 4.2.19

若 G 是由 m 条边，n 个结点 $\{v_1,v_2,\cdots,v_n\}$ 所组成的图，那么

$$\sum_{i=1}^{n}\deg(v_i)=2m$$

证明：当计算所有结点的度时，每条边 (v_i,v_j) 都计算两次。一次是在计算结点 v_i 的度数时以 (v_i,v_j) 来计算，另一次是在计算结点 v_j 的度数时以 (v_j,v_i) 来计算，这样就可以得到结论。

从另一个角度，这个定理可以表达为：对于给定的自然数序列 $d_1,d_2,\cdots,d_n$，存在一个无向图 G，其结点的度数序列为 $d_1,d_2,\cdots,d_n$ 的充要条件是 $\sum_{i=1}^{n} d_i = 0(\mathrm{mod}2)$，即 $\sum_{i=1}^{n} d_i$ 能被 2 整除。

请读者画出结点度数分别为 1 和 3 的图。

例 4.2.20

一个具有 10 个结点而且每个结点的度为 6 的图，有多少条边？

因为结点的度数之和为 $6\times10=60$，所以 $2m=60$，$m=30$。

推论 4.2.21

在无向图中，具有奇数度的结点个数必为偶数。

证明：将结点分为两组，一组为偶数度的结点 $x_1,\cdots,x_m$，一组为奇数度的结点 $y_1,\cdots,y_n$

令
$$S=\deg(x_1)+\deg(x_2)+\cdots+\deg(x_m)$$
$$T=\deg(y_1)+\deg(y_2)+\cdots+\deg(y_n)$$

根据定理 4.2.19，$S+T$ 为偶数。因为 S 是偶数之和，所以 S 是偶数，则 T 也必是偶数。然而 T 是 n 个奇数之和，因此 n 是偶数。

由上述的定理和推论可知，在任何一次聚会上，所有人握手次数之和必为偶数，并且握奇数次手的人数必为偶数。

例 4.2.22

是否存在一个无向图，其度数的序列分别为

(1) 7,5,4,2,2,1；

(2) 4,4,3,3,2,2。

序列(1)中奇数的个数为奇数，根据"握手定理"的推论 4.2.22 知，不可能存在这样的图。

序列(2)中奇数的个数为偶数，可以得到一个无向图，其度数的序列为 4,4,3,3,2,2。请读者自行画出这个图。

假设某个连通图 G 只有两个奇数度的结点 v,w。我们从 v 到 w 加入一条临时边 e，此时图 G 的每个结点都有偶数度。根据定理 4.2.15，G 有欧拉回路。若删去该欧拉回路中的边 e，可得到一条从 v 到 w 没有重复边的路径，该路径包含 G 的所有边和结点。这样可得到结论：若一个图只有两个奇数度的结点 v,w，则存在一条从 v 到 w 没有重复边的路径，该路径包含图 G 的所有边和结点。这就是下面的结论。

定理 4.2.23

图 G 有一条从 v 到 $w(v \neq w)$ 没有重复边的路径，且该路径包含了图的所有结点和边的充要条件是它是连通的，且只有 v 和 w 是奇数度的结点。

证明：假设一个图有一条从结点 v 到 w 的路径 P，该路径不含重复边且包含了该图的所有结点和边，则该图是连通的。如果我们在结点 v 和 w 之间增加一条边 e，则所产生的图含有一个欧拉回路，该欧拉回路由路径 P 和增加的边 e 组成。由定理 4.2.15，每个结点的度数是偶数，那么删去增加的那条边之后，只使得结点 v 和 w 的度数都去掉 1。因此，在原来的图中，结点 v 和 w 的度数为奇数，而其他结点的度数均为偶数。

定理 4.2.24

如果图 G 包含一个从结点 v 到其自身的回路，则 G 就包含了一个从结点 v 到其身的简单回路。

证明：令 $c=(v_0,e_1,v_1,\cdots,v_i,e_{i+1},v_{i+1},\cdots,v_j,e_{j+1},v_{j+1},\cdots,e_n,v_n)$ 是从 v 到 v 的回路，其中 $v=v_0=v_n$。如果 c 不是简单回路，则必会出现两个重复的结点，不妨设 $v_i=v_j$，其中 $i<j<n$。此时我们删除从 v_i 到 v_j 之间的回路，用回路 $c=(v_1,e_1,v_1,\cdots,e_i,v_i,e_{j+1},v_{j+1},\cdots,e_n,v_n)$ 来代替回路 c，若 c' 不是从 v 到 v 的简单回路，可重复上述过程，直至得到了从 v 到 v 的简单回路。

例 4.2.25

某部门有 25 人，由于纠纷致使人际关系十分紧张，那么是否可使每个人与其他 5 个人相处融洽？

分析：从哪里入手呢？我们试着将该问题化为图模型。建立一个图模型的最基本的问题是如何描述它，即什么是结点？什么是边？在本例中，没有太多的选择，我们只有人和纠纷。可试着用结点代表人，用边代表人之间的关系。在这里，结点的关系是“关系融洽”，因此，若两个结点（或人）的关系融洽，就在它们之间连上一条边。

解：现假设每个人与其他 5 个人关系融洽。比如 Jeremy 与 Samantha，Alexander，Lance，Bret 和 Tiffany 关系融洽，再不与其他人关系融洽，由此可以建立一个图。这就是说，每个结点的度数为 5。我们总共有 25 个结点，每个结点的度数是 5。所有结点的总度数为 125，这与定理 4.2.19 矛盾。因此，本例所提问题的要求是不可能实现的。

习题 4.2

1. 判断图 4.2.15 所给的路径是否为简单路径、回路、简单回路。

(1) (b,b)　　(2) (e,d,c,b,e)

(3) (a,d,c,e,d)　　(4) (d,c,b,e,d)

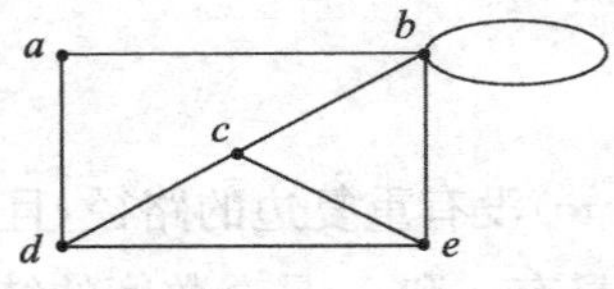

图 4.2.15

(5) (b,c,d,a,b,e,c,b)　　(6) (a,d,c,e,b)

(7) (d)　　(8) (d,c,b,e,c)

2. 画出满足所给条件的图,如果不存在,请说明为什么。

(1) 6 个结点,且度均为 3。

(2) 5 个结点,且度均为 3。

(3) 4 个结点,且度均为 1。

(4) 6 个结点,4 条边。

(5) 4 条边,4 个结点,结点的度分别为 1,2,3,4。

(6) 4 个结点,度分别为 1,2,3,4。

(7) 简单图,6 个结点,度分别为 1,2,3,4,5,5。

(8) 简单图,5 个结点,度分别为 2,3,3,4,4。

3. 找出图 4.2.16 中的所有简单回路。

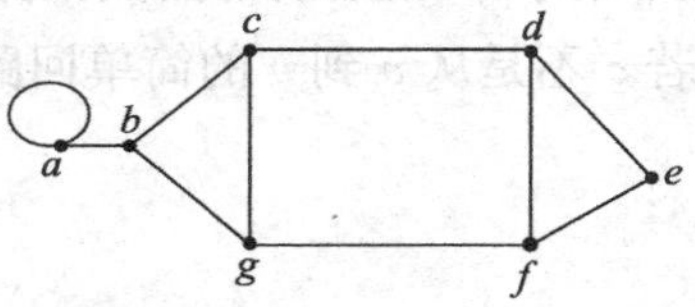

图 4.2.16

4. 找出第 3 题中所有从 a 到 e 的简单路径。

5. 找出图 4.2.17 和图 4.2.18 各图的至少含有一个结点的子图。

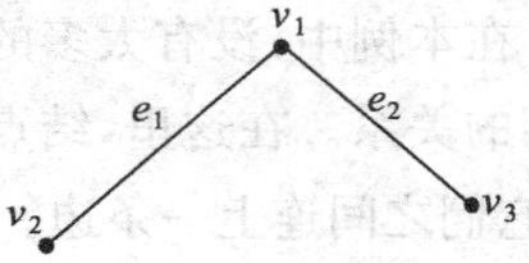

图 4.2.17

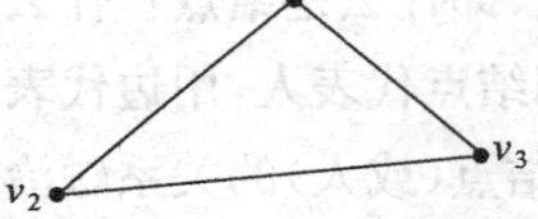

图 4.2.18

6. 在什么情况下,完全图 K_n 有欧拉回路,完全偶图 $K_{m,n}$ 有欧拉回路?

7. 验证图 4.2.19 中具有奇数度的结点是否有偶数个?找出从 a 到 g 没有重复边且遍历图中所有边的路径。

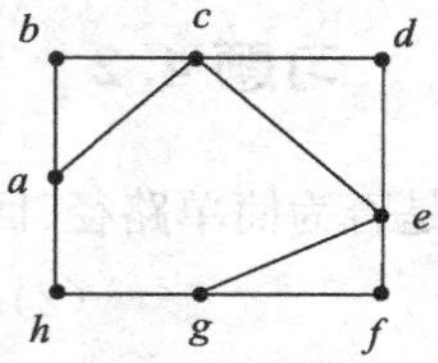

图 4.2.19

8. 判断图 4.2.20 中的路径$(v_2, v_3, v_4, v_2, v_6, v_1, v_2)$是否是一个简单路径，或回路，或简单回路？图中是否存在欧拉回路，为什么？

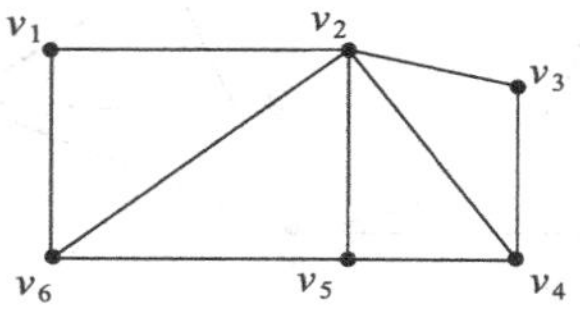

图 4.2.20

4.3　哈密尔顿回路

1857 年，爱尔兰数学家威廉·哈密尔顿爵士(William Rowan Hamilton，1805—1865)开发了一种游戏，并且卖给了都柏林的玩具生产商。这个游戏由一个木制的正十二面体组成，它有 20 个顶点(结点)，每个顶点分别标有著名城市的名字。游戏的目标是从任意城市出发，沿着棱访问每个城市恰好一次后，再回到原城市(见图 4.3.1)。正十二面体的一个等价图由图 4.3.2 给出。如果我们能找出图 4.3.2 所示图的一个回路，该回路包含每个结点恰一次(除开始和终止结点出现两次)，就可解决哈密尔顿问题。

为了纪念哈密尔顿，若图中存在一个回路，除了开始结点和终止结点在回路中出现两次外，其他所有结点都在回路中恰好只出现一次，就称该回路为哈密尔顿回路。

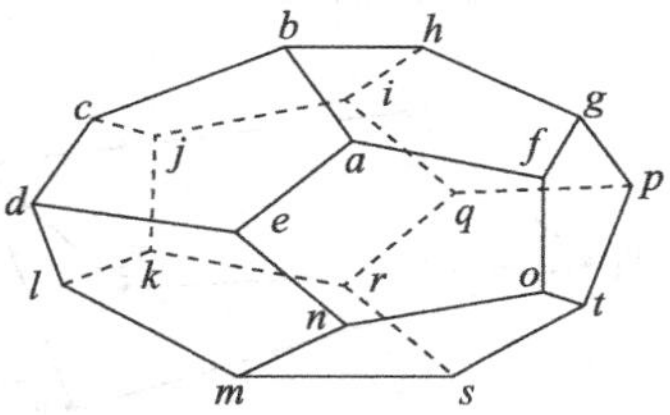

图 4.3.1

为了得到哈密尔顿问题的解，我们将正十二面体投影在平面上得到图 4.3.2 所示的无向图，从此图中可以得到一个哈密尔顿回路(见图 4.3.3)。

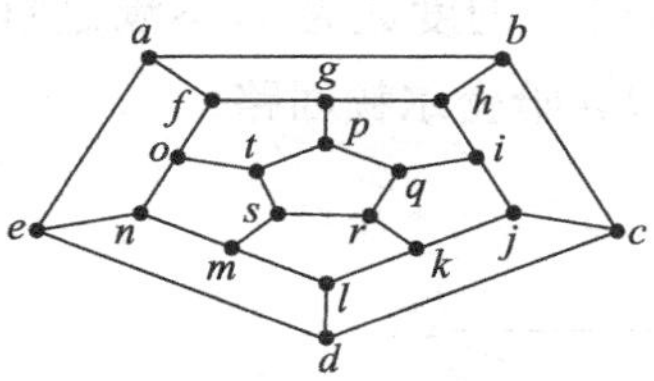

图 4.3.2

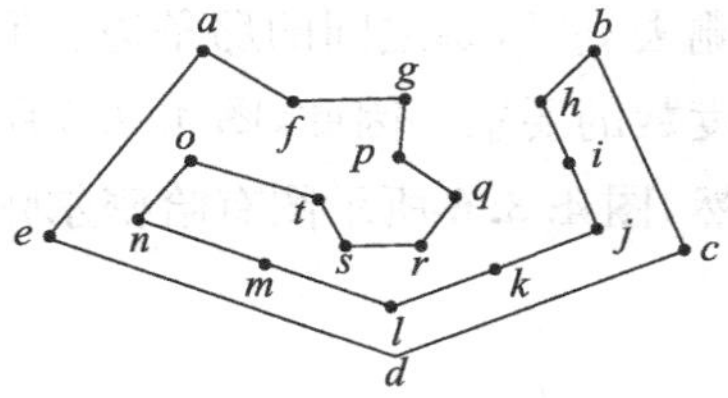

图 4.3.3

例 4.3.1

回路(a,b,c,d,e,f,a)就是图 4.3.4 所示图的一个哈密尔顿回路，(a,b,d,c,e,f,a)

是另一个哈密尔顿回路。

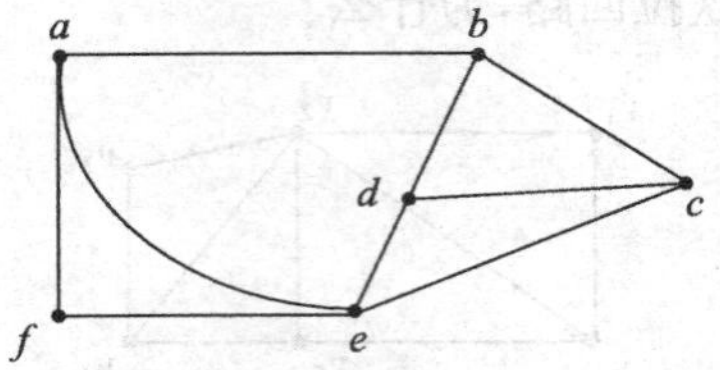

图 4.3.4

找出图中的哈密尔顿回路，看上去与找出图中的欧拉回路十分相似。其实，欧拉回路要求遍历图中的每条边一次，此时的边不能重复而结点可以重复；而哈密尔顿回路要求遍历图中的每个结点一次，而有些边可能不被遍历。所以，这两个问题是完全不同的，两者之间没有必然联系。例如，图 4.3.4 不含有欧拉回路，因为图中有奇数度的结点；但是有哈密尔顿回路。而且不同于欧拉回路存在的判定条件(见定理 4.2.15)，判定一个图是否存在哈密尔顿回路是非常困难的，目前还未发现比较有效的关于哈密尔顿回路存在性的充要条件，但是很多充分条件已经被找到，详细可查阅相关资料文献。

下面的例子告诉我们如何证明一个图中没有哈密尔顿回路。

例 4.3.2

证明图 4.3.5 所示的图中不含哈密尔顿回路。

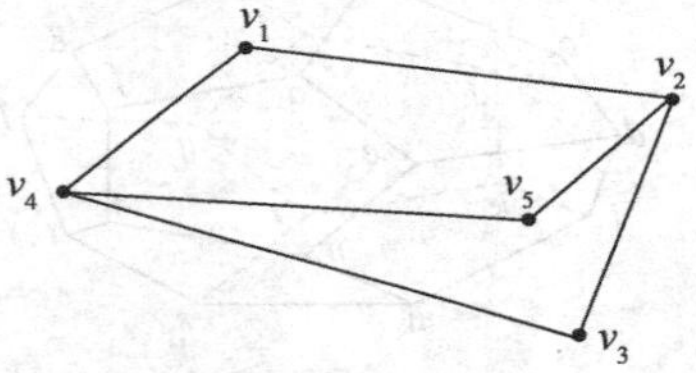

图 4.3.5

由于有 5 个结点，哈密尔顿回路必须有 5 条边。假设我们可从图中删去一些边，使得图中只存在一个哈密尔顿回路。因为哈密尔顿回路中的每个结点的度均为 2，所以我们必须删去 v_2 和 v_5 之间的那条边。但是，这时结点 v_5 的度数为 1，不满足哈密尔顿回路中结点度数的要求。因此，图 4.3.5 所示图中不包含哈密尔顿回路。

显然，图 4.3.6 所示图有哈密尔顿回路。

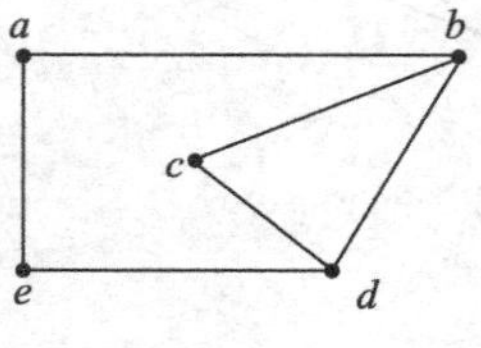

图 4.3.6

例 4.3.3

证明图 4.3.7 所示的图 G 不含哈密尔顿回路。

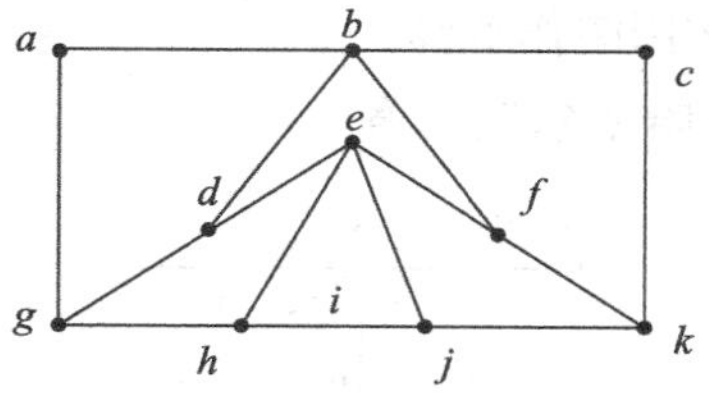

图 4.3.7

假设 G 有哈密尔顿回路 H。因为哈密尔顿回路中的每个结点的度数为 2，则边 (a,b)，(a,g)，(c,b) 和 (c,k) 必须在 H 中，因而边 (b,d) 和 (b,f) 必不在 H 中。因此边 (d,g)，(d,e)，(f,e) 和 (f,k) 必在 H 中。于是这些在 H 中的边就形成了一个回路 C。如果再添加一条边到 C 中，就会使 H 中的某个结点的度数超过 2。这就与哈密尔顿回路中每个结点的度数为 2 相矛盾，从而 G 没有哈密尔顿回路。

旅行商问题(或货郎担问题，Traveling Salesman Problem，TSP)：有 n 个城镇，其中任意两个城镇之间都有道路，一个推销员要去这 n 个城镇售货，从某城镇出发，依次访问其余 $n-1$ 个城镇且每个城镇只能访问一次，最后又回到原出发地。问推销员要如何安排经过 n 个城镇的行走路线才能使他所走的路程最短？

该问题其实是：给定一个加权图 G，找出 G 中具有最短路径的哈密尔顿回路。如果我们将加权图中的结点看作城市，加权边看作距离，旅行商问题就成为找出一条最短路线，使得推销员从某个城市出发，遍历每个城市一次，最后回到出发城市。这是一个比判断某个图是否有哈密尔顿回路更困难的问题。

当然，如果加权图是一个 3 阶及以上的完全无向图，存在哈密尔顿回路是显然的。求解 TSP，可以先将所有的哈密尔顿回路找出来，再比较它们权值的大小，求出权值最小的哈密尔顿回路即可。但对于阶数较大的加权图，这样计算的工作量实在太大了。

例 4.3.4

回路 $C=(a,b,c,d,a)$ 是图 4.3.8 中 K_4 图的一个哈密尔顿回路。用 G 中的任意一条标记为 11 的边来替换 C 中的边都会增加 C 的长度，因此 C 是 G 中最短的哈密尔顿回路。因此，回路 C 解决了图 G 的旅行商问题。

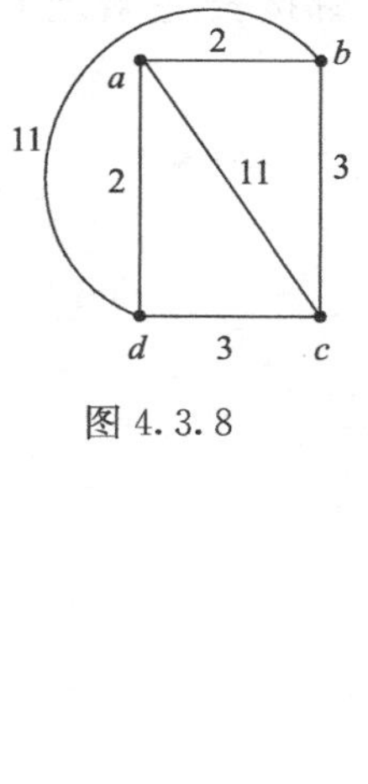

图 4.3.8

习题 4.3

1. 一只蚂蚁可否从立方体的一个顶点出发，沿着棱爬行，经过每一个顶点一次且仅一次，最后回到原出发点？试用图作解释。

2. 证明图 4.3.9 中不含哈密尔顿回路。

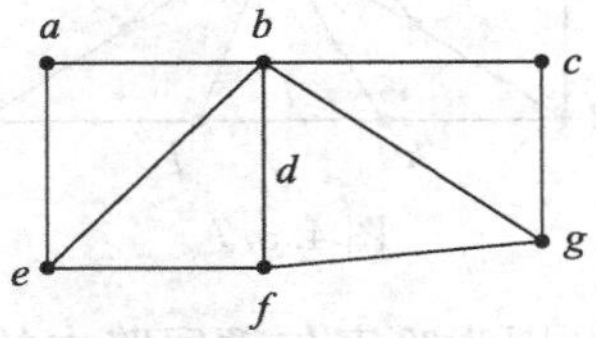

图 4.3.9

3. 给出一个含有欧拉回路，但不含哈密尔顿回路的图例。

4. 给出一个有欧拉回路，而且该欧拉回路又是哈密尔顿回路的图例。

5. 证明：$n \geqslant 3$ 时，完全图 K_n 有哈密尔顿回路。

6. 求图 4.3.10 中旅行商问题的一个解。

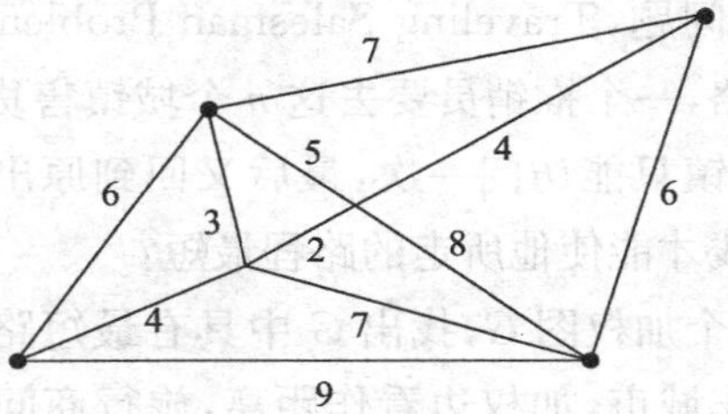

图 4.3.10

4.4 图的矩阵表示

图的表示方式有很多种。比如，将一个图画出来就是最直观的表示方式。又如，列出图的所有边也是表示不带平行边的图的方式。另一种表示不带平行边的图的方式是邻接表，它规定了与图的每个结点相邻接的结点。用邻接表描述图 4.4.1，见表 4.4.1。

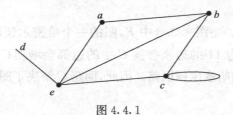

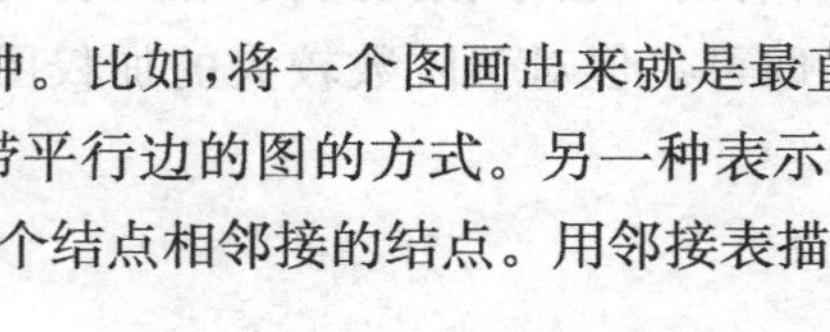

图 4.4.1

表 4.4.1

结点	相邻接的结点
a	b,e
b	a,c
c	b,c,e
d	e
e	a,b,c,d

但是,如果一个图包含许多的边,那么把图表示为邻接表就不便于执行图的算法。为了便于计算机分析、存储和处理图的问题,我们需要更为规范的表示方法:用矩阵表示图。在此,我们介绍两种常用的表示图的矩阵。一种是基于结点相邻关系的邻接矩阵,另一种是基于结点与边相关联的关联矩阵。

例 4.4.1　邻接矩阵

图 4.4.2 是一个简单图,为了获得该图的邻接矩阵,我们首先把它的结点排成一个序列,比如 a,b,c,d,e,然后按这个序列在矩阵的行和列上标记出结点名称。如果行和列上标记的结点在图中是相互邻接的,也就是说,这一对结点之间存在连接的边,我们就把矩阵中对应行列处的元素记为 1,否则记为 0。图 4.4.2 的邻接矩阵表示如下:

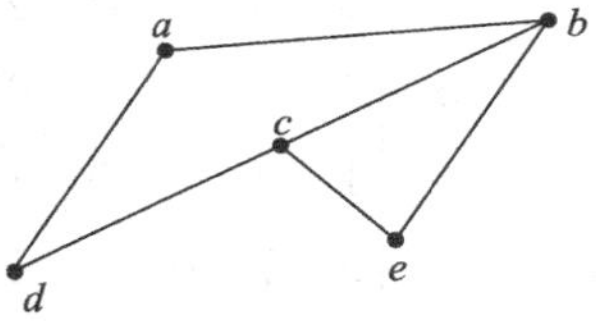

图 4.4.2

$$\mathbf{A} = \begin{array}{c} \\ a \\ b \\ c \\ d \\ e \end{array} \begin{array}{c} \begin{array}{ccccc} a & b & c & d & e \end{array} \\ \begin{pmatrix} 0 & 1 & 0 & 1 & 0 \\ 1 & 0 & 1 & 0 & 1 \\ 0 & 1 & 0 & 1 & 1 \\ 1 & 0 & 1 & 0 & 0 \\ 0 & 1 & 1 & 0 & 0 \end{pmatrix} \end{array}$$

一般地,若 $\mathbf{A}=(a_{ij})$是邻接矩阵,则

$$a_{ij}=\begin{cases}1,若\{v_i,v_j\}是 G 的一条边\\0,\{v_i,v_j\}不是 G 的一条边\end{cases}$$

显然,图 G 的邻接矩阵是一个 0—1 方阵,并且图的邻接矩阵依赖于所选择的结点顺序。读者可以发现,不带平行边和环的简单图的邻接矩阵是关于主对角线对称的,其主对角线上的每一个元素 $a_{ii}=0$。同时可以看到,在一个简单图 G 的邻接矩阵中,如果把标记为结点 a 的行(或列)上的所有元素相加,就可以得到该结点 a 的度数。

例 4.4.2

考虑图 4.4.1，根据上述的方法，我们可以得到图 4.4.1 的邻接矩阵如下：

$$\boldsymbol{B}=\begin{matrix} & \begin{matrix} a & b & c & d & e \end{matrix} \\ \begin{matrix} a \\ b \\ c \\ d \\ e \end{matrix} & \begin{pmatrix} 0 & 1 & 0 & 0 & 1 \\ 1 & 0 & 1 & 0 & 1 \\ 0 & 1 & 1 & 0 & 1 \\ 0 & 0 & 0 & 0 & 1 \\ 1 & 1 & 1 & 1 & 0 \end{pmatrix} \end{matrix}$$

由此可见，邻接矩阵也可以用来描述一个带环的图。在有环的图中，主对角线上的有些元素 $a_{ii}\neq 0$。

当然，我们可以修改邻接矩阵的定义，使邻接矩阵也能表示带平行边的图。比如，令邻接矩阵的第 i 行第 j 列上的元素 a_{ij} 等于结点 v_i、v_j 之间关联边的数目。此时，当图中出现平行边时，邻接矩阵就不再是 0—1 方阵了。

例 4.4.3

续接前文，图 4.4.2 的邻接矩阵是：

$$\mathbf{A}=\begin{matrix} & \begin{matrix} a & b & c & d & e \end{matrix} \\ \begin{matrix} a \\ b \\ c \\ d \\ e \end{matrix} & \begin{pmatrix} 0 & 1 & 0 & 1 & 0 \\ 1 & 0 & 1 & 0 & 1 \\ 0 & 1 & 0 & 1 & 1 \\ 1 & 0 & 1 & 0 & 0 \\ 0 & 1 & 1 & 0 & 0 \end{pmatrix} \end{matrix}$$

邻接矩阵 **A** 的平方为

$$\mathbf{A}^2=\begin{pmatrix} 0 & 1 & 0 & 1 & 0 \\ 1 & 0 & 1 & 0 & 1 \\ 0 & 1 & 0 & 1 & 1 \\ 1 & 0 & 1 & 0 & 0 \\ 0 & 1 & 1 & 0 & 0 \end{pmatrix}\begin{pmatrix} 0 & 1 & 0 & 1 & 0 \\ 1 & 0 & 1 & 0 & 1 \\ 0 & 1 & 0 & 1 & 1 \\ 1 & 0 & 1 & 0 & 0 \\ 0 & 1 & 1 & 0 & 0 \end{pmatrix}$$

$$=\begin{matrix} & \begin{matrix} a & b & c & d & e \end{matrix} \\ \begin{matrix} a \\ b \\ c \\ d \\ e \end{matrix} & \begin{pmatrix} 2 & 0 & 2 & 0 & 1 \\ 0 & 3 & 1 & 2 & 1 \\ 2 & 1 & 3 & 0 & 1 \\ 0 & 2 & 0 & 2 & 0 \\ 1 & 1 & 1 & 1 & 2 \end{pmatrix} \end{matrix}$$

考虑矩阵 $\mathbf{A}^2$ 中第 a 行第 c 列的元素，它的值等于矩阵 **A** 的第 a 行与 **A** 的第 c 列对应元素的乘积的之和：

$$\begin{array}{c} \\ a \end{array}\begin{array}{c} \quad b \qquad d \\ (0\ \ 1\ \ 0\ \ 1\ \ 0) \end{array}\begin{array}{c} c \\ \begin{pmatrix} 0 \\ 1 \\ 0 \\ 1 \\ 1 \end{pmatrix} \end{array}\begin{array}{l} \\ b \\ \\ d \\ \\ \end{array} = 0\times0+1\times1+0\times0+1\times1+0\times1=2$$

只有当两个相乘的对应元素都是1时，累加之和才会出现非零的结果。这就意味着，存在一个结点 v，在第 a 行与第 c 列中的元素值都是1。换句话说，图中必然存在着边 (a,v) 和边 (v,c)。这两条边就形成了从 a 到 c 的长度为2的一条路径 (a,v,c)，并且使累加之和增加1。在上面的例子中，因为存在两条从 a 到 c 的长度为2的路径 (a,b,c) 和 (a,d,c)，所以累加之和为2。一般地，$\boldsymbol{A}^2$ 中任意的第 i 行第 j 列的元素的值就是从结点 v_i 到结点 v_j 的、长度为2的路径个数。

$\boldsymbol{A}^2$ 的主对角线上元素则等于其对应结点的度(当图是简单图时)。比如，考虑结点 c，c 的度是3，与它关联的三条边分别是 (c,b)，(c,d) 和 (c,e)，而每一条边都可以形成一条从 c 到 c、长度为2的路径，它们是：

$$(c,b,c),(c,d,c),(c,e,c)$$

同样地，一条从 c 到 c 的长度为2的路径也确定了 c 的一条关联边。因此，由 c 到 c 的长度为2的路径个数为3，可以确定 c 的度数为3。

一般地，邻接矩阵 $\boldsymbol{A}$ 的 n 次幂 $\boldsymbol{A}^n$ 中的元素就等于长度为 n 的路径数目。这就是如下定理。

定理 4.4.4

如果 $\boldsymbol{A}$ 是简单图 G 的邻接矩阵，则 $\boldsymbol{A}^n$ 中第 i 行第 j 列的元素 a_{ij} 等于图 G 中从结点 i 到结点 j 的长度为 n 的路径个数，其中 $n=1,2,\cdots$

证明：此处略。

例 4.4.5

由例4.4.3，我们得知 $\boldsymbol{A}$ 为简单图4.4.2的邻接矩阵，并且

$$\boldsymbol{A}^2 = \begin{array}{c} \\ a \\ b \\ c \\ d \\ e \end{array}\begin{array}{c} \begin{array}{ccccc} a & b & c & d & e \end{array} \\ \begin{pmatrix} 2 & 0 & 2 & 0 & 1 \\ 0 & 3 & 1 & 2 & 1 \\ 2 & 1 & 3 & 0 & 1 \\ 0 & 2 & 0 & 2 & 1 \\ 1 & 1 & 1 & 1 & 2 \end{pmatrix} \end{array}$$

相乘得，$A^4 = A^2 \cdot A^2 = \begin{pmatrix} 2 & 0 & 2 & 0 & 1 \\ 0 & 3 & 1 & 2 & 1 \\ 2 & 1 & 3 & 0 & 1 \\ 0 & 2 & 0 & 2 & 1 \\ 1 & 1 & 1 & 1 & 2 \end{pmatrix} \begin{pmatrix} 2 & 0 & 2 & 0 & 1 \\ 0 & 3 & 1 & 2 & 1 \\ 2 & 1 & 3 & 0 & 1 \\ 0 & 2 & 0 & 2 & 1 \\ 1 & 1 & 1 & 1 & 2 \end{pmatrix}$

$$= \begin{matrix} & a & b & c & d & e \\ a & 9 & 3 & 11 & 1 & 6 \\ b & 3 & 15 & 7 & 11 & 8 \\ c & 11 & 7 & 15 & 3 & 8 \\ d & 1 & 11 & 3 & 9 & 6 \\ e & 6 & 8 & 8 & 6 & 8 \end{matrix}$$

矩阵 A^4 中 d 行 e 列上的元素等于 6，这表示存在 6 条从结点 d 到结点 e 且长度为 4 的路径。从图中得知，这 6 条路径为：

(d,a,d,c,e)，(d,a,b,c,e)，(d,c,d,c,e)，

(d,c,e,c,e)，(d,c,e,b,e)，(d,c,b,c,e)。

例 4.4.6

已知图 G 相对于结点顺序 a,b,c,d 的邻接矩阵如下，画出其对应的图。

$$\begin{pmatrix} 0 & 1 & 1 & 0 \\ 1 & 0 & 0 & 1 \\ 1 & 0 & 0 & 1 \\ 0 & 1 & 1 & 0 \end{pmatrix}$$

解：这个邻接矩阵所对应的图如图 4.4.3 所示。

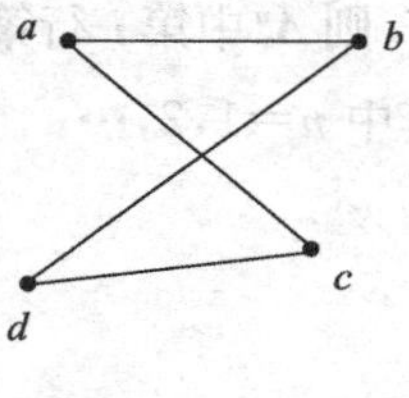

图 4.4.3

例 4.4.7　关联矩阵

关联矩阵用来表示图中的节点与边的关联关系。为了得到图 4.4.4 的关联矩阵，我们用结点 v 标记矩阵的行，用边 e 标记矩阵的列（按某一顺序），如果结点 v 与边 e 相关联，则关联矩阵中第 v 行，第 e 列的元素就置为 1，否则为 0。

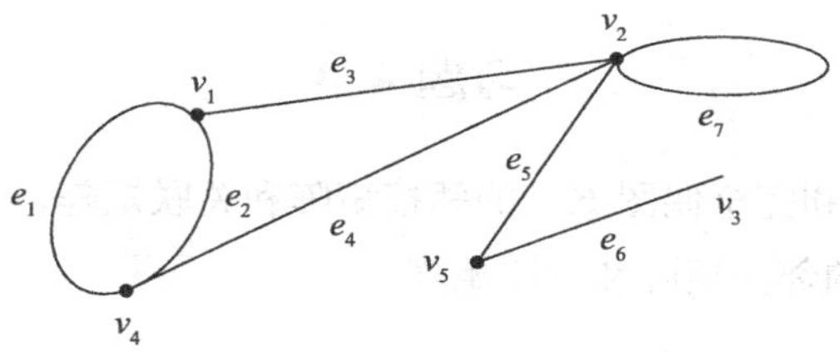

图 4.4.4

因此,图 4.4.4 的关联矩阵为

$$\begin{array}{c} \\ v_1 \\ v_2 \\ v_3 \\ v_4 \\ v_5 \end{array}\begin{array}{c} \begin{array}{ccccccc} e_1 & e_2 & e_3 & e_4 & e_5 & e_6 & e_7 \end{array} \\ \begin{pmatrix} 1 & 1 & 1 & 0 & 0 & 0 & 0 \\ 0 & 0 & 1 & 1 & 1 & 0 & 1 \\ 0 & 0 & 0 & 0 & 0 & 1 & 0 \\ 1 & 1 & 0 & 1 & 0 & 0 & 0 \\ 0 & 0 & 0 & 0 & 1 & 1 & 0 \end{pmatrix} \end{array}$$

注意:其中 e_7 列表示一个环。

一般地,设 $G=(V,E)$ 是无向图,$v_1,v_2,\cdots,v_n$ 是结点,$e_1,e_2,\cdots,e_m$ 是边,则相对于 V 和 E 的这个顺序的关联矩阵 $\boldsymbol{M}$ 是 $n\times m$ 矩阵(m_{ij}),其中

$$m_{ij}=\begin{cases}1,\text{当结点 } v_i \text{ 关联边 } e_j \text{ 时} \\ 0,\text{当结点 } v_i \text{ 不关联边 } e_j \text{ 时}\end{cases}$$

此处要注意结点与边的排列顺序。

关联矩阵既可以表示平行边,又可以表示环。我们看到,如果一个图不含有环,那么其关联矩阵的每一列只有两个元素为 1,其余均为 0;而某一行的所有元素之和就表示该行所代表的结点的度。

例 4.4.8

根据图 4.4.5 写出其关联矩阵。

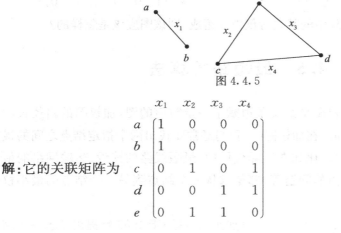

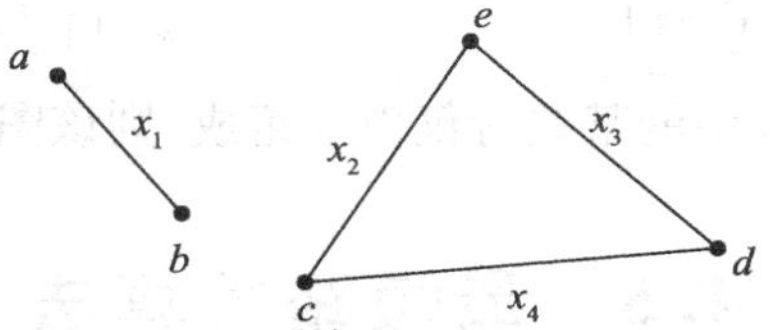

图 4.4.5

解:它的关联矩阵为

$$\begin{array}{c} \\ a \\ b \\ c \\ d \\ e \end{array}\begin{array}{c} \begin{array}{cccc} x_1 & x_2 & x_3 & x_4 \end{array} \\ \begin{pmatrix} 1 & 0 & 0 & 0 \\ 1 & 0 & 0 & 0 \\ 0 & 1 & 0 & 1 \\ 0 & 0 & 1 & 1 \\ 0 & 1 & 1 & 0 \end{pmatrix} \end{array}$$

习题 4.4

1. 写出完全图 K_5 和完全偶图 $K_{2,3}$ 的邻接矩阵和关联矩阵。
2. 写出图 4.4.6 的邻接矩阵和关联矩阵。

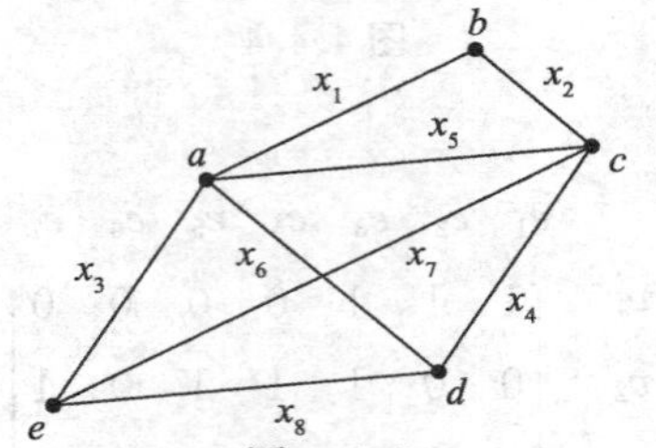

图 4.4.6

3. 根据所给的邻接矩阵画出对应的图。

$$(1)\quad \begin{array}{c} \\ a \\ b \\ c \\ d \\ e \end{array} \begin{array}{c} \begin{array}{ccccc} a & b & c & d & e \end{array} \\ \begin{pmatrix} 1 & 0 & 0 & 1 & 0 \\ 0 & 0 & 1 & 0 & 1 \\ 0 & 1 & 1 & 1 & 1 \\ 1 & 0 & 1 & 0 & 0 \\ 0 & 1 & 1 & 0 & 0 \end{pmatrix} \end{array} \qquad (2)\quad \begin{array}{c} \\ a \\ b \\ c \\ d \\ e \end{array} \begin{array}{c} \begin{array}{ccccc} a & b & c & d & e \end{array} \\ \begin{pmatrix} 0 & 1 & 0 & 0 & 0 \\ 1 & 0 & 0 & 0 & 0 \\ 0 & 0 & 0 & 1 & 1 \\ 0 & 0 & 1 & 0 & 1 \\ 0 & 0 & 1 & 1 & 1 \end{pmatrix} \end{array}$$

4. 计算第 2 题所给图的邻接矩阵的平方。
5. 设 $\mathbf{A}$ 是第 2 题所给图的邻接矩阵，求 $\mathbf{A}^5$ 中第 a 行第 d 列上元素的值。
6. 画出下列关联矩阵所对应的图。

$$(1)\quad \begin{array}{c} a \\ b \\ c \\ d \\ e \end{array} \begin{pmatrix} 1 & 0 & 0 & 0 & 0 & 1 \\ 0 & 1 & 1 & 0 & 1 & 0 \\ 1 & 0 & 0 & 1 & 0 & 0 \\ 0 & 1 & 0 & 1 & 0 & 0 \\ 0 & 0 & 1 & 0 & 1 & 1 \end{pmatrix} \qquad (2)\quad \begin{array}{c} a \\ b \\ c \\ d \\ e \end{array} \begin{pmatrix} 0 & 1 & 0 & 0 & 1 & 1 \\ 0 & 1 & 1 & 0 & 1 & 0 \\ 0 & 0 & 0 & 0 & 0 & 1 \\ 1 & 0 & 0 & 1 & 0 & 0 \\ 1 & 0 & 0 & 1 & 0 & 0 \end{pmatrix}$$

7. 如果图 G 的关联矩阵中的某些行仅由 0 组成，则该图应该是怎样的？

4.5 最短路径算法

根据本章 4.1 小节，加权图是给每条边赋了一定数值的图，加权图的路径长度为此路径上所有边的权值的总和。在加权图中，我们经常要找出两个指定结点之间的最短路径(如果有最小长度的路径)。比如在实际应用中，最短线路的铺设、运输网络的最少时间、以及互联网上的最短路由的问题等，都是求从一个结点到另一个结点的最小权值的路径。

著名的荷兰计算机专家 E. W. Dijkstra(迪杰斯特拉)于 1959 年提出了求一个结点到

其他任意结点的最短路径算法，是迄今为止被大家公认的有效算法，其时间复杂度为 $o(n^2)$，这里 n 为图中的结点数。

Dijkstra 算法要求对结点指定标号。令 $L(v)$ 表示结点 v 的标号。开始时，所有结点都有一个临时标号。算法每迭代一次，都将一个临时标号改为固定标号。当 z 为固定标号时，算法结束，此时 $L(z)$ 即为从 a 到 z 的最短路径长度。令 T 表示具有临时标号的结点集合。在下面的算法说明中，我们将圈出有固定标号的结点。在此假设，图 G 是连通加权图，边的权值是整数，用 $w(i,j)$ 表示边 (i,j) 的权值。

算法 4.5.1　Dijkstra 最短路径算法

运用该算法求出一个连通加权图从 a 到 z 的最短路径。边 (i,j) 的权记为 $w(i,j)$，且结点 x 的标号为 $L(x)$。结束时，$L(z)$ 即为从 a 到 z 的最短路径的长度

```
输入:所有权为整数的连通加权图,起始结点 a 和终止结点 z
输出:L(z),从 a 到 z 的最短路径的长度
(1) Procedure dijkstra(a,z,L)
(2)     L(a):=0  //将结点 a 的标号设为 0
(3)     for 所有结点 x≠a do
(4)       L(x):=∞    //将其他结点的标号设为∞
(5)                  //以上的 2~4 行初始化所有结点的标号
(6)   T:=所有结点集
(7)/        /T 是从 a 开始的最短路径的结点集
(8)   while z∈T do //判断最短路径的终点 z 是否在 T 中
(9)     begin
(10)       从 T 中选择有最小标号 L(v) 的结点 v    //第一次循环时 v=a
(11)       T:=T-{v}       //从结点集 T 中删去最小标号的结点
(12)       for  每个与 v 相关联的 x∈T do
(13)         L(x):=min{L(x),L(v)+w(v,x)} //给结点 x 赋新标号
(14)     end
(15)   end dijkstra
```

例 4.5.2

下面我们说明利用 Dijkstra 最短路径算法 4.5.1 是如何找出图 4.5.1 中从结点 a 到 z 的最短路径的长度的。（T 中的结点是未圈定的且具有临时标号，圈定的结点有固定标号。）

图 4.5.2 显示了运行 2～4 行后的结果，行 2 把起始结点标号为 0，行 3～4 则将其他结点标号为∞。行 6 定义临时结点集 $T=\{a,b,c,d,e,f,g,z\}$。在第 8 行处，$z\in T$，即 z 没有被圈定。运行到 10 行时，具有最小标号且未被圈定的结点是 a（a 被设为最短路径的起点，算法中定义 $L(a)=0$）。

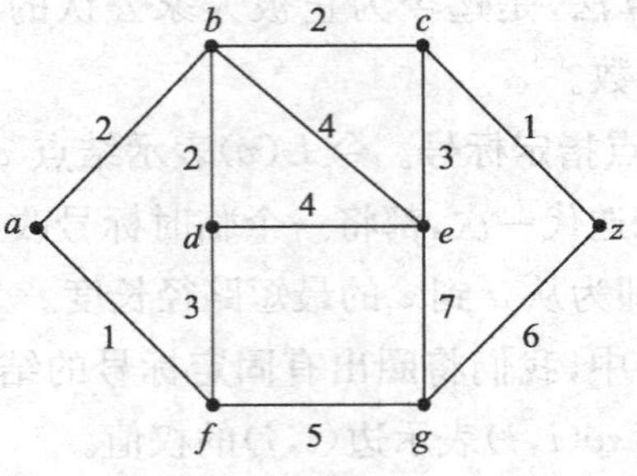

图 4.5.1

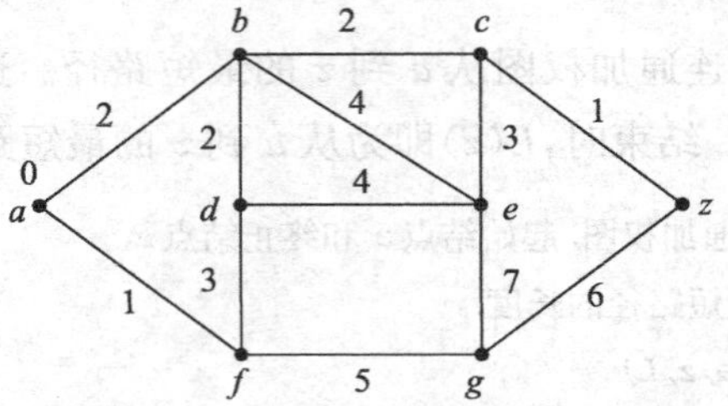

图 4.5.2 Dijkstra 算法的初始状态

下面我们选择并圈定 a(见图 4.5.3)。此时，行 11 中的 $T=\{b,c,d,e,f,g,z\}$。在 12～13 行，更新 T 中每个与 a 相关联且未被圈定的结点 b 和 f 的标号，新标号为 $L(b):=\min\{\infty,0+2\}=2$，$L(f):=\min\{\infty,0+1\}=1$(见图 4.5.3)。在此之后结点集 T 中结点的标号只有 b 和 f 发生了变化。结点集及标号值为$\{b(2),c(\infty),d(\infty),e(\infty),f(1),g(\infty),z(\infty)\}$。

然后回到第 8 行。由于 z 未被圈定，重新运行到第 10 行，选择未被圈定且具有最小标号的结点 f(因为 $L(f)=1$)，圈定 f(见图 4.5.4)。到第 11 行时，$T=\{b,c,d,e,g,z\}$。在第 12,13 行，更新 T 中每个与 f 相关联的且未被圈定的结点 d 和 g 的标号，新标号为 $L(d):=\min\{\infty,1+3\}=4$，$L(g):=\min\{\infty,1+5\}=6$。在此之后，结点集 T 中结点的标号值变化为$\{b(2),c(\infty),d(4),e(\infty),g(6),z(\infty)\}$。

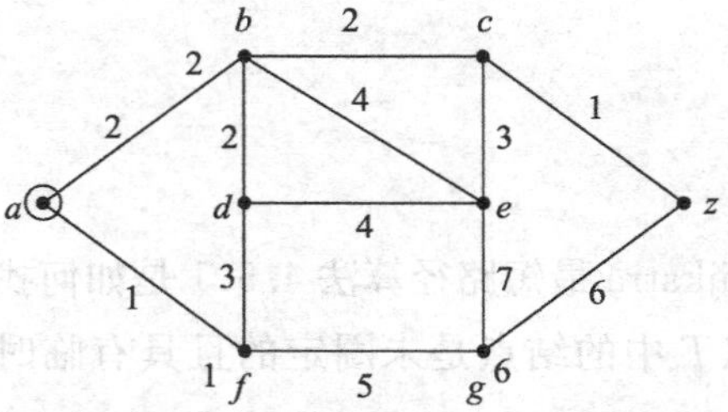

图 4.5.3 Dijkstra 算法的第一次迭代

然后回到第 8 行。由于 z 未被圈定，重新运行到第 10 行，选择未被圈定且具有最小标号的结点 b(因为 $L(b)=2$)，圈定 b(见图 4.5.5)。到第 11 行时，$T=\{c,d,e,g,z\}$。在第 12,13 行，更新 T 中每个与 b 相关联的且未被圈定的结点 c,d 和 e 的标号，新标号为

$L(c):=\min\{\infty,2+2\}=4$，$L(d):=\min\{4,2+2\}=4$，$L(e):=\min\{\infty,2+4\}=6$。在此之后，结点集 T 中结点的标号值变化为{ $c(4),d(4),e(6),g(6),z(\infty)$ }。

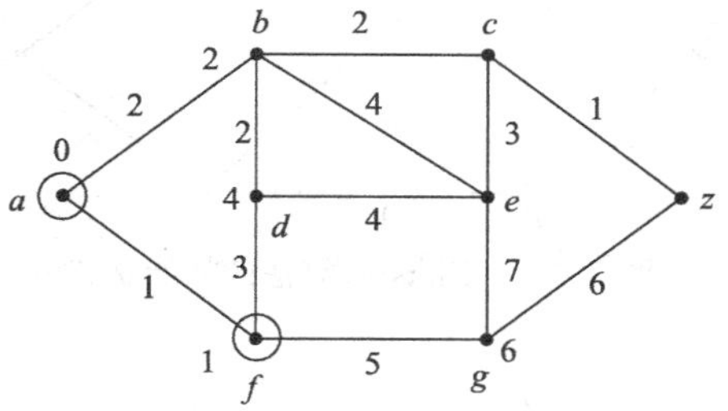

图 4.5.4　Dijkstra 算法的第二次迭代

然后回到第 8 行。由于 z 未被圈定，重新运行到第 10 行，选择未被圈定且具有最小标号的结点 c 和 d（因为 $L(c)=L(d)=4$），圈定 c 和 d。到第 11 行时，$T=\{e,g,z\}$。在第 12，13 行，更新 T 中每个与 c 和 d 相关联的且未被圈定的结点 e 和 z 的标号，新标号为 $L(e):=\min\{6,4+3,4+4\}=6$，$L(z):=\min\{\infty,4+1\}=5$。在此之后，结点集 T 中结点的标号值变化为{ $e(6),g(6),z(5)$ }。

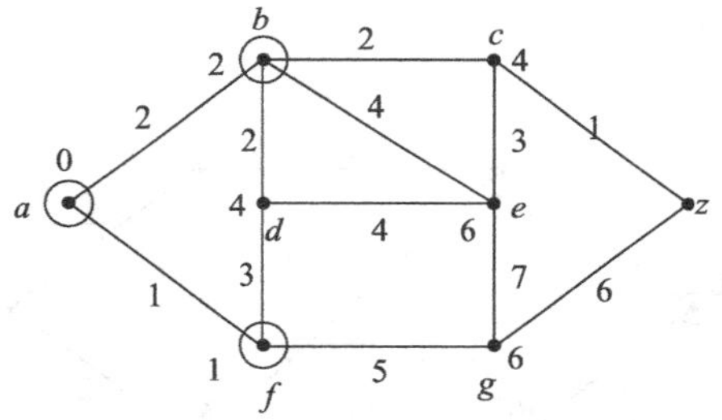

图 4.5.5　Dijkstra 算法的第三次迭代

然后回到第 8 行。由于 z 未被圈定，重新运行到第 10 行，选择未被圈定且具有最小标号的结点 z（因为 $L(z)=5$），圈定 z。到第 11 行时 $T=\{e,g\}$。在第 12，13 行，更新 T 中每个与 z 相关联的且未被圈定的结点 g 的标号，新标号为 $L(g):=\min\{6,5+6\}=6$。在此之后，结点集 T 中结点的标号值变化为{ $e(6),g(6)$ }。

然后回到第 8 行。接下来因为 $z\notin T$，算法的迭代过程结束。此时 z 的标号为 5（$L(z)=5$），它表示从 a 到 z 的最短路径的长度为 5，而最短路径为 (a,b,c,z)。

例 4.5.3

求出图 4.5.6 中从 a 到 z 的最短路径及其长度。

图 4.5.6 显示了执行 Dijkstra 最短路径算法 4.5.1 的第 2～4 行后的结果（初始化所有结点的标号）。

首先，圈定 a（见图 4.5.7），接下来对与 a 相关联的结点 b 和 d 进行重新标号，记结点 b 标号为 $(a,2)$，这表示从点 a 得到的标号以及它的标号值为 2。同样地，结点 d 标号为 $(a,1)$。

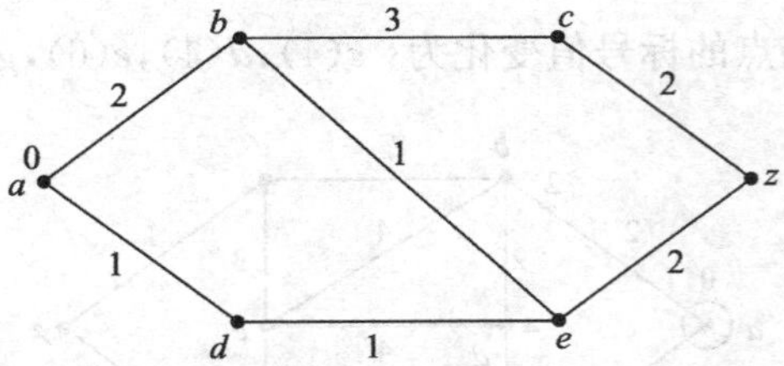

图 4.5.6 Dijkstra 算法的初始状态

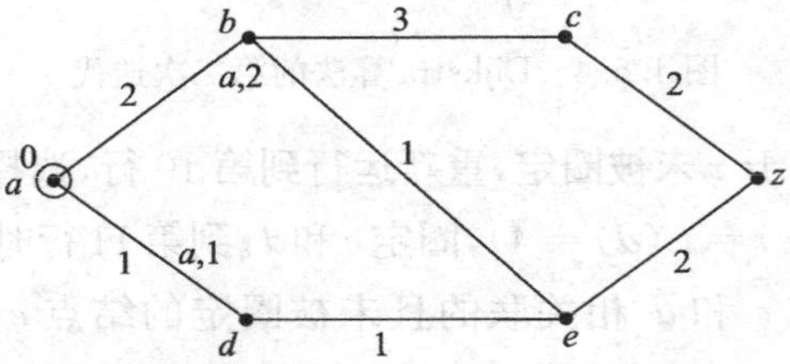

图 4.5.7 Dijkstra 算法的第一次迭代

然后，圈定最小标号值结点 d，并且更新与 d 相关联的结点 e 的标号 $(a,d,2)$（见图 4.5.8）。

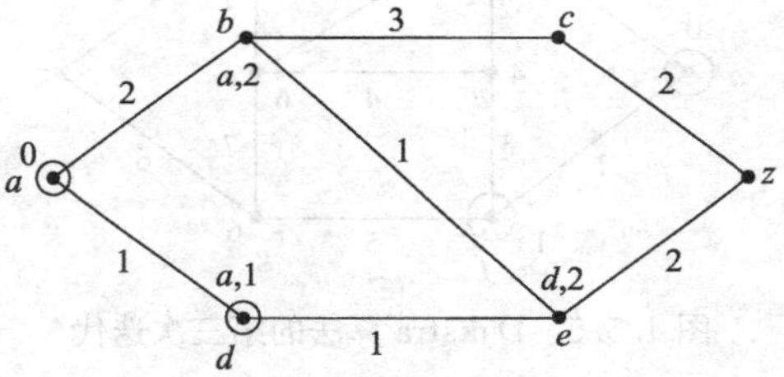

图 4.5.8 Dijkstra 算法的第二次迭代

第三，圈定 b，并更新与 b 相关联的结点 c 和 e 的标号（见图 4.5.9）。此时 c 的标号为 $(a,b,5)$，而 e 的标号取 $(a,d,2)$ 与 $(a,b,3)$ 中较小的，仍为 $(a,d,2)$。

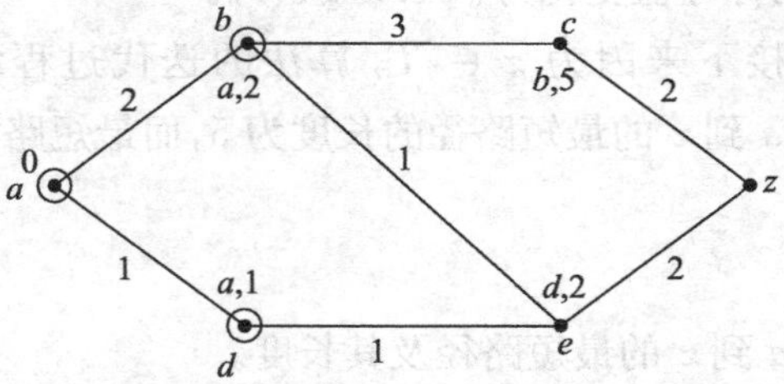

图 4.5.9 Dijkstra 算法的第三次迭代

第四，圈定 e，并更新与 e 相关联的结点 z 的标号（见图 4.5.10）。此时 z 的标号为 $(a,d,e,4)$。

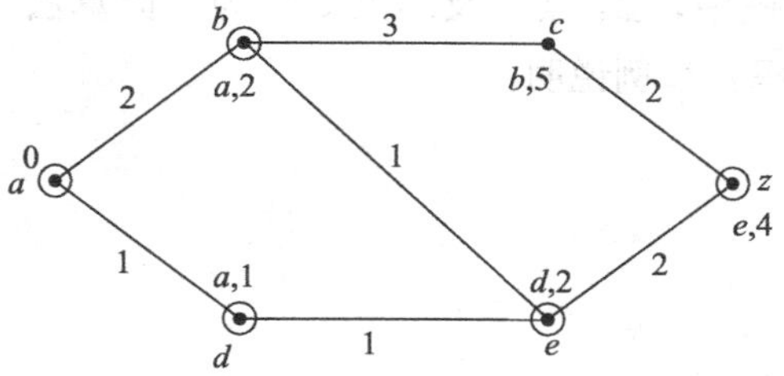

图 4.5.10 Dijkstra 算法的最终结果

最后，圈定 z，算法结束。

于是，从 a 到 z 的最短路径长度为 4。从 z 开始，我们回溯其标号可得最短路径(a,d,e,z)。

另外，我们也可以将例 4.5.3 的 Dijkstra 算法过程用表 4.5.1 所列的表格来表示。

表 4.5.1

行:结点 列:算法	a	b	c	d	e	z
0	0	∞	∞	∞	∞	∞
1	(0)	$2/a$	∞	$1/a$	∞	∞
2		$2/a$	∞	$(1/a)$	$2/d$	∞
3		$(2/a)$	$5/b$		$2/d$	∞
4			$5/b$		$(2/d)$	$4/e$
5						$(4/e)$

由上表可知，z 与 e 相连接，e 与 d 相连接，d 与 a 相连接，这样往前回溯，我们就得到从 a 到 z 的最短路径为(a,d,e,z)。

最短路径问题具有鲜明的实际意义，在诸如货物运输、线路布置、管道铺设等方面具有广泛的应用，其中边的权值可能表示路程、时间、成本等。

习题 4.5

1. 如图 4.5.11 所示，求：

(1) 从 a 到 i 的最短路径的长度。

(2) 从 a 到 z 的最短路径及其长度。

(3) 从 a 经过 c 再到 z 的最短路径的长度。

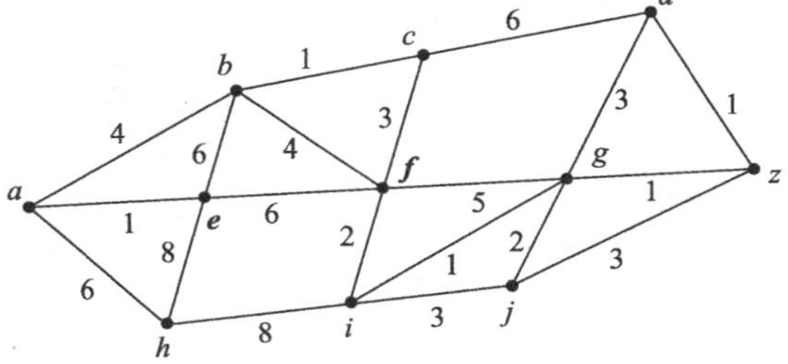

图 4.5.11

2. 在一个连通加权图中，把结点 a 及结点 z 作为下面算法的输入时，它能输出从 a 到 z 的最短路径的长度吗？举例说明。

算法 4.5.4

```
Procedure short(w,a,z)
length: = 0
v: = a
T: = 所有结点集
while v≠z do
    begin
        T: = T - {v}
        从 T 中选择有最小权值 w(v,x)的 x
        length: = length + w(v,x)
        v: = x
    end
return(length)
end short
```

第 5 章　树

树是图论中应用最广泛、最重要的子类之一。1847 年，Gustav Kirchhoff(1824—1887)在有关电网的著作中首次使用了树，后来 Arthur Cayley(1821—1895)重新发展并命名了树。现在，计算机科学广泛采用了树的概念。比如，在数据库系统中用树来组织信息，在编译程序中用树表示源程序的语法结构，在最优化问题的求解中树也起着重要作用。本章主要介绍树的基本术语、树的子类(如根数和二叉树)，以及树的应用。

5.1　树的概念

树形结构在客观世界中是大量存在的。比如，家谱、行政组织机构等都可以用树形象地表示。图 5.1.1 显示了 2011 年法国网球公开赛女子单打的半决赛和决赛的结果，图中人名是近年网坛的 4 位优秀选手。在法网比赛中，当一位比赛者输了，她就会退出比赛，胜者继续比赛直至只剩一位队员为止，即冠军产生(这样的比赛被称为单循环淘汰赛)。图 5.1.1 表明，在半决赛中，中国选手李娜击败了俄罗斯选手莎拉波娃，意大利选手斯齐亚沃尼击败了法国选手巴托丽。然后胜者李娜和斯齐亚沃尼进行决赛，最后李娜击败了斯齐亚沃尼，唯一没有被打败的李娜就成了法网冠军。

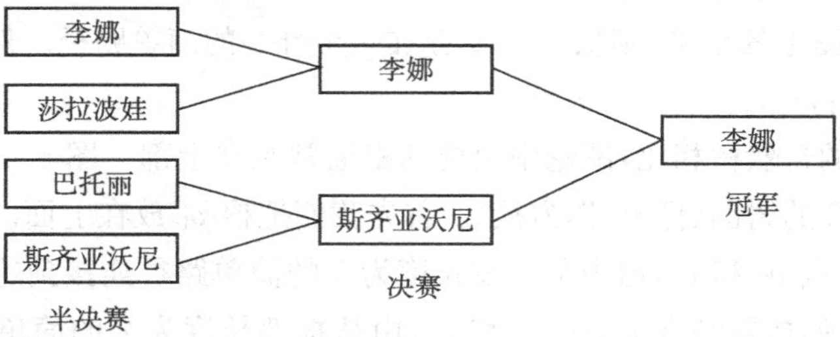

图 5.1.1

如果把图 5.1.1 的单淘汰赛视为图(见图 5.1.2)，我们就得到了一棵树。

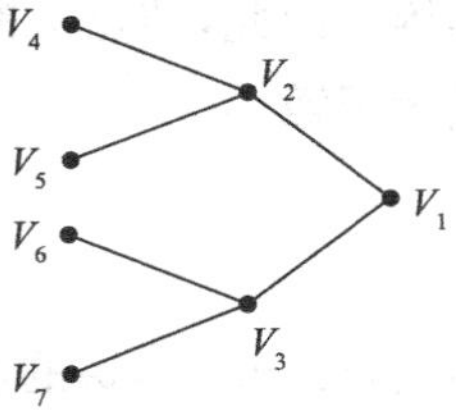

图 5.1.2

如果我们翻转图 5.1.2,它就很像一颗自然树(见图 5.1.3)。下面我们给出树的定义。

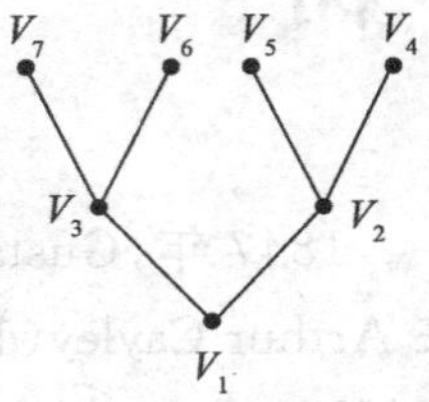

(a)

(b)

图 5.1.3

定义 5.1.1

对于简单图 T 中任意两个结点 v 和 w,如果 v 和 w 之间只有唯一的一条简单路径,我们就称 T 为树(或自由树),简称为树 T。根树也是一棵树,只不过其中有一个特殊的结点被指定为根。含 $n(n\geqslant 1)$ 个结点的树称为 n 阶树。比如,图 5.1.2 所示的树是 7 阶树。不含任意结点的图称为空树。

树是不包含回路的连通图。同时,任何树都必然是简单图,也就是说,树都不含平行边和环。

另外,树可分为无向树和有向树,本章仅讨论无向树。

例 5.1.2

如果我们把冠军作为根,则图 5.1.1(或图 5.1.2)的单循环比赛是一个根树。注意,如果 v 和 w 是该图上的结点,则从 v 到 w 存在一个唯一的简单路径。例如,从 v_2 到 v_7 的简单路径是 (v_2,v_1,v_3,v_7)。

和根在底部的自然树相比,图论中根树的根通常画在上部。图 5.1.4 给出了以该方式画出的图 5.1.2 的树图(把 v_1 作为根)。首先我们把根 v_1 放在上面。在根下面的同一层上,我们放置结点 v_2 和 v_3,由根部出发长度为 1 的简单路径连接到这些结点。在这些结点的下一层,我们放置结点 v_4,v_5,v_6 和 v_7,由从根部长度为 2 的简单路径来连接这些点,以这种方式一直进行下去,直到把整个树都画出来。由于从根到任意结点的简单路径都是唯一的,因此每个结点都有一个唯一确定的层数。我们称根结点所在的层为第 0 层,根结点下面的结点为第 1 层,等等。因此,结点 v 的层数是从根结点到结点 v 的简单路径的长度。根树的深度是树的最大层数。

例 5.1.3

图 5.1.4 中根树的结点 $v_1,v_2,v_3,v_4,v_5,v_6,v_7$ 的层数分别为 0,1,1,2,2,2,2。根树的深度是 2。

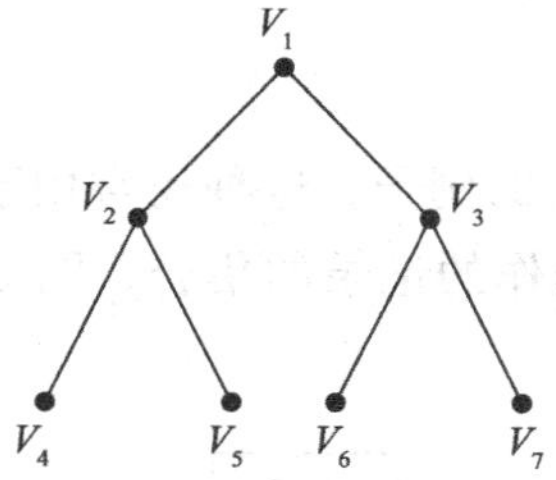

图 5.1.4

例 5.1.4

如果把 e 指定为图 5.1.5 中树 T 的根结点，我们就得到如图 5.1.5 所示的根树 T_1。结点 a,d,e,h,j 的层数分别为 2,1,0,2,3。树 T_1 的深度为 3。很显然，选择不同的根会产生不同的根树。

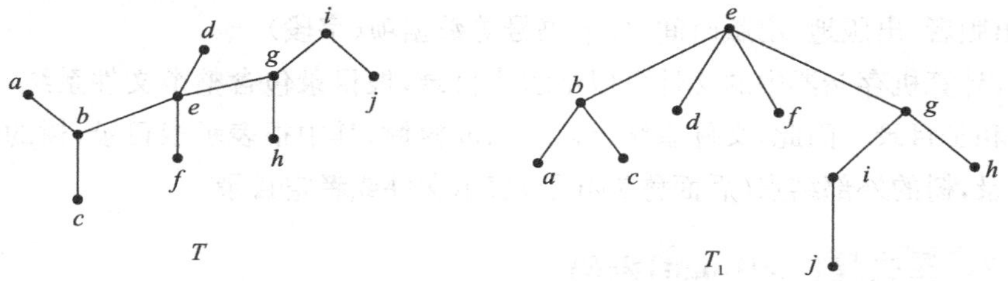

图 5.1.5

例 5.1.5

根树经常用来说明分层关系。当把一个树用于这方面时，如果结点 a 的层数比结点 b 小，且 a 和 b 是邻接点，则结点 a 正好在 b 上，在 a 和 b 之间存在一个逻辑关系：a 以某种方式支配 b，或 b 以某种方式受 a 的支配。图 5.1.6 给出了这种树的例子：一个虚拟大学的行政结构图。

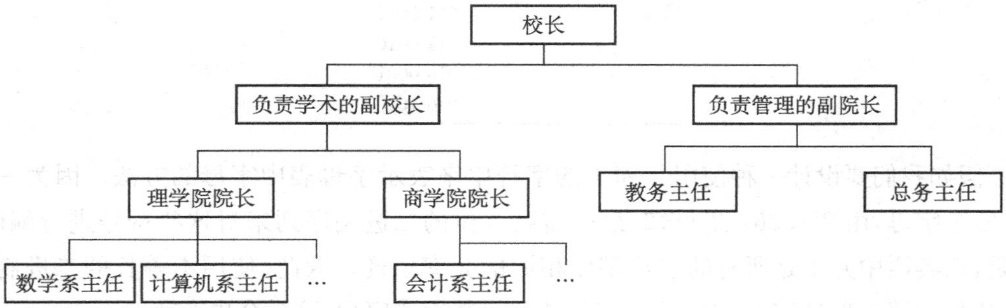

图 5.1.6

例 5.1.6

图 5.1.7 是一个分层定义树的例子。这种树常用于说明数据库中记录之间的逻辑关系。数据库是一个由计算机操作的记录的集合。图 5.1.7 的树可用于建模一个数据库，来维护图书馆藏书的记录。

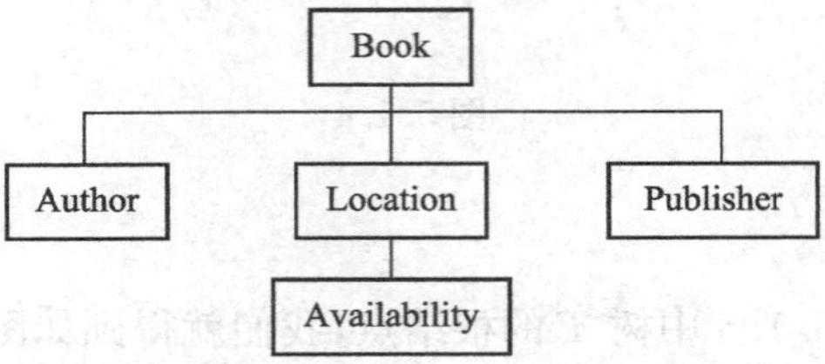

图 5.1.7

每一本书的信息就是数据库中的一个记录(也称为数据元素或结点)，它包括书名、著作者、出版者、出版地、出版时间、标准书号等数据项(字段)。

比如，计算机存储器中的文件可以组织成目录，根目录包含整个文件系统，目录可以包含文件和子目录。因此，文件系统可以表示成根树，其中根表示根目录，树的内部结点表示子目录，树的外部结点(后面称为叶子)表示文件或者空目录。

例 5.1.7　霍夫曼(Huffman)编码

计算机中信息的表示和传输是通过编码来实现的。在计算机内部进行编码或表示字符的最常用方法是使用由符号 0 和 1 组成的定长二进制符号串。例如 ASCII(美国标准信息交换码)采用 7 位二进制串来表示一个字符，如表 5.1.1 所示。

表 5.1.1

字	ASCII
A	100 0001
B	100 0010
C	100 0011
1	011 0001
2	011 0010
!	010 0001
*	010 1010

假如我们要设计一种使用 0 和 1 的字符串来表示字母表中字母的方法。因为一共有 26 个字母，由 $2^4<26<2^5$ 可知，最少需要 5 位的二进制序列来对这些符号进行编码。但是，在英语中并不是所有的字母都以相同的频率出现。因此，使用不等长的二进制序列，让最频繁出现的字母(如 e,i,t)表示成尽可能短的序列，这样会更有效。

例如，考虑字母表的一个子集 $\boldsymbol{S}=\{a,e,n,r,t\}$，用二进制序列

$$a=01 \qquad e=0 \qquad n=101 \qquad r=10 \qquad t=1$$

表示 $\boldsymbol{S}$ 中的元素。

如果要传送消息 ata，我们就发送二进制序列 01101。但遗憾的是，这个序列也可以传送消息 etn，atet，an。

这时我们考虑第二种编码方案，给定

$$a=111 \quad e=0 \quad n=1100 \quad r=1101 \quad t=10$$

在这里，用序列 11110111 表示消息 ata 就不会产生歧义了。

为什么第二种编码方案不会产生歧义而第一种方案会导致歧义呢？在第一种方案中，r 表示成 10，n 表示成 101。如果面对字符 10，怎样确定是用 r 还是用代表 n(101) 的前两个符号来表示它呢？这里的问题就在于表示 r 的二进制序列是表示 n 的二进制序列的一个前缀。霍夫曼提出了解决这个问题的方法。

霍夫曼(Huffman)编码是通过变长的二进制串来表示字符，它为 ASCII 码及其他定长代码提供了另一种表示方法。其基本思想是用较短的二进制串来表示最常用的字符，用较长的二进制串来表示不常用的字符。一般情况下，以这种方式表示的字符串，如文本和程序要比用 ASCII 码表示的短。

一个霍夫曼码很容易用一个根树来定义(见图 5.1.8)，下面的根树就定义了一个霍夫曼码。

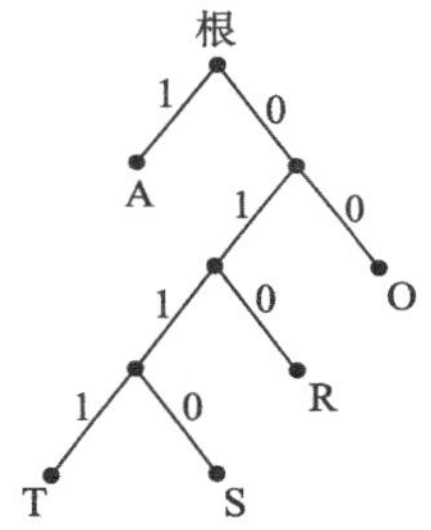

图 5.1.8

根据这个根树，A=1，O=00，R=010，S=0110，T=0111。显然，这些编码彼此之间互不为前缀。有时我们把这种彼此之间互不为前缀的编码组{1，00，010，0110，0111}称为前缀码。其中只出现 0 和 1 两个符号时，称为二元前缀码。

通过这个编码可以对一个二进制串进行解码，我们从根结点开始沿树向下移动，直至遇到一个字符。二进制位 1 或 0 告诉我们向左或是向右移动。比如我们对二进制位串

$$01010111 \tag{5.1.1}$$

进行解码。

我们先从根开始。由于第一位是 0，则第一步向右移，接下来是 1，我们向左移；然后再向右移，在该点我们遇到了第一个字符 R。要对下一个字符解码，我们再从根结点开始，下一位是 1，我们向左移，于是遇到下一个字符 A。最后的二进制位 0111 解码后是 T。因此串(5.1.1)代表的是单词 RAT。

给一个树定义霍夫曼码，如图 5.1.8 所示，即使字符是由变长二进制位串来表示，任

意一个位串(如串(5.1.1))都可以被唯一地进行解码。对由图 5.1.8 的树所定义的霍夫曼码,字符 A 是由长为 1 的位串来表示,而 S 和 T 是由长为 4 的位串来表示。(A 由 1 来表示,S 由 0110 来表示,而 T 由 0111 来表示,R 由 010 来表示。)

根据字符出现的频率,霍夫曼就为从一个频率表来构造霍夫曼码给出了一个算法,它可以使表示字符串的位码占用最少的空间,条件是该字符串中的字符是表中出现频率最高的字符,其代码构造是最优的。

算法 5.1.8

该算法根据字母出现的频率表来构造最优的霍夫曼码。输出的是一个根树,最底层的结点用频率来标识,边用图 5.1.8 中的位串来标识。用具有某一频率的字符来替换相应的频率,就可以得到代码树。

```
输入:n 个频率组成的序列,n≥2
输出:定义一个最优霍夫曼码的根树
procedure huffman(f,n)
  if n = 2 then
    begin
设置 f1 和 f2 是频率
设置 T 是图 5.1.9 型的树
  return(T)
end
设 fi 和 fj 是最小频率
用频率为 fi + fj 的 f 替换 fi 和 fj
T′: = huffman(f,n - 1)
用图 5.1.10 表示的树替换 T′中标记为 fi + fj 的结点得到树 T
  return(T)
end huffman
```

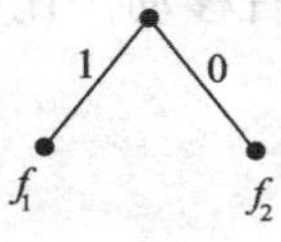

图 5.1.9

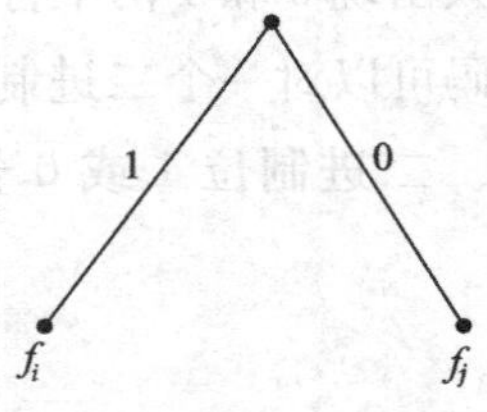

图 5.1.10

例 5.1.9

下面通过表 5.1.2 来说明算法 5.1.8 是如何构造一个最优霍夫曼码的。

表 5.1.2

字符	频率
!	2
@	3
#	7
$	8
%	12

算法开始时，重复地用两个最小的频率的和来替换这两个频率，直到序列只剩下两个元素：

$$2,3,7,8,12 \rightarrow 2+3,7,8,12$$
$$5,7,8,12 \rightarrow 5+7,8,12$$
$$8,12,12 \rightarrow 8+12,12$$
$$12,20$$

之后算法如图 5.1.11 所示，从 2 元序列 12,20 开始，反向来构造树。例如由于 20 是 8＋12 得来的，则第二个树是用图 5.1.12 的树来替换第一个树的结点 20 得到的。最后为了得到最优霍夫曼码树，我们用具有该频率的字符来替换相应的频率，如图 5.1.13 所示。

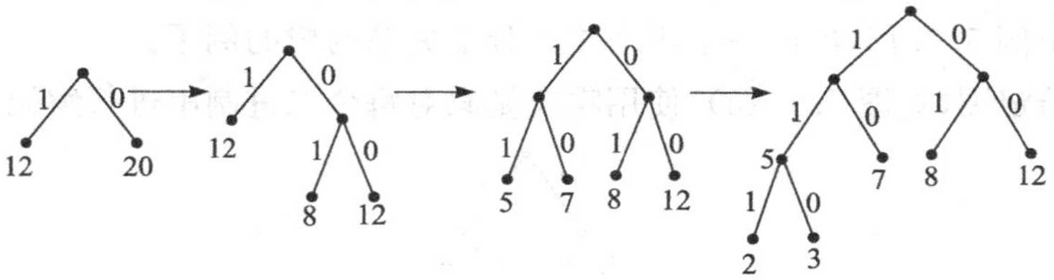

图 5.1.11

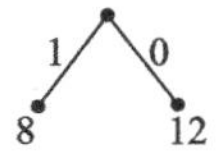

图 5.1.12

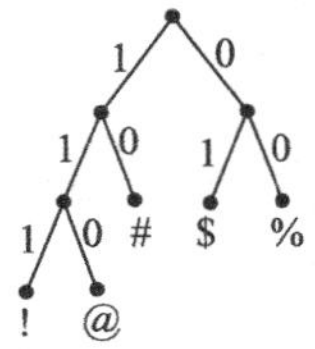

图 5.1.13

根据图 5.1.13，我们可以计算霍夫曼树的权，它表示传输一个符号所需要使用的二进制字符的平均个数：

$$3\times\frac{2}{32}+3\times\frac{3}{32}+2\times\frac{7}{32}+2\times\frac{8}{32}+2\times\frac{12}{32}=\frac{69}{32}=2.12$$

也就是说，传输 1(或 100)个按上述频率出现的字符需要使用 2.12(或 212)个二进制字符。

我们注意到，由表 5.1.2 构造的霍夫曼树是不唯一的。在用 5 和 7 替换 12 时，由于有两个标号为 12 的结点，在此就要作出一个选择。在图 5.1.11 中我们任意选取了一个标号为 12 的结点，如果选择另一个标号为 12 的结点，则我们就得到如图 5.1.14 所示的另一个树。通过计算可以知道，这两个霍夫曼树给出了一个相同的最优霍夫曼码。也就是说，对具有表 5.1.2 所示频率的文本进行编码，这两种霍夫曼码占用相同的最优空间。

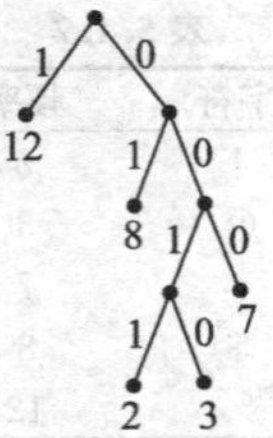

图 5.1.14

习题 5.1

1. 求所示图 5.1.15 中树的每个结点的层数和深度。

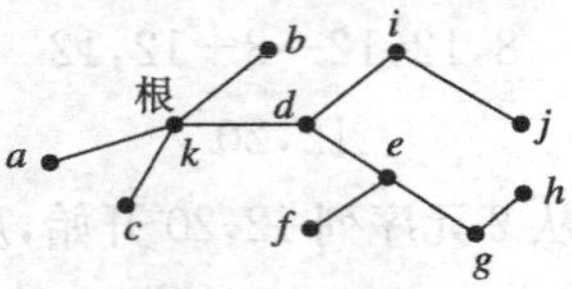

图 5.1.15

2. 把图 5.1.15 中的树 T 画成根为 b 的根树,该根树的深度为多少?

3. 类似于例 5.1.15,给出一个用来描述分层关系的树的例子。

4. 根据给定图(见图 5.1.16),使用霍夫曼码对每个二进制串进行解码。

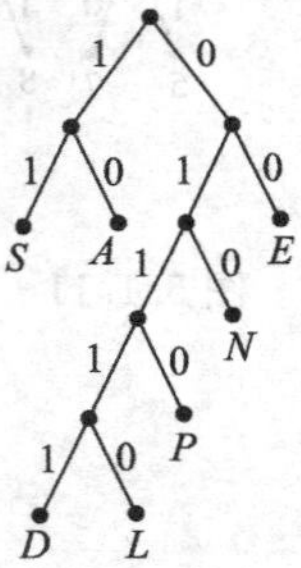

图 5.1.16

(1)011000010,　(2)01110100110,　(3)01111001001110,　(4)1110011101001111

同时使用上述的霍夫曼码对下面单词进行编码:

(1)DEN　　(2)NEED　　(3)LEAD　　(4)SEAD

5. 在选用一种代码(如 ASCII,霍夫曼码)来表示计算机中的字符时,除了考虑所需的存储空间之外,还需要考虑什么因素?

6. 根据表 5.1.3 给定字符集的频率构造一个最优的霍夫曼码。

表 5.1.3

字符	频率
A	5
B	6
C	6
D	11
E	20

7. 根据表 5.1.4 给定字符集的频率构造一个最优的霍夫曼码。

表 5.1.4

字符	频率
I	7
U	20
B	2
S	27
C	5
H	10
P	25

8. 根据第 7 题所产生的代码，对下列单词进行编码：

BUS，CUPS，PUSIH

9. 比尔教授需要存储由字母 A，B，C，D，E 组成的文本，字母出现的频率见表 5.1.5，他认为，使用表中右侧的变长二进制代码储存文本文件所需空间比使用最优霍夫曼码的空间还要小。教授的观点正确吗？请给予解释。

表 5.1.5

字符	频率	代码
A	6	1
B	2	00
C	3	01
D	2	10
E	8	0

5.2　树的特征

我们可以把一个家谱树看成一个根树。如古希腊神话中诸神的家谱树的一部分如图 5.2.1 所示(没有列出他的所有孩子)。一般地，和结点 v 相邻接且位于下一层的结点称为 v 的孩子。比如 Kronos 的孩子有 Zeus，Poseidon，Hades 及 Ares。家谱树中的术语也可以应用于根树。

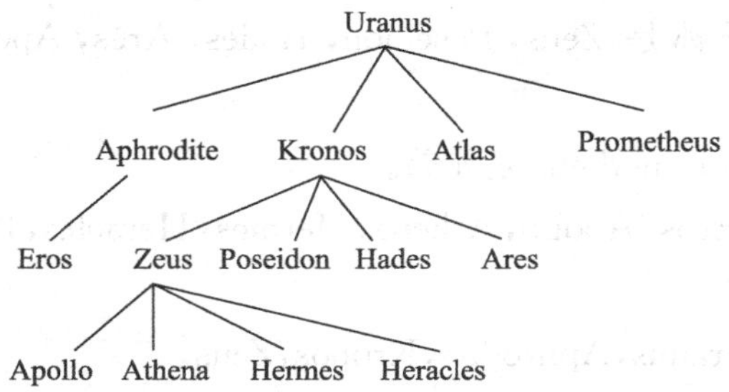

图 5.2.1

定义 5.2.1

假设 T 是一个根为 v_0 的树，$(v_0, v_1, \cdots, v_n)$ 是 T 上的一条简单路径(见图 5.2.2)。令 x，y 和 z 是 T 的结点。则有

(1) v_{n-1} 是 v_n 的**父亲**。

(2) $v_0, \cdots, v_{n-1}$ 是 v_n 的**祖先**。

(3) v_n 是 v_{n-1} 的**孩子**。

(4) 如果 x 是 y 的祖先，则 y 是 x 的子孙。

(5) 如果 x 和 y 都是 z 的孩子，则 x 和 y 称为**兄弟**。

(6) 如果 x 没有孩子，则 x 是一个**外部结点**(或是**叶子**)。

(7) 如果 x 不是一个外部结点，则 x 是一个**内部结点**。

(8) 树 T 的以 x 为根的**子树**是一个结点集为 $\boldsymbol{V}$，边集为 $\boldsymbol{E}$ 的简单图，其中 $\boldsymbol{V}$ 是结点 x 及 x 的子孙，$\boldsymbol{E}=\{e|e$ 是从结点 x 到 $\boldsymbol{V}$ 中某个结点的简单路径上的一条边$\}$。

为了更好地理解这个定义，我们可以画出图 5.2.2 所示的一个根树。

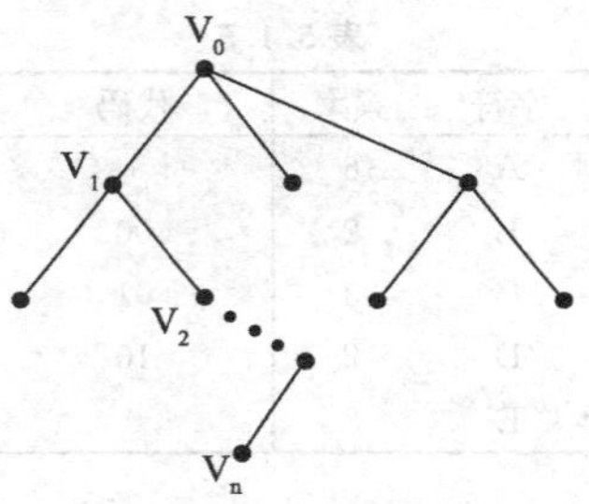

图 5.2.2

例 5.2.2

在图 5.2.1 所示的根树中，

(1) Eros 的父亲是 Aphrodite。

(2) Hermes 的祖先是 Zeus，Kronos，Uranus。

(3) Zeus 的孩子 Apollo，Athena，Hermes，Heracles。

(4) Kronos 的子孙是 Zeus，Poseidon，Hades，Ares，Apollo，Athena，Hermes，Heracles。

(5) Aphrodite 和 Prometheus 是兄弟。

(6) 外部结点是 Eros，Apollo，Athena，Hermes，Heracles，Poseidon，Hades，Ares，Atlas，Prometheus。

(7) 内部结点是 Uranus，Aphrodite，Kronos，Zeus。

(8) 以 Kronos 为根的子树如图 5.2.3 所示。

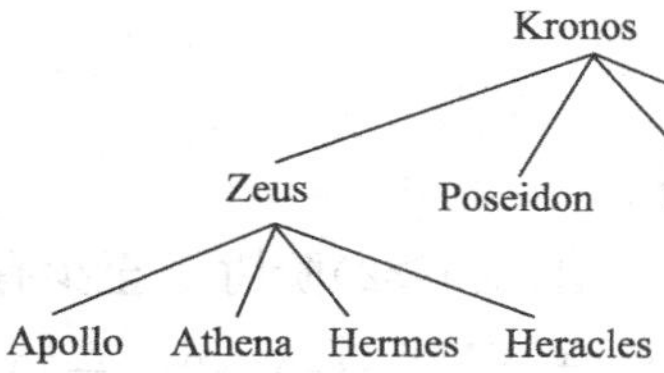

图 5.2.3

定理 5.2.3

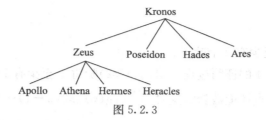

设 T 是具有 n 个结点的图，T 是一个树的充分必要条件为 T 连通、无回路。

定理 5.2.4

$n(n\geqslant 1)$阶树 T 恰好有 $n-1$ 条边。

证明：对 n 使用数学归纳法。

当 $n=1$ 时，结论显然成立。

假设 $n\geqslant 2$ 时，$n-1$ 阶树恰有 $n-2$ 条边。

对于 $n(n\geqslant 2)$阶树 T，每个节点的度数均大于等于 1。又由于 T 中不含简单回路，所以 T 必存在一个结点 v，其度数为 1。

考虑 T-$\{v\}$，由于 T 是不含简单回路的连通图，且 $\deg(v)=1$，所以 T-$\{v\}$是不含简单回路的连通图，即 T-$\{v\}$是 $n-1$ 阶树，它恰好有 $n-2$ 条边。因此，$n(n\geqslant 1)$阶树 T 恰好有 $n-1$ 条边。

根据定理 4.2.20，容易得到如下的推论。

推论 5.2.5

n 阶树 T 的所有结点的度数之和为 $2(n-1)$。

例 5.2.6

设 T 是一个树，且有 3 个 3 度结点，1 个 2 度结点，其余均为 1 度结点。那么该无向树共有多少个结点？对此，画出两棵不同的树。

解：设 T 有 x 个结点的度数为 1，则 T 的结点总数为 $x+3+1$。由定理 5.2.4 知，T 应该有 $x+3$ 条边。根据握手定理，$3\times 3+1\times 2+x\times 1=2(x+3)$，于是 $x=5$，所以 T 有 9 个结点。满足条件的两个树如图 5.2.4 所示。

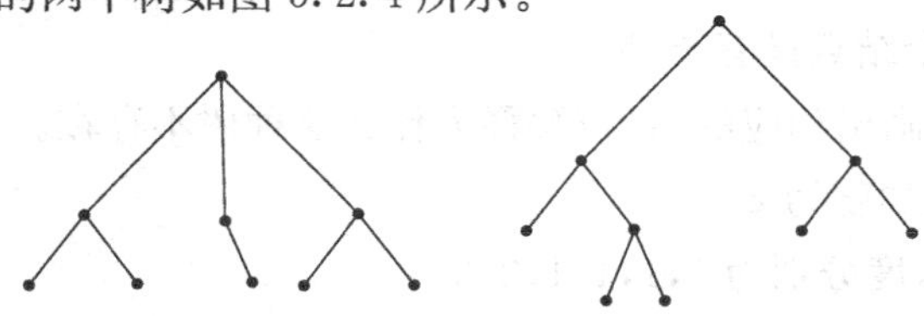

(a) (b)

图 5.2.4

定理 5.2.7

$n(n\geqslant2)$阶树 T 至少有 2 个叶子。

证明:由定理 5.2.4 的证明过程可知,$n(n\geqslant2)$阶树 T 至少有 1 个叶子。假设树 T 仅有 1 个叶子,则其余结点的度数$\geqslant2$,这时 $\sum\deg(v)\geqslant2(n-1)+1$。而根据定理 5.2.4 和握手定理可知,$\sum\deg(v)=2(n-1)$,这显然是一个矛盾。故 T 至少有 2 个叶子。

习题 5.2

1. 参考图 5.2.1 的树,回答下列问题。

(1) 找出 Poseidon 的父亲。(2)找出 Eros 的祖先。

(3) 找出 Uranus 的孩子。(4)找出 Zeus 的子孙。

(5) 找出 Ares 的兄弟。(6)以 Aphrodite 为根画出子树。

2. 参考图 5.2.5 中的树,回答下列问题。

(1) 找出 c 的父亲和 h 的父亲。(2)找出 c 的祖先和 j 的祖先。

(3) 找出 d 的孩子和 e 的孩子。(4)找出 c 的子孙和 e 的子孙。

(5) 找出 f 的兄弟和 h 的兄弟。(6)找出外部结点。

(7) 找出内部结点。(8)画出以 j 为根结点的子树。

(9) 画出以 e 为根结点的子树。

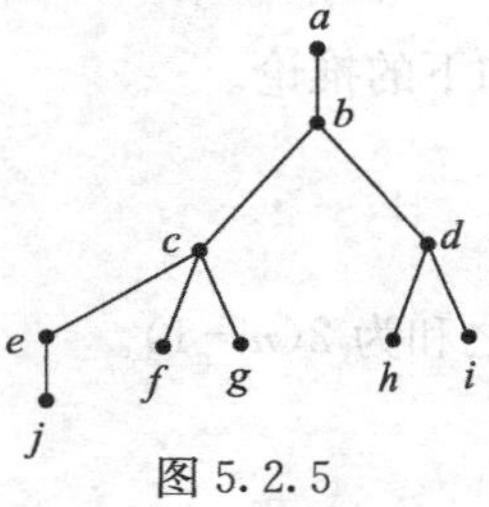

图 5.2.5

3. 如何理解下列说法。

(1) 根树上的两个结点具有相同的父亲

(2) 根树上的两个结点具有相同的祖先

(3) 根树上没有祖先的结点

(4) 根树上的两个结点具有一个共同的子孙

(5) 根树上的一个结点没有子孙

4. 按照给定要求画出相应的树,或解释为什么这种树不存在。

(1) 树,所有结点的度为 2。

(2) 树,6 个结点,度分别为 1,1,1,1,3,3。

(3) 树,4 个内部结点,6 个外部结点。

5. 设 T 是一个树,且有 2 个 4 度结点,3 个 3 度结点,其余均为 1 度结点。(1)求该树共有多少个结点。(2)画出一棵满足上述条件的树。

5.3 最小生成树

定义 5.3.1

如果树 T 是包含图 G 的所有结点的一个子图，那么就称树 T 是图 G 的一个**生成树**。

例 5.3.2

图 5.3.1 中图 G 的两个生成树(注意，此处只列出了两个生成树)。显然，一个图可以有不同的生成树，生成树必须包含原图中的所有结点。其实，生成树是删除了原图中能形成回路的边之后所剩下的子图，但并不是所有的图都有生成树。

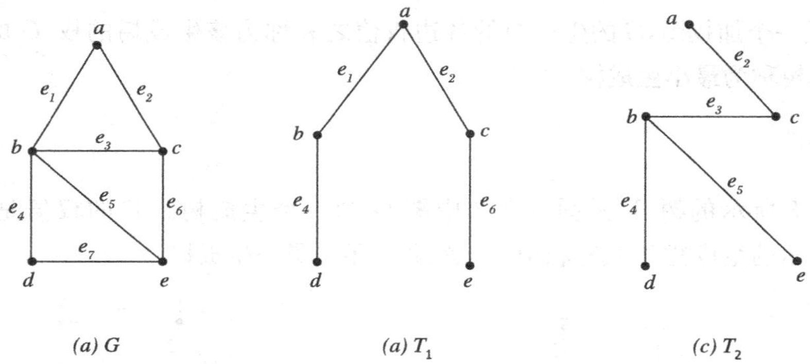

图 5.3.1

定理 5.3.3

图 G 有一个生成树 T 当且仅当 G 是连通的。

证明：假设图 G 有一个生成树 T。设 a 和 b 是 G 的任意结点，因为 a 和 b 也是 T 的结点，且 T 是树，所以从 a 到 b 存在一个路径 P。显然，P 也是图 G 中的一条从 a 到 b 的路径。因此，G 是连通的。

假设 G 是连通的。(1)如果 G 是无回路的，则由定理 5.2.3 知，G 就是一个树。(2)如果 G 包含一条回路，从该回路上删除一条边(不删除结点)，则产生的图仍然是连通的。若此时它已经无回路了，就停止。否则，若它还包含一条回路，就从该回路中再删除一条边。以这种方式继续下去，最终会得到一个无回路的连通子图 T。由定理 5.2.3 知，T 是一个树，因为 T 包含了 G 的所有结点，所以 T 是 G 的一个生成树。

在有些问题的讨论中，不仅要得出图 G 的一个生成树，而且还要求生成树各边的权值之和最小。

比如，图 5.3.2 中的加权图 G 显示了 6 个城市 1,2,3,4,5,6 及在两个城市之间修路所需的费用。我们希望建立一个能连通 6 个城市的最小费用的公路系统。这个问题的解决可由子图来表示。由于该子图必须包含所有的结点(使每个城市都在公路系统中),必须是连通的(使任意两个城市之间可以相互到达),且在每对结点之间都存在一个唯一的简单路径(因为结点对之间具有多条简单路径的图肯定不是最小费用系统),因此该子图必定是一个生成树,而且是权值最小的生成树。这种树就称为最小生成树。

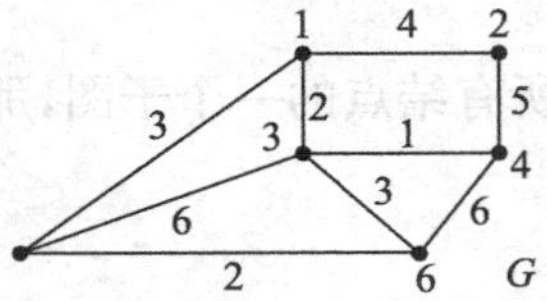

图 5.3.2

定义 5.3.4

设 G 是一个加权图,G 的生成树的各边权值之和称为该生成树的权,G 的具有最小权值的生成树称为**最小生成树**。

例 5.3.5

图 5.3.3 所示的树 T′是图 5.3.2 中图 G 的一个生成树。T′的权值是 20。由于图 5.3.4 所示的生成树 T 具有权值 12,因此 T′不是最小生成树。

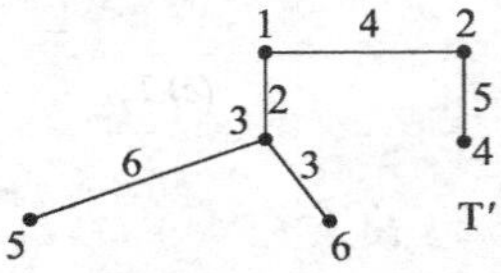

图 5.3.3

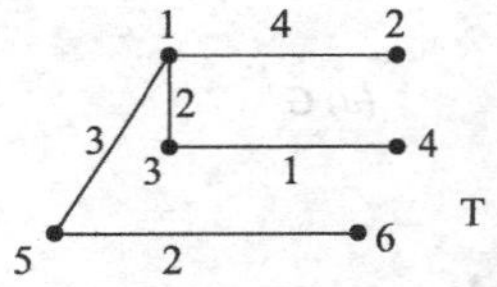

图 5.3.4

下面的查找最小生成树的算法是罗伯特·普林在 1957 年给出的,它被称为 Prim **算法**。该算法的基本思想是:从任意结点出发,选择与其相关联且权值最小的边以及该边的另一个关联结点,两点及边构成一个图 H,再在 $G-H$ 中选取与 H 中所有结点相关联的最小权值的边及与该边相关联的结点,将它们全部并入 H,继续这个过程,直到 H 包含了 G 的所有结点。这样每进行一次迭代,我们就对当前的树增加了一条不构成回路的最小权值的边。

算法 5.3.6 Prim 算法

运用该算法可在连通加权图上找到一个最小生成树。

输入:具有结点 1,2,…,n 的连通加权图.初始结点为 s,如果(i,j)是一条边,则w(i,j)等于边(i,j)的权值;如果(i,j)不是一条边,则 w(i,j) = ∞(一个比任何权值都要大的值)

输出:最小生成树的边的集合 E

procedure prim(w,n,s)

```
      //v(i) = 1,如果结点 i 已加入到 mst(最小生成树)
      // v(i) = 0,如果结点 i 还没加入到 mst
1. for i: = 1 to n do  //初始化所有结点
2.      v(i): = 0
3. v(s): = 1  //选定 s 为初始结点,将 s 已加入到 mst
4. E: = ϕ   //E 为边的集合,开始时边的集合是空集
5. for i: = 1 to n - 1 do  //将 n - 1 条边加入到 mst
6.    begin  //加入一条边,其两个结点,一个在 mst 中而另一个不在 mst 中,且具有最
7. 小权值.初始时设 min: = ∞
8.      for j: = 1 to n do
9.        if v(j) = 1 then  // j 是 mst 中的结点,初始时 j = s
10.          for k = 1 to n do
11.            if v(k) = 0 and w(j,k)<min then
12.              begin
13.                add - vertex: = k
14.                e: = (j,k)
15.                min: = w(j,k)
16.              end
17.          v(add - vertex): = 1 //将选择的结点加入 mst
18.          E: = E∪{e} //将选择的边加入 E
19.     end
20. return(E)
21. end prim
```

例 5.3.7

下面说明运用 prim 算法是如何找到图 5.3.2 中的最小生成树。假设初始结点是 1。

在第 3 行把结点 1 加入到最小生成树中。第一次执行 8～16 行之间的 for 循环,与结点 1 相关联、且不在生成树上的另一个结点相关联的边见表 5.3.1。其中,具有最小权值的边(1,3)被选取。在第 17 和 18 行,结点 3 被加入到最小生成树中,且边(1,3)加入到 E 中。

表 5.3.1

边	权值
(1,2)	4
(1,3)	2
(1,5)	3

再一次执行 8～16 行之间的 for 循环,与树中结点 1,3 及不在生成树上的另一个结点相关联的边见表 5.3.2。

表 5.3.2

边	权值
(1,2)	4
(1,5)	3
(3,4)	1
(3,5)	6
(3,6)	3

而边(3,4)具有最小权值。因此，在第 17 和 18 行，结点 4 被加入到最小生成树中，且边(3,4)被加入到 E 中。

再一次执行 8～16 行之间的 for 循环，与树中结点 1,3,4 及不在生成树上的另一个结点相关联的边见表 5.3.3。这次有两条边具有最小权值 3，可以任选一条边来构造最小生成树。此处选择边(1,5)，在第 17 和 18 行，结点 5 被加入到最小生成树中，边(1,5)加入到 E 中。

表 5.3.3

边	权值
(1,2)	4
(1,5)	3
(3,5)	6
(3,6)	3
(4,6)	6
(4,2)	5

我们再一次执行 8～16 行之间的 for 循环，与树中结点 1,3,4,5 及不在生成树中的另一个结点相关联的边见表 5.3.4，我们选取最小权值的边(5,6)。在第 17 和 18 行，结点 6 被加入到最小生成树中，边(5,6)加入到 E 中。

表 5.3.4

边	权值
(1,2)	4
(3,6)	3
(4,6)	6
(4,2)	5
(5,6)	2

最后一次执行 8～16 行之间的 for 循环，与树中结点 1,3,4,5,6 及不在生成树上的另一个结点相关联的边见表 5.3.5 选取最小权值的边(1,2)。在第 17 和 18 行，结点 2 被加入到最小生成树中，边(1,2)加入到 E 中。到此，最小生成树被构造出来，如图 5.3.4 所示。

表 5.3.5

边	权值
(1,2)	4
(4,2)	5

此处注意两点：

(1)在上述算法中,我们选取的初始结点为1。有时候,对一个图来说,我们并没有明确的初始结点或不需要初始结点,此时,首先从图中选择权值最小的边,把它加入到生成树中,然后按普林算法不断添加结点,最后形成最小生成树。

(2)如果存在超过一条满足相应条件的具有相同权值的边,此时所添加的边的选择就是不确定的。这时需要把由此产生的不同“最小生成树”排序,再求出最小生成树。

能够证明,由 Prim 算法所产生的最小生成树一定是最优的。

习题 5.3

1. 如图 5.3.5 所示,分别画出两个不同的生成树。

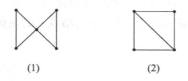

图 5.3.5

2. 求出 K_5 中所有不同的生成树。

3. 运用 prim 算法 5.3.6 找出图 5.3.6 中的最小生成树。

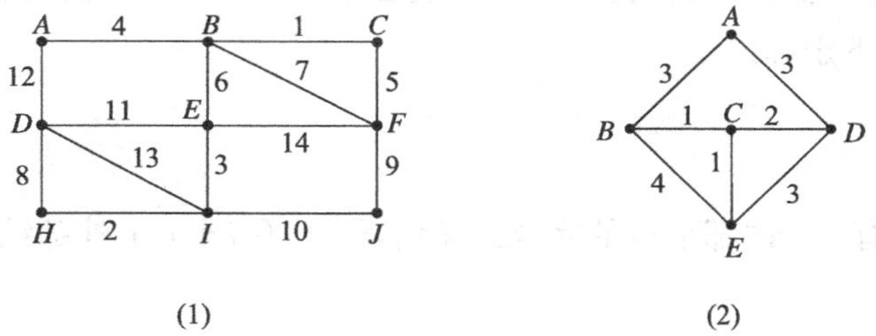

图 5.3.6

4. 设 G 是一个连通加权图,v 是 G 的一个结点,e 是与 v 相关联的权值最小的边。证明:e 包含在某个最小生成树之中。

5.4　二叉树

定义 5.4.1

二叉树是一棵根树,该树的每个结点可以没有孩子,可以有1个孩子,也可以有2个孩子。如果它仅有1个孩子,则该孩子必须被指定为**左孩子**或**右孩子**。若它有2个孩子,则一个被指定为左孩子,另一个被指定为右孩子。

在画二叉树时,结点的左孩子画于结点左边,右孩子画于结点右边,如图 5.4.1 所示。

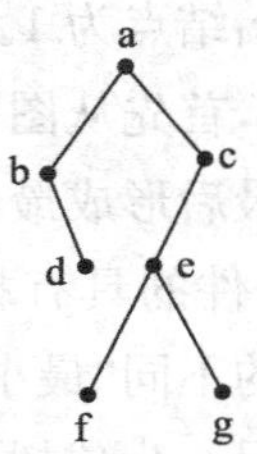

图 5.4.1

例 5.4.2

在图 5.4.1 所示二叉树中，结点 b 是结点 a 的左孩子，结点 c 是结点 a 的右孩子，结点 d 是结点 b 的右孩子，结点 b 没有左孩子，结点 e 是结点 c 的左孩子，结点 c 没有右孩子。

例 5.4.3

霍夫曼树也是一棵二叉树。在图 5.1.8 所示的霍夫曼树中，从结点移向左孩子对应着值为 1 的位，从结点移向右孩子对应着值为 0 的位。

完全二叉树是一棵二叉树，其每个结点要么有 2 个孩子，要么没有孩子。关于完全二叉树，我们有如下定理。

定理 5.4.4

若 T 是一棵有 i 个内部节点的完全二叉树，则 T 有 $i+1$ 个外部结点，其结点总数为 $2i+1$。

证明：T 的结点分为两类，一类是孩子结点（是某些父亲结点的孩子），另一类是非孩子结点（不是任何父亲结点的孩子），这种非孩子结点只有一个——根。因为有 i 个内部结点，且每个内部结点有 2 个孩子结点，则共有 $2i$ 个孩子结点。因此，T 的结点总数就是 $2i+1$，外部结点数是 $(2i+1)-i=i+1$。也就是说，完全二叉树的结点总数必为奇数。

例 5.4.5

单循环淘汰赛是失败一场就被淘汰出局的比赛。其示意图是一棵完全二叉树，如图 5.4.2所示。比赛者的名字列于左侧，胜者的名字列于右侧，最后在树根上仅有一个胜者。若参赛者的数量不是 2 的幂次方，则会有一些参赛者直接进入下一轮比赛。在图 5.4.2 所示二叉树中参赛者 7 就直接进入下一轮。

容易证明，如果有 n 个参赛者参加单循环淘汰赛，则一共要进行 $n-1$ 场比赛，才能决出最后的胜者。因为每比赛一场淘汰一名选手，要淘汰 $n-1$ 名选手，就需要进行 $n-1$ 场比赛。

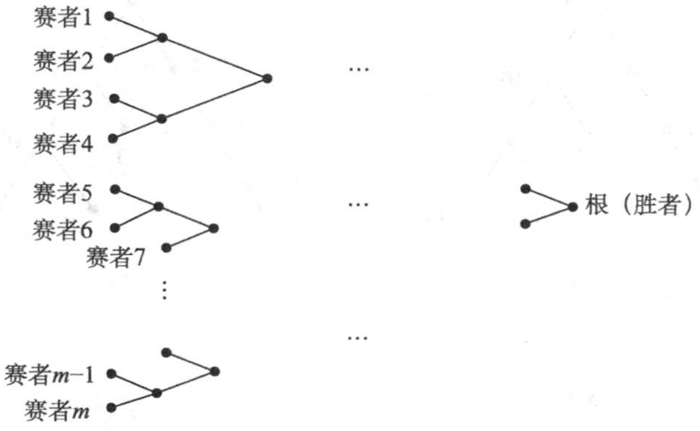

图 5.4.2

例 5.4.6

图 5.4.3 中二叉树的深度为 3，外部结点数为 8。

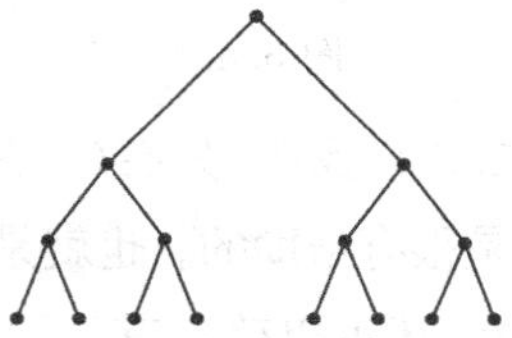

图 5.4.3

一般地，我们有如下结论：深度为 k 的二叉树最多有 $2^{k+1}-1$ 个结点。这是因为，第 0 层仅有 $1=2^0$ 个根结点，第 1 层有 $2=2^1$ 个结点，第 2 层最多有 2^2 个结点，第 k 层最多有 2^k 个结点，所以结点总数最多有 $2^0+2^1+2^2+\cdots+2^k=2^{k+1}-1$ 个。

在计算机科学中，二叉树被广泛用来存储可排序集合的元素，如数字和字符串。假定有一个集合 $\boldsymbol{S}$，$\boldsymbol{S}$ 中的元素可以被排序。比如，若 $\boldsymbol{S}$ 中元素为数字，我们可以使用普通的数字大小序；若元素是字符串，我们可以采用字典序。那么，如何对表或集合里的元素进行排序，以便可以很容易地找到该元素的位置呢？这就需要二叉查找树。

定义 5.4.7

二叉查找树是一种二叉树，其中结点所存放的数据用下列方式进行组织：对树中某个结点 v 而言，其左子树中每个结点的数据都小于 v 中的数据；其右子树中每个结点的数据都大于 v 中的数据。

例 5.4.8

在图 5.4.4 所示的 4 棵二叉树中，规定顺序是通常的数的大小顺序，问哪些树是二叉查找树？

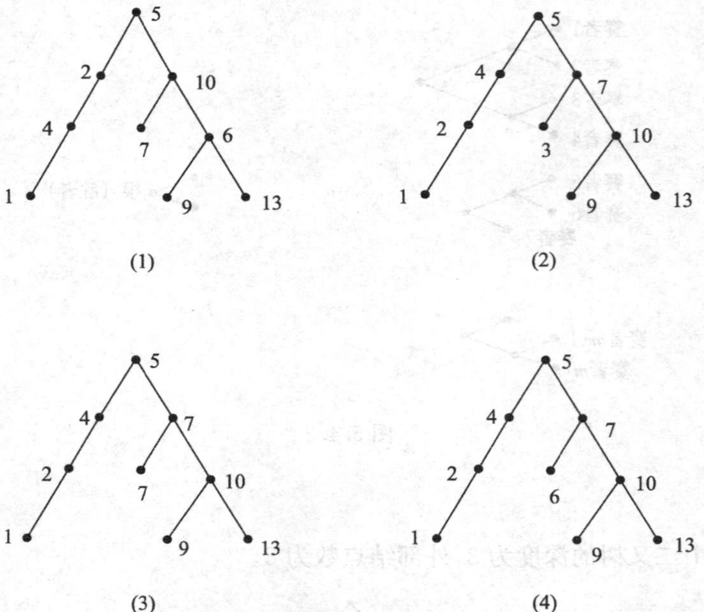

图 5.4.4

根据定义,(1)(2)(3)都不是二叉查找树,只有(4)是二叉查找树。

使用二叉查找树对于查找数据是很有帮助的。也就是说,给定数据 D,我们能很容易确定 D 是否在一棵二叉查找树中。如果在,还可以确定其位置。要确定数据 D 的位置,必须从树根开始,比较 D 与当前结点中的数据;若 D 与当前结点中数据相等,便找到了 D,并停止。若 D 小于当前结点中数据,就移向左孩子,并重复这个过程;若 D 大于当前结点中的数据,就移向右孩子,并重复这个过程。一旦当前结点为空,就可以确定 D 不在二叉查找树中。

例 5.4.9

给定 5.4.8(4)的二叉查找树,要求在其中查找 6 和查找 8。

(1) 该树非空,所以将 6 与根结点 5 进行比较。因为 6＞5,将 6 和 5 的右子结点 7 进行比较。因为 6＜7,将 6 和 7 的左子结点 6 进行比较。因为 6＝6,所以打印"是"。

(2) 该树非空,所以将 8 与根结点 5 进行比较。因为 8＞5,将 8 和 5 的右子结点 7 进行比较。因为 8＞7,将 8 和 7 的右子结点 10 进行比较。因为 8＜10,将 8 和 10 的左子结点 9 进行比较。因为 8＜9,所以打印"否"。

查找算法表示如下:

```
Proceture Search(tree)
  begin
    if 树是空树 then
      search: = no(找不到)
    else
      if item = root then        //本例中 item = 6,8
```

```
        search: = yes(找到)
    else
        if item<root then
        search: = search(left - subtree)
    else
        search: = search(right - subtree)
end
```

例 5.4.10

以下单词：

old, programmers, never, die, they, just, lose, their, memories (5.4.1)

可以被放在如图 5.4.5 所示的二叉查找树中。注意，对任意结点 v，其左子树中任意单词都小于结点 v 中的单词，右子树中的任意单词都大于结点 v 中的单词（规定从小到大顺序为按字典序）。

图 5.4.5 所示二叉查找树可按以下方法生成：开始时二叉树为**空树**，没有结点和边。首先指定一个结点，把 old 放入该结点中，这个结点被命名为根。接下来对(5.4.1)的每一个单词，给树增加一个结点 v 及一条边，然后把该单词放入结点 v 中。为了确定这个新结点及边的位置，我们从根开始寻找。若增加结点中的单词小于根结点中的单词（以字典序），则移向根的左孩子；若大于根结点中的单词，则移向根的右孩子。如果没有孩子结点，则增加一个孩子结点，并在该结点与根结点之间连接一条边，然后把单词放在新结点里。重复这个过程，即比较新增加的单词和 v 中单词，若新增加单词小，则移向 v 的左孩子；否则移向 v 的右孩子。如果所移处没有孩子结点，则为 v 增加一个孩子结点，并在新结点和结点 v 之间增加一条边，然后把增加的单词放在新结点中。以此类推，将所有结点都存放于树中，从而生成了一棵二叉查找树。

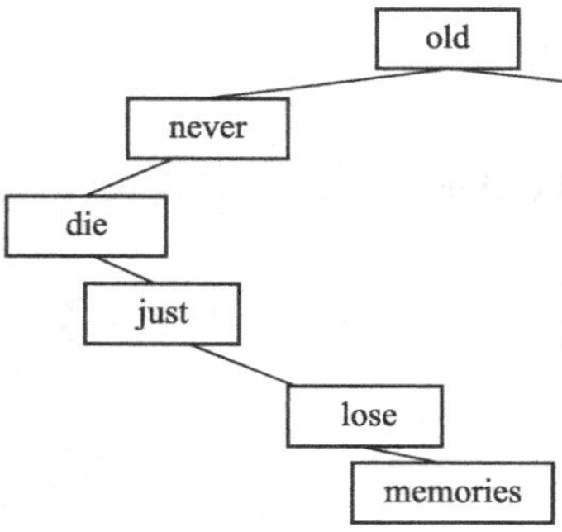

图 5.4.5

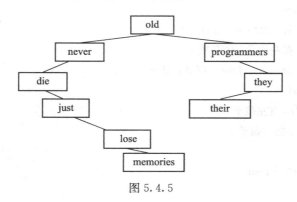

将数据存放在二叉查找树中可能产生不同结果。图 5.4.6 给出了将这些数据存放于另一个二叉查找树中，这里根结点是 never。

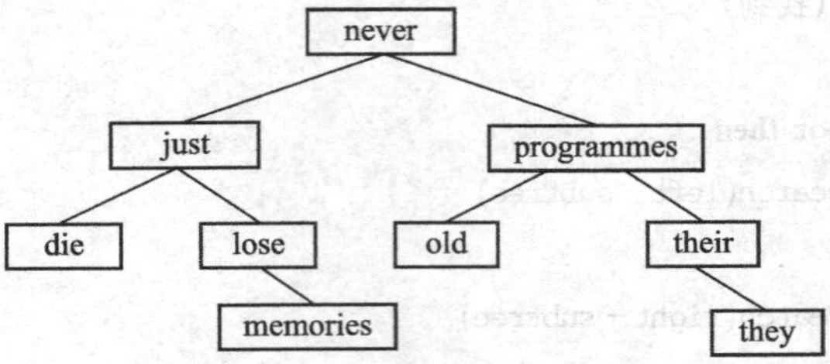

图 5.4.6

我们把构造二叉查找树的方法归纳成如下算法。

算法 5.4.11　生成一个二叉查找树

输入：以 $w_1, w_2, \cdots, w_n$ 为顺序的不同单词及单词个数 n

输出：一个二叉查找树 T

```
Procedure make_bin_search_tree(w,n)
  设置 T 是有一个结点 root 的树
  w1 存放在 root 中
  for i: = 2 to n do
    begin
      v: = root   // v 是结点变量,root 是一个结点
      search: = true   //为 wi 找插入点
      while search do
        begin
          s: = 在结点 v 中存放的单词
          if wi < s then
            if v 无左孩子 then
              begin
                对 v 增加一个左孩子 L
                在左孩子 L 中存放 wi
                search: = false   //结束查找
              end
            else   //v 有左孩子 L
              v: = v 的左孩子 L
    else //wi > s
        if v 无右孩子 then
          begin
            对 v 增加一个右孩子 R
            在右孩子 R 中存放 wi
            search: = false //结束查找
          end
```

```
        else // v有右孩子 R
            v: = v的右孩子 R
      end //while
    end //for
  return(T)
  end make_bin_search_tree
```

请读者用上述算法处理例 5.4.10 中的数据。

习题 5.4

1. 按字母顺序构造单词 four, score, and, seven, years, ago, our, forefathers, brought, forth 的二叉查找树。

2. 判断对错,并解释下面命题:

设 T 为二叉树,若 T 中每个结点 v 的数据都大于其左孩子的数据而小于其右孩子的数据,则 T 为一个二叉查找树。

3. 画出所要求的图形,或解释这种图形为什么不存在。

(1) 完全二叉树;有 4 个内部结点,5 个外部结点。

(2) 完全二叉树;深度为 3,有 9 个外部结点。

(3) 完全二叉树;深度为 4,有 9 个外部结点。

5.5　决策树

在本节中,我们用决策树来解释算法,并讨论排序和硬币问题中最坏情况时间的下界。下面先从硬币问题开始。

例 5.5.1　5 硬币问题

5 枚外观相同的硬币,其中有 4 枚重量相同,而另外一枚的重量或轻或重,暂称之为坏币。5 硬币问题的目的是只用一个能比较两组硬币的天平(见图 5.5.1)就可找出这枚坏币,并判定其重量比其他硬币是轻还是重。

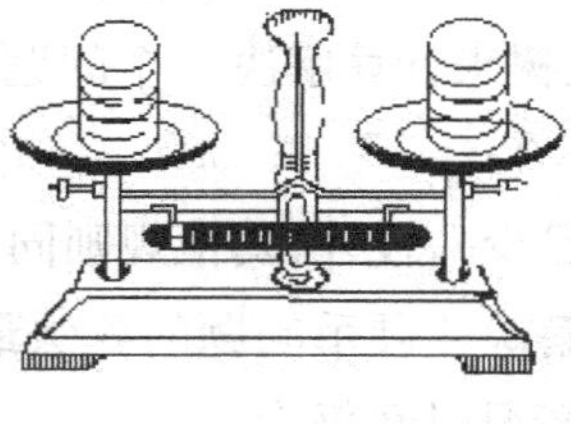

图 5.5.1

图 5.5.2 显示了一种解决此问题的决策树算法。5 枚硬币分别用 C_1, C_2, C_3,

C_4,C_5表示。如图 5.5.2 所示,我们从根开始,将 C_1 和 C_2 分别置于天平的左右托盘,图中边上的标记/、一、\分别表示左盘中的硬币重于、等于、轻于右盘中的硬币。假若我们在根部比较 C_1 和 C_2 时,如果左边重,那么可推出要么 C_1 是重币,要么 C_2 是轻币。此时坏币必为二者之一。在这种情况下,正如图中所示,我们继续比较 C_1 和 C_5(此时 C_5是个好币),由此立即得出坏币究竟是 C_1 还是 C_2,以及其重量到底是重还是轻。外部结点给出了这种情况的结果。比如,当我们比较 C_1 和 C_5并且它们的重量相等时,我们沿着相应的边可到达一个标记(C_2,L)的外部结点,其含义为 C_2 是坏币,并且它比其他的硬币轻。

如果将这个硬币问题中的最坏情况时间定义为最坏情况下需要进行比较的次数,那么由决策树就可以很容易地确定最坏情况的时间。例如图 5.5.2 中的树的深度为 3,也就是最坏情况下需要比较 3 次,于是相应算法的最坏情况时间就是 3。事实上,图 5.5.2 所示的解决 5 硬币问题的算法是最优的。下面用反证法证明。

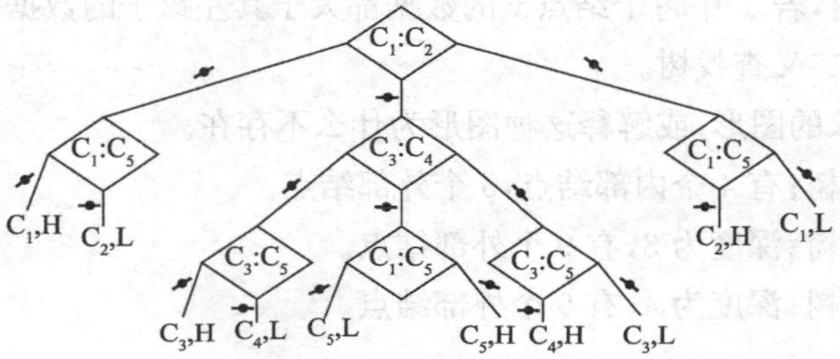

图 5.5.2

假设有一个算法在最坏情况下可以用小于 3 次的比较确定坏币及其轻重。用一个决策树来表示该算法,因为算法的最坏情况时间小于 3,所以树的深度也小于等于 2。由于每个内部结点最多有 3 个孩子,所以这时决策树最多有 9 个外部结点(见图 5.5.3),这些外部结点对应着所有可能的结果。由此可知,一个深度小于 3 的决策树最多只能有 9 种结果,而 5-硬币问题的结果共有 10 种可能的结果:

C_1,L	C_1,H	C_2,L	C_2,H	C_3,L
C_3,H	C_4,L	C_4,H	C_5,L	C_5,H

这就产生了矛盾,因此对于 5 硬币问题,算法的最坏情况时间不可能小于 3 次,必须大于等于 3 次。也就是说,图 5.5.2 所示的算法是最优的。

上面已经介绍了怎样用决策树来计算解决一个问题的算法的最坏情况时间的下界。但有时候,下界是不可确定的。

考虑 4 硬币问题(除硬币数目少一枚外,其他规则同 5 硬币问题)有 8 种可能结果,所以可以得出在最坏情况下,任何解决 4 硬币问题的算法最少要比较 2 次。但是经过进一步的检查,我们发现实际的最坏情况时间仍为 3。

对此,可以有两种选择:

(1) 2 对 2 比较;

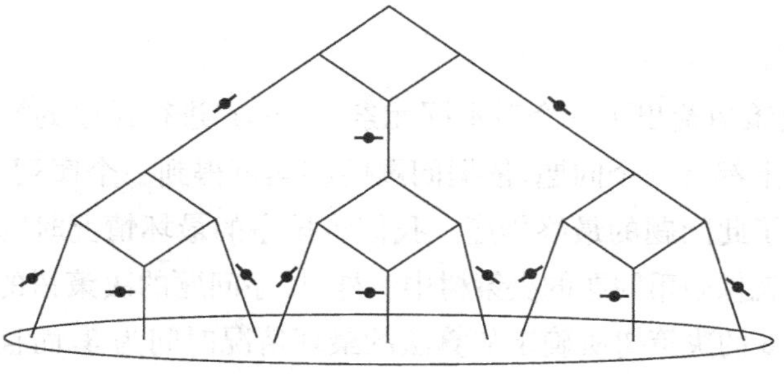

图 5.5.3

(2) 1 对 1 比较。

如果第一步采取 2 对 2 地比较(见图 5.5.4 所示),那么在两步之内决策树最多会有 6 种可能结果,而 4 硬币问题有 8 种结果,所以在最坏情况下,任何以 2 对 2 比较开始的算法都不可能在 2 步之内解决问题。

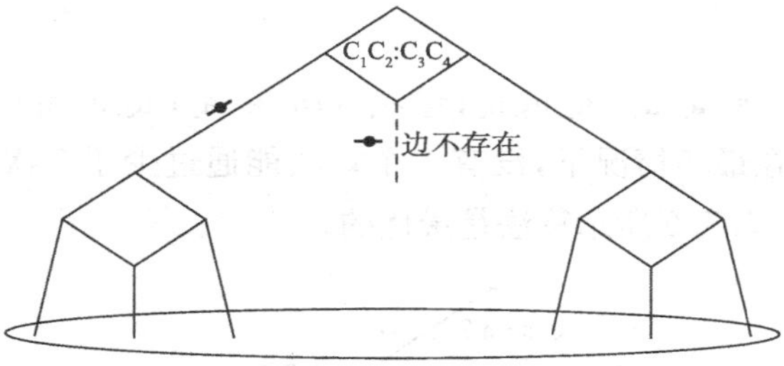

图 5.5.4

如果采取 1 对 1 比较(见图 5.5.5),若出现两个重量相等,再往下比较时,决策树最多可有 3 种结果。而实际情况会有 4 种可能结果(C_3,L;C_3,H;C_4,L;C_4,H),所以在最坏情况下,这种算法也不可能在 2 步以内解决问题。因此,任何解决 4 硬币问题的算法在最坏情况下也需要比较 3 次。

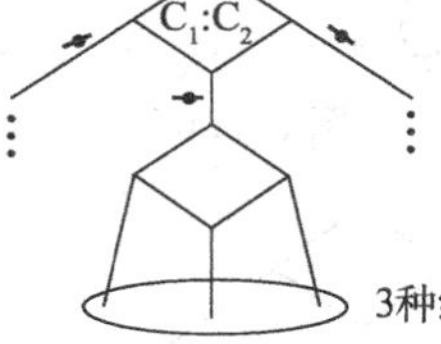

图 5.5.5

如果修改 4 硬币问题,只要求找出坏币而无需确定其轻重,那么在最坏情况下我们在 2 步之内就可以解决问题。请读者画出问题的算法。

下面我们用决策树来估计排序的最坏情况时间。

排序问题可描述为:将 n 个不同元素 a_1,a_2,…,a_n 按升序或降序排列。这里仅讨论通过不断比较两个元素,并依据比较结果修改原始序列的算法。

例 5.5.2

图 5.5.6 所示的决策树给出了一个对不同元素 a_1,a_2,a_3进行排序的算法。

图中每个内部结点上都有一个问题,依据问题的答案可得到一个序列,并标记在相应的边上。外部结点给出了此问题的最终排序。我们将排序的最坏情况时间定义为最坏情况下需要比较的次数。就像硬币问题的决策树中一样,排序问题的决策树的深度也等于最坏情况时间。由图 5.5.6 的决策树所确定的算法的最坏情况时间为 3,而且该算法是最优的。也就是说,没有一个对三个不同元素进行排序的算法的最坏情况时间会小于 3。

下面用反证法证明该结论。假设在最坏情况下,有一个算法用两次比较(或更少)就能将三个不同元素排序。用决策树描述该算法,因为算法的最坏情况时间小于 3,即树的深度小于 3。又由于每个内部结点最多有两个孩子,所以这个决策树最多有四个外部结点(见图 5.5.7),这些外部结点对应着所有可能的排序结果。由此可知,一个深度小于 3 的决策树最多只能有 4 种排序结果,而三个元素的排序问题有 6 种可能结果,对应于 3! =6 种排列:

$$a_1, a_2, a_3;\ a_1, a_3, a_2;\ a_2, a_1, a_3;\ a_2, a_3, a_1;\ a_3, a_1, a_2;\ a_3, a_2, a_1;$$

这就产生了矛盾。因此,在最坏情况下,没有一个算法能通过少于 3 次的比较就可将三个元素排序,也就是说,图 5.5.6 所示算法是最优的。

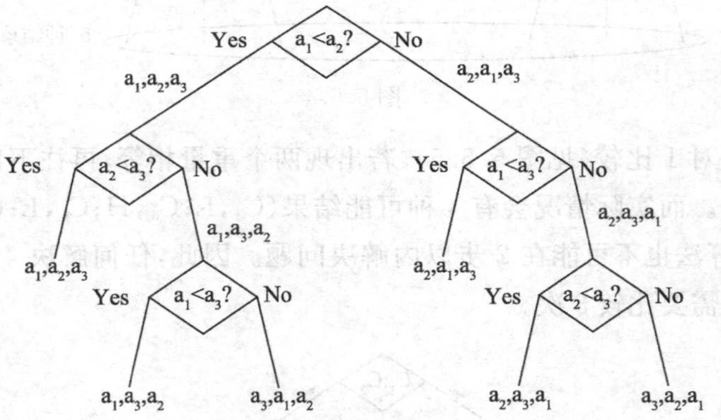

图 5.5.6

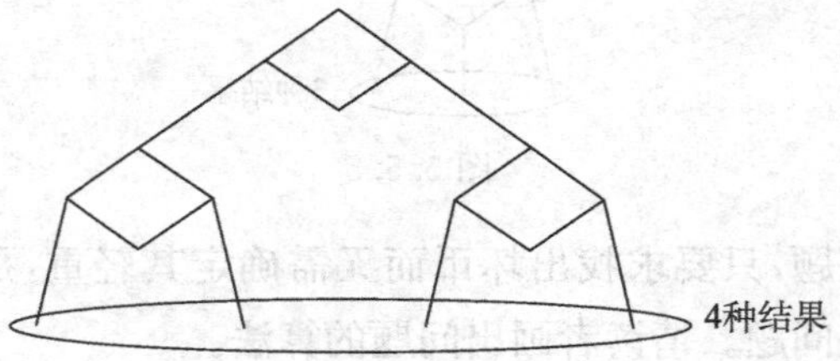

图 5.5.7

因为 4! =24,所以四个不同元素排序的问题有 24 种可能结果。要容纳 24 个外部结点,树的深度至少应为 5(见图 5.5.8),因为 $2^4 < 24 < 2^5$。因此,在最坏情况下,算法至

少需要 5 次比较才能将四个不同元素进行排序。

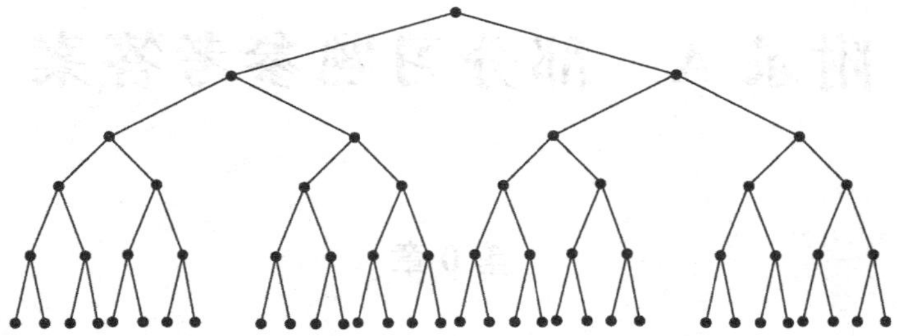

图 5.5.8

习题 5.5

1. 有 4 枚外观相同的硬币，其中 3 枚重量相等，另一枚比它们或轻或重，称为坏币。试用决策树描述一个算法，使得仅用一个天平且最多进行两次比较就可以确定出坏币（不必确定它比其他硬币轻还是重）。

2. 证明：第 1 题中的问题至少需要进行两次比较。

3. 有 8 枚外观相同的硬币，其中 7 枚的重量相等，另一个是赝品，比其他 7 枚都重，试用决策树描述一个算法，找出这个赝品。

4. 用决策树给出对 5 个不同元素进行排序的算法。

5. 证明：从 n 个元素中找出最大值的任何算法最少需要进行 $n-1$ 次比较。

附录 A　部分习题参考答案

第 0 章

习题 0.2

3. 设 $a=(a_1a_2\cdots a_8)$是只有一个字节的二进制数。

```
z: = (a1 a2 … a8) ∧ 1000 0000 //将 a 的最左边位保留下来
if z = 1000 0000 then //判断 a 的正负
    z: = 对 a 取反 + 1 //a 为负数时
else
    z: = a //a 为正数时
return(z)
```

第 1 章

习题 1.1

3. (1) { {1} }

(3) 按照划分的块的数目求出所有不同的划分,共有 15 个。

仅一个块的划分:$\{\{a,b,c,d\}\}$

有两个块的划分:$\{\{a,b,c\},\{d\}\}$,$\{\{a,b,d\},\{c\}\}$,$\{\{a,c,d\},\{b\}\}$,$\{\{b,c,d\},\{a\}\}$,$\{\{a,b\},\{c,d\}\}$,$\{\{b,c\},\{a,d\}\}$,$\{\{a,c\},\{b,d\}\}$

有 3 个块的划分:$\{\{a\},\{b\},\{c,d\}\}$,$\{\{a\},\{c\},\{b,d\}\}$,$\{\{a\},\{d\},\{b,c\}\}$,$\{\{b\},\{c\},\{a,d\}\}$,$\{\{b\},\{d\},\{a,c\}\}$,$\{\{c\},\{d\},\{a,b\}\}$,

有 4 个块的划分:$\{\{a\},\{b\},\{c\},\{d\}\}$

4. (1) 对;(2)错;(3)对;(4)错;(5)对;(6)错。

5. $P(\{a,b\})=\{\varnothing,\{a\},\{b\},\{a,b\}\}$。

6. 可以证明 X=Y。

7. (1) 真;

(2) 不真,比如$U=\{1,2,3,4,5\}$,$X=\{1,2\}$,$Y=\{3,4\}$,$Z=\{5\}$,显然,$X-(Y\cup Z)=\{1,2\}(X-Y)\cup Z=\{1,2,5\}$,而 $X-(Y\cup Z)\neq(X-Y)\cup Z$

(3) 不真,类似于(2)

(4) 不真,比如,$U=\{1,2,3,4,5\}$,$X=\{1,2\}$,$Y=\{3,4,5\}$,显然,$\overline{X}=\{3,4,5\}$,$\overline{Y}=\{1,

2}，而$(5,5)\notin \overline{X}\times\overline{Y}$，$(5,5)\in\overline{X\times Y}$

(5)真，由笛卡儿积的定义可知其为真。

9. (1) $A\Delta B=\{1,5\}$，(2)两个集合的对称差等于这两个集合的并与交的差。

习题 1.2

7. (2) 根据定义：如果 $x > y$，则 xRy，可知 R 不是自反的和对称的，是传递的和反对称的。R 不是偏序关系。

   (5) 根据定义：如果 2 整除$(x-y)$，则 xRy，可知 R 是自反的、对称的，传递的，但不是反对称的。R 不是偏序关系。

8. 根据定义：如果 $A\subseteq B$，则$(A,B)\in R$。

   (1) 设 A 是 X 的子集，显然 $A\subseteq A$，所以$(A,A)\in R$，则 R 是自反的。

   (2) 假设$(A,B)\in R$，$(B,C)\in R$，由定义有 $A\subseteq B$，$B\subseteq C$。我们知道，如果 $A\subseteq B$，$B\subseteq C$，则 $A\subseteq C$，于是得到$(A,C)\in R$。这表明 R 是传递的。

   (3) 如果$(A,B)\in R$，由定义，有 $A\subseteq B$。但是，当 $A\subseteq B$ 时，并不一定有 $B\subseteq A$。也就是说不一定有$(B,A)\in R$。这表明 R 不是对称的。

   (4) 假设$(A,B)\in R$，$(B,A)\in R$，根据定义，得 $A=B$。所以，R 是反对称的。

   于是，R 是偏序关系。

9. $R_1\cdot R_2=\{(1,4),(2,1),(2,2),(3,1),(3,2),(4,2)\}$

   $R_2\cdot R_1=\{(1,3),(1,1),(1,2),(3,4),(4,1),(4,2)\}$

10. (1) $R=\{(1,1),(2,2),(3,3),(4,4),(3,2),(2,3)\}$是自反，对称和传递的。

    (2) $R=\{(1,1),(2,2),(3,3),(4,4),(3,2),(2,4)\}$是自反，不对称和非传递的。

    (3) $R=\{(1,1),(2,2),(3,3),(4,4),(3,2),(2,4)\}$是自反，反对称和非传递的。

    (4) $R=\{(1,1),(2,2),(3,3),(3,2),(2,3)\}$是非自反，对称，非反对称和传递的。

    (5) $R=\{(1,1),(2,2),(3,2)\}$是非自反，不对称和传递的.

11. 本节中介绍了关系的逆和复合。而本题中讨论关系的并与交的运算，它们类似于集合的并与交。设关系 R，S 定义在集合$\{1,2,3,4\}$上。

    (1) $R=\{(1,2),(2,3),(1,3)\}$，$S=\{(2,3),(3,4),(2,4)\}$是传递的，但 $R\cup S=\{(1,2),(2,3),(1,3),(3,4),(2,4)\}$不是传递的，因为$(1,4)\notin R\cup S$。

    (2) 容易证明 $R\cap S$ 是传递的。

    (3) 续前，$S\cdot R=\{(1,3),(1,4),(2,4)\}$不是传递的。

    (5) $R\cup S$ 是自反的。

    (6) $R\cap S$ 是自反的。

    (7) $S\cdot R$ 是自反的。

    (9) $R\cup S$ 是对称的。

    (10) $R\cap S$ 是对称的。

    (11) $S\cdot R$ 不是对称的。比如 $R=\{(1,3),(3,1)\}$，$S=\{(3,4),(4,3)\}$是对称的，而

$S \cdot R=\{(1,4)\}$显然是不对称的。

12. 错误在于对称性定义的误用。就对称性而言，并不是说，对任意的 $x\in X$，(x,y)和(y,x)必定都在R中。而是说，如果(x,y)在R中，必有(y,x)在R中。比如，在第11题中，定义关系 $R=\{(2,2),(3,3)(3,2),(2,3)\}$就是对称的和传递的，但不是自反的。

习题 1.3

1. (1) 是，$[1]=[3]=\{1,3\}$；$[2]=\{2\}$；$[4]=\{4\}$；$[5]=\{5\}$

   (2) 是，$[1]=[3]=[4]=\{1,3,4\}$；$[2]=\{2\}$；$[5]=\{5\}$

   (5) 是，$[1]=[2]=[3]=[4]=[5]=\{1,2,3,4,5\}$

   (6) 是，$[1]=[5]=\{1,5\}$；$[2]=\{2\}$；$[3]=\{3\}$；$[4]=\{4\}$

   (7) 不是。

   (8) 不是。

2. (1) $R=\{(1,1),(2,2),(1,2),(2,1),(3,3),(4,4),(3,4),(4,3)\}$

   (4) $R=\{(1,1),(2,2),(3,3),(1,2),(2,1),(1,3),(3,1),(2,3),(3,2),(4,4)\}$

4. 令 $X=\{1,2,\cdots,10\}$，在 $X\times X$ 上定义关系R：如果 $a+d=b+c$，则$(a,b)R(c,d)$。

   (1) 证明：首先，对任意$(a,b)\in X\times X$，由于 $a+b=b+a$，所以$(a,b)R(a,b)$，R 是自反的。

   其次，对任意$(a,b),(c,d)\in X\times X$，若$(a,b)R(c,d)$，则 $a+d=b+c$，$c+b=d+a$，因此$(c,d)R(a,b)$，R 是对称的。

   再次，对任意$(a,b),(c,d),(e,f)\in X\times X$，若$(a,b)R(c,d)$，$(c,d)R(e,f)$，则 $a+d=b+c$，$c+f=d+e$，由此可得 $a+f=b+e$，即$(a,b)R(e,f)$，所以R是传递的。

   故R是等价关系。

   (2) 根据 $a+d=b+c$ 得，$a-b=c-d$，所以，$X\times X$ 的每个等价类的一个成员是：

   $$(1,1),(1,2),(1,3),(1,4),(1,5),\cdots,(1,10)$$

   $$(2,1),(3,1),(4,1),(5,1),\cdots,(10,1)$$

6. 是等价关系，因为它满足等价关系的三个条件。

7. $[3]=[4]=\{3,4\}$，$[1]=[2]=\{1,2\}$

9. (1) 易证。

   (2) 有 8 个等价类。

   (3) 每个等价类中的一个元素为：0111 1111，0011 1111，0001 1111，0000 1111，0000 0111，0000 0011，0000 0001，0000 0000。

习题 1.4

2. (1) $R=\{(a,w),(a,y),(c,y),(d,w),(d,x),(d,y),(d,z)\}$，

   (2) $R=\{(1,1),(1,3),(2,2),(2,3),(2,4)\}$，

3. 是自反的，对称的，不是反对称的。

习题 1.5

1. (1) temp：=分配[队名]

   (2) temp：=运动员[姓名，年龄]

   (3) temp1：=运动员[ID=PID]分配

   temp2：=temp1[投手]

   temp3：=temp2[队名]

   (4) temp1：=运动员[年龄≥30]

   temp2：=temp1[ID=PID]分配

   temp3：=temp2[队名]

习题 1.6

5. (1) 真。因为 $f \cdot g$ 是从 X 到 Z 的满射，所以对任意的 z，存在 x，使得 $f \cdot g(x)=z$。而 g 是从 X 到 Y 的函数，所以对任意的 x，存在 y，使得 $g(x)=y$，于是，对任意的 z，存在 y，使得 $f(y)=z$. 故 f 是满射。

   (2) 假。设 $g=\{(a,y),(b,y)\}$，$f=\{(y,1)\}$，$fg=\{(a,1),(b,1)\}$，显然 f 是入射，fg 不是入射。

   (3) 真。因为 f 是从 Y 到 Z 的满射，所以对任意的 z，存在 y，使得 $f(y)=z$. 而 g 是从 X 到 Y 的满射，所以对任意的 y，存在 x，使得 $g(x)=y$。所以对任意的 z，存在 x，使得 $fg(x)=z$，故 fg 是满射。

   (4) 假。设 $f=\{(a,z),(b,z)\}$，$g=\{(1,a)\}$，$fg=\{(1,z)\}$，显然 fg 是入射，但 f 不是入射。

   (5) 真。因为 $f \cdot g$ 是从 X 到 Z 的入射，所以对任意不相等的 x_1，x_2，都有 $f \cdot g(x_1) \neq f \cdot g(x_2)$，而 f 是从 Y 到 Z 的函数，所以必有 $g(x_1) \neq g(x_2)$，故 g 是入射。

7. (1) 是，且可换的。

   (2) 不是，因为 $1-5 \notin X$。

   (3) 不是。因为 $f(x,0)$ 无定义。

9. (1) 成立。提示，令 $x=a+e$，其中 a 是整数部分，e 是小数部分。

   (2) 成立。

   (3) 不成立。比如，取 $x=2.1$，$y=3.2$，$\lceil x+y \rceil=\lceil 2.1+3.2 \rceil=\lceil 6,2.1 \rceil+\lceil 3.2 \rceil=3+4=7$

   (4) 不成立。同上。

第 2 章

习题 2.1

2. (4) $\neg(p \vee q) \wedge (\neg p \vee r) \equiv \neg(F \vee T) \wedge (\neg F \vee F) \equiv \neg T \wedge (T \vee F) \equiv \neg T \wedge T \equiv F$

5. (2) $\neg p\wedge(q\vee r)$意义是：今天不是星期一，并且天正在下雨或者天气热。

(3) $\neg(p\vee q)\wedge r$ 意义是：并非(今天是星期一或天没有下雨)，而且天气热。

10. 是 Tom 吃的。

习题 2.2

10. A,B 都是流氓。

11. 令 p：王教授是苏州人，q：王教授是上海人，r：王教授是杭州人。再根据题意列出复合命题，推出王教授是上海人。

习题 2.3

4. 令 $L(x,y)$：x 爱 y，则

(1) $\exists x\forall y L(x,y)$，真。

(2) $\forall x\forall y L(x,y)$，假。

(3) $\exists x\exists y L(x,y)$，真。

(4) $\forall x\exists y L(x,y)$，假。

5. (1) 所有的人不爱有些人。

(2) 有些人不爱有些人。

(3) 所有的人不爱所有的人。

(4) 有些的人不爱所有的人。

习题 2.4

3. (1) 设 $p\to r, p\to q$ 均为真，则$(p\to r)\wedge(p\to q)=(\neg p\vee r)\wedge(\neg p\vee q)=\neg p\vee(r\wedge q)=p\to(r\wedge q)=\mathrm{T}$。故论证是有效的。

(2) 设 $p\to(r\vee q)=\mathrm{T}, r\to\neg q=\mathrm{T}$，则 $r\to\neg q=\neg r\vee\neg q=\neg(r\wedge q)=\mathrm{T}$，

$\therefore r\wedge q=\mathrm{F}$，则，或 $q=\mathrm{F}$，或 $r=\mathrm{F}$。

① 若 $q=\mathrm{F}$，则 $\neg q=\mathrm{T}$，由 $r\to\neg q=\mathrm{T}$ 得，$r=\mathrm{T}$，所以 $r\vee q=\mathrm{T}$，由 $p\to(r\vee q)=\mathrm{T}$ 得，$p=\mathrm{T}$，所以 $p\to r=\mathrm{T}$。

② 若 $r=\mathrm{F}$，则由 $r\to\neg q=\mathrm{T}$ 得，$\neg qv=\mathrm{T}$，或 $\neg q=\mathrm{F}$。

如果 $\neg q=\mathrm{T}$，则 $q=\mathrm{F}$，此情形①已证明。

如果 $\neg q=\mathrm{F}$，则 $q=\mathrm{T}$，所以 $r\vee q=\mathrm{T}$，由 $p\to(r\vee q)=\mathrm{T}$ 得，$p=\mathrm{T}$，所以 $p\to r=\mathrm{F}$。这种情况说明，当 $p\to(r\vee q)$ 和 $r\to\neg q$ 均为真时，$p\to r$ 不一定为真。

故论证是无效的。

(3) 假设 $p\vee q$、$\neg p\vee r$、$\neg r$ 均为真。则 $r=\mathrm{F}$，由 $\neg p\vee r=\mathrm{T}$ 得，$\neg p=\mathrm{T}$，所以 $p=\mathrm{F}$，再由 $p\vee q=\mathrm{T}$ 得，$q=\mathrm{T}$。这就是说，当 $p\vee q$、$\neg p\vee r$、$\neg r$ 均为真，必有 $q=\mathrm{T}$。故论证是有效的。

(4) 设 $\neg r\to\neg p=\mathrm{T}, r=\mathrm{T}$，则 $\neg r=\mathrm{F}$，由 $\neg r\to\neg p=\mathrm{T}$ 知，$\neg p$ 可为真，或为假。也就

是，p 不一定为真。故论证是无效的。

4. (2)因为 $p\wedge\neg p=\mathrm{F}$，所以 $(p\wedge\neg p)\to q=\mathrm{T}$，即 $(p\wedge\neg p)\to q$ 为永真式。也就是说，这个论证是有效的。

(3) 设 $(p\to q)\wedge(r\to s)$、$p\vee r$ 均为真。由 $p\vee r=\mathrm{T}$ 得，$p=\mathrm{T}$ 或 $r=\mathrm{T}$。

① 若 $p=\mathrm{T}$，由 $p\to q=\neg p\vee q=\mathrm{T}$ 得，$q=\mathrm{T}$，故 $q\vee s=\mathrm{T}$。

② 若 $r=\mathrm{T}$，由 $r\to s=\neg r\vee s=\mathrm{T}$ 得，$s=\mathrm{T}$，故 $q\vee s=\mathrm{T}$。

故论证是有效的。

(4) 设 $p\to(q\to r)$、$q\to(p\to r)$ 均为真。若取 $p=\mathrm{F}$，$q=\mathrm{T}$，$r=\mathrm{F}$，则 $p\to(q\to r)=\mathrm{F}\to(\mathrm{T}\to\mathrm{F})=\mathrm{F}\to\mathrm{F}=\mathrm{T}$，$q\to(p\to r)=\mathrm{T}\to(\mathrm{F}\to\mathrm{F})=\mathrm{T}\to\mathrm{T}=\mathrm{T}$，但是，$(p\vee q)\to r=(\mathrm{F}\vee\mathrm{T})\to\mathrm{F}=\mathrm{T}\to\mathrm{F}=\mathrm{F}$。故论证是无效的。

习题 2.5

1. (1) ① $\neg p\vee q\vee r$（条件引入）

② $\neg q$（条件引入）

③ $\neg r$（条件引入）

④ $\neg p\vee r$（由①②根据 2.5.2(a)）

⑤ $\neg p$（由③④根据 2.5.2(a)）

(3) ① $\neg p\vee t$（条件引入）

② $\neg q\vee s$（条件引入）

③ $\neg r\vee(s\wedge t)$（条件引入）

④ $p\vee q\vee r\vee u$（条件引入）

⑤ $t\vee q\vee r\vee u$（由①④根据 2.5.1）

⑥ $t\vee s\vee r\vee u$（由②⑤根据 2.5.1）

⑦ $\neg r\vee s$（由③根据德·摩根律）

⑧ $\neg r\vee t$（由③根据德·摩根律）

⑨ $s\vee t\vee u$（由⑥⑦根据 2.5.1）

(4) ① $p\to q$（条件引入）

② $p\vee q$（条件引入）

③ $\neg p\vee q$（由①根据例 2.2.12）

④ q（由②③根据 2.5.1）

5. (1) $\forall x[p(x)\to(q(x)\wedge r(x))]$（下面的理由略）

$\forall x(p(x)\wedge s(x))$

$p(a)\to(q(a)\wedge r(a))$

$p(a)\wedge s(a)$

$p(a)$

$q(a)\wedge r(a)$

$r(a)$

$s(a)$

$r(a) \wedge s(a)$

$\therefore \forall a(r(a) \wedge s(a))$

(2) $\forall x(p(x) \vee q(x))$

$\exists x \neg p(x)$

$\neg p(a)$

$p(a) \vee q(a)$

$q(a)$

$\forall x(\neg q(x) \vee r(x))$

$\neg q(a) \vee r(a)$

$q(a) \vee r(a)$

$r(a)$

$\forall x(s(x) \rightarrow \neg r(x))$

$s(a) \rightarrow \neg r(a)$

$r(a) \rightarrow \neg s(a)$

$\neg s(a)$

$\therefore \exists x \ \neg s(x)$

习题 2.6

4. 证明：令 $p(n)$是命题：可以用 2 分和 5 分邮票来构成 $n(\geqslant 6)$分邮资。

对于 $n=6$，则 6 分的邮资可由 3 个 2 分的邮票组成。

假设命题 $p(i)$为真。即邮资 $i \leqslant k(i \geqslant 6)$时，$n=i$ 的邮资可由 2 分和 5 分的邮票组成。下面要证明在 $p(i)$为真的情况下，$p(k+1)$也为真。即 $k+1$ 分的邮资也可由 2 分和 5 分的邮票组成。对于 $k+1$ 分的邮资来说，如果 k 全都是由 2 分邮票组成，那么取 2 个 2 分邮票与增加的 1 分邮资，换成一个 5 分的邮票。由归纳假设，剩下的 $k-4(\leqslant k)$可由 2 分邮票组成。此时，邮资 $k+1$ 可由 2 分和 5 分的邮票组成。如果 k 至少含有一个 5 分邮票，那么取出这个 5 分邮票，以及增加的 1 分邮资，就可换成 3 个 2 分邮票。而由归纳假设，剩下的 $k-5(\leqslant k)$可由 2 分和 5 分的邮票组成。此时，邮资 $k+1$ 也可仅由 2 分和 5 分的邮票组成。这就完成了归纳证明。

7. 错误出现在归纳步骤中。因为在得到 $\max\{a-1, b-1\}=k$ 之后，$a-1, b-1$ 不一定是正整数，此时失去了用归纳假设的条件。也就不能得到 $a-1=b-1$，从而推不出 $a=b$。

第 3 章

习题 3.1

1. x: = a

```
    if x>b then x: = b
    if x >c then x: = c
```

2\.
```
x: = a
 if b<x then
       if x<c then
          second: = a
       else
          x: = b
       if c<x then
          second: = b
       else
     second: = c
 else //b≥x
     if c<x then
        second: = a
     else
        x: = b
     if c<x then
        second: = c
     else
        second: = b
```

3\. 设 $a=(a_n\cdots a_2a_1)_{10}$，$b=(b_n\cdots b_2b_1)_{10}$，计算 a + b。

```
M: = 0
for i: = 1 to n+1 do
if a_i + b_i<10 then
  m_i : = a_i + b_i
  M = m_i × 10^(i-1) + M
else
  m_i : = a_i + b_i - 10
  a_(i+1) : = a_(i+1) +1
  M = m_i × 10^(i-1) + M
```

习题 3.2

1\.
```
x: = a
 if x = b then
       return(no)
 if x = c then
       return(no)
 if b = c then
```

```
    return(no)
  return(yes)
```

2. (1) 求最大值首次出现的位置

```
procedure find-max(s,n)
max: = s1
k: = 1
for i: = 2 to n
    begin
      if si>max then
            max: = si
            k: = i
    end
    return(k)
end find-max
```

(2) 求最大值末次出现的位置

```
procedure find-max(s,n)
max: = s1
k: = 1
for i: = 2 to n
  begin
  if si≥max then
      max: = si
      k: = i
  end
  return(k)
end find-max
```

3. (1) 求数列的次最大值

```
procedure second-max(s,n)
first: = s1
for i: = 2 to n
  begin
    if si≥first then
          first: = si
  end
for i: = 1 to n
  begin
    if si≠first then
          bi = s i
```

```
        else
            bi = s i-1
      end
    second-max: = b1
    for i: = 2 to n
      begin
        if bi≥second - max then
            second - max: = bi
      end
    return(second - max)
```

习题 3.3

4. 只要证明，a 与 b 的公约数集合等于 a 与 $a+b$ 的公约数集合。

7. $c=6$。

8. 53 存入单元 9，13 存入单元 2，281 存入单元 6，743 存入单元 7，377 存入单元 3，20 存入单元 10，10 存入单元 0，796 存入单元 4。

习题 3.5

```
1. procedure add(a,b,n)
     c:=0
     s:=0
     for j:=0 to n do
       begin
       d:=⌊(aj+bj+c)/2⌋
       sj:=aj+bj+c-2d
       c:=d
     s:=s+ sj×10^j
     end
   end add()
```

习题 3.6

7. (1)输入：关系 R 的 n×n 矩阵 A 和 n

输出：如果 R 不是自反的，输出假；如果 R 是自反的，输出真

```
procedure is_self(A,n)
for i: = 1 to n
  begin
    if aii≠ 1 then
```

```
        return(false)
      end
   return(true)
   end is_self
```

(2)输入:关系R的n×n矩阵A和n

输出:如果R不是反对称的,输出假;如果R是反对称的,输出真

```
procedure is_selfsymmetric(A,n)
for i:=1 to n-1
    for j:=i+1 to n
        if(a_ij = a_ji)and(a_ij = 1)then
            return(false)
 return(true)
 end is_selfsymmetric
```

(3)输入:关系R的m×n关系矩阵A

输出:关系R的逆关系矩阵

```
procedure-transpose(A,m×n)
for i:=1 to m
    for j:=1 to n
      swap(a_ij,a_ji)
end transpose
```

习题3.7

3. 计算不含子串000的n位二进制串的个数。

(1) 以1开头,在这种情形下,如果其余$n-1$位不含有000,则该n位串也不含有000,这样的$n-1$位串有S_{n-1}个。

(2) 以0开头,要考虑两种情形。

其一,以01开头,在这种情形下,如果其余$n-2$位不含有000,则该n位串也不含有000,这样的$n-2$位串有S_{n-2}个。

其二,以00开头,则第三位必须为1,且如果其余$n-3$位不含有000,则该n位串也不含有000,这样的$n-3$位串有S_{n-3}个。

因为这些情形是相互排斥且包括所有的不含有000的n位串,所以对于$n>3$,有$S_n=S_{n-1}+S_{n-2}+S_{n-3}$,$S_1=2$(存在2个1位串),$S_2=4$(存在4个2位串),$S_3=7$(存在8个3位串,但其中之一是000)。

7. 输 入:n

输 出:$S_n=1^2+2^2+3^2+\cdots+n^2$之和

```
1. Procedure sum(n)
2. if n=1 then
```

```
3.        sum(n): = 1
4. else
5.        sum(n): = sum(n-1) + n²
6. end sum
```

8. 我们容易得到，walk(n)=walk(n−1)+walk(n−2)+ walk(n−3)，其中 walk(1)=1，walk(2)=2，walk(3)=4。

输 入：n

输 出：walk(n)

```
1. Procedure walk(n)
2. if n=1 then
3.        return (1)
4. else if n=2 then
5.        return (2)
6. else if n=3 then
7.        return (4)
8. return (walk(n−1)+walk(n−2)+walk(n−3))
9. end walk
```

9. 输 入：a 和 b(不全为 0 的非负整数)

输 出：a 和 b 的最大公约数

```
Procedure gcd(a,b)
1. if a<b then
2.        swap(a,b) // 使 a 比较大
3. if b=0 then
4.        gcd(a,b):=a
5. else
6.        gcd(a,b):=gcd(a−b,b)
7. end gcd
```

第 4 章

习题 4.1

1. 将每个同学分别作为一个结点，如果两个人握过一次手就在相应的两个结点之间画一条无向边，于是得到一个无向图。一个人握手的次数就是这个结点与其他结点所连接的边的条数，进而可得出所有人握手次数之和。
2. 将该组里的一个人看做一个结点，如果两个人是朋友，则在相应的两个节点之间连一条无向边，于是得到一个无向图。设图 G 中的 n 个顶点为 $v_1, v_2, \cdots v_n$，与它们相连的边数为分别 $d_1, d_2, \cdots d_n$，显然 $0 \leqslant d_i \leqslant n-1$，由于 0 与 $n-1$ 不能同时出现(因为若某个 $d_i=0$，则所有其他的 d_j 都不会等于 $n-1$)，所以这些点的边数只能在 $n-1$ 个整数

中取值，由抽屉原则可知，其中必有两个顶点的次数相同。

3. 将每人看作一个结点，若两人相互认识，则用红线相连，否则用蓝线相连。任取一点 A_1，从它引出 5 条边中至少有 3 条是同色的。不妨设 A_1A_2，A_1A_3，A_1A_4 是同色的。分两种情况讨论：

(1)若 A_1A_2，A_1A_3，A_1A_4 都是红色，如果在 A_2A_3，A_3A_4，A_4A_2 中有一条是红色的，例如 A_2A_3 是红色的，那么 A_1，A_2，A_3 就是相互认识的。不然的话，A_2A_3，A_3A_4，A_4A_2 都是蓝色，它们就相互不认识了。

(2)若 A_1A_2，A_1A_3，A_1A_4 都是蓝色的，证法同(1)。

4. 不妨认为是从北岸到南岸，则在北岸可能出现的状态为 16 种，其中安全状态有下面的 10 种：(人，狼，羊，菜)，(人，狼，羊)，(人，狼，菜)，(人，羊，菜)，(人，羊)，()，(狼)，(羊)，(菜)，(狼，菜)。不安全状态有下面的 6 种：(人)，(人，狼)，(人，菜)，(狼，羊)，(羊，菜)，(狼，羊，菜)。现将北岸的 10 种安全状态看做结点，而渡河的过程则是状态之间的转换，这样就得到一个无向图。方案是：(人，狼，羊，菜)→(狼，菜)→(人，狼，菜)→(狼)→(人，狼，羊)→(羊)→(人，羊)→()。还有另一种方案，请读者自己找出。

5. 因为图中存在着奇数度的顶点(比如 b，d)，而且路径不以它们为起点或终点。

6. (1)(a,c,e,b,c,d,e,f,d,b,a)，(2)(a,c,f,e,c,b,e,d,b,a)。

9. $(n-1)+\cdots+3+2+1=n(n-1)/2$

10. 如附图 1 所示。

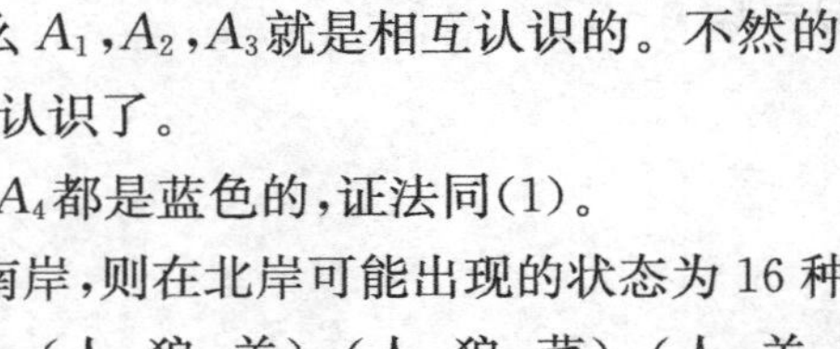

附图 1

11. (1) (b,c,a,d,e)，(2)(c,a,b,e,d)，(3)(a,c,d,e,b)。

12. (1) 是偶图，$V_1=\{v_1,v_2,v_5\}$，$V_2=\{v_3,v_4\}$，

(2) 是偶图，$V_1=\{v_1,v_3,v_4,v_6,v_8,v_9\ v_{10}\}$，$V_2=\{v_7,v_2,v_5\}$。

13. 如附图 2 所示。

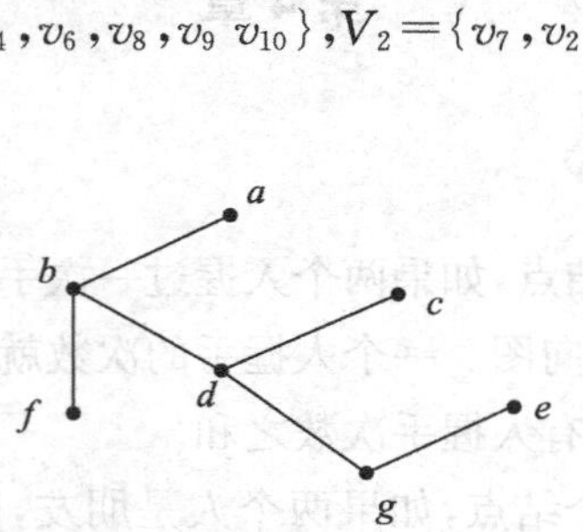

附图 2

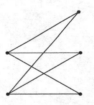

习题 4.2

2. （1）如附图 3 所示。

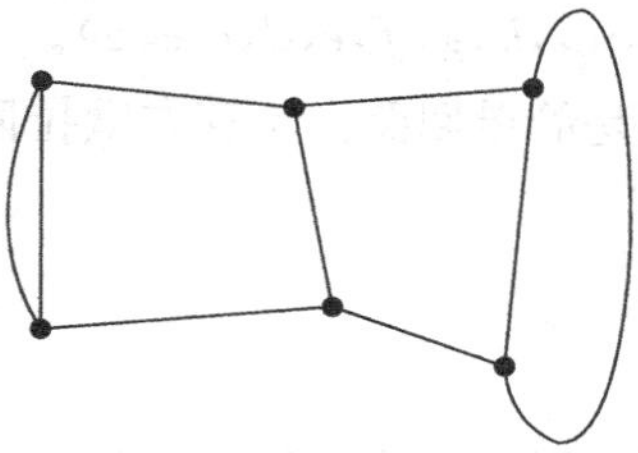

附图 3

（2）不存在，因为奇数度结点的个数为奇数。

（3）如附图 4 所示。

附图 4

附图 5

（4）如附图 5 所示。

（5）不存在，因为 $1+2+3+4\neq 2\times 4$。

（6）如附图 6 所示。

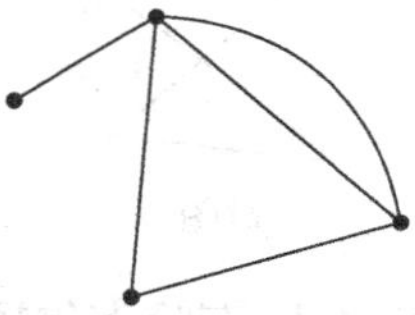

附图 6

（7）不存在，因为奇数度结点的个数为奇数。

（8）如附图 7 所示。

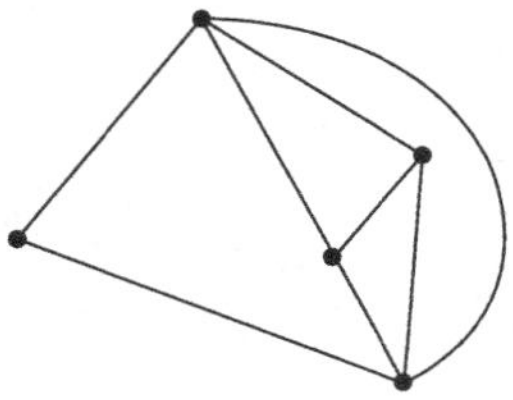

附图 7

3. (a,a)，(b,c,g,b)，(b,c,d,f,g,b)，(b,c,d,e,f,g,b)，(c,g,f,d,c)，(c,g,f,e,d,c)，(d,f,e,d)

4. (a,b,c,d,e)，(a,b,c,d,f,e)，(a,b,c,g,f,d,e)，(a,b,c,g,f,e)，(a,b,g,c,d,e)，$(a,$

$b,g,c,d,f,e)$，(a,b,g,f,d,e)，(a,b,g,f,e)。

6. 当 n 为奇数时，完全图 K_n 有欧拉回路；当 m,n 均为偶数时，完全偶图 $K_{m,n}$ 有欧拉回路。
7. 结点 a,g 具有奇数度，$(a,b,c,a,h,g,f,e,d,c,e,g)$。
8. 不是简单路径，是回路，但不是简单回路。不存在欧拉回路，因为图中结点的度数不全为偶数。

习题 4.3

1. 将立方体投影在平面上得到附图 8，显然，在图中 123456781 是一条哈密尔顿回路。

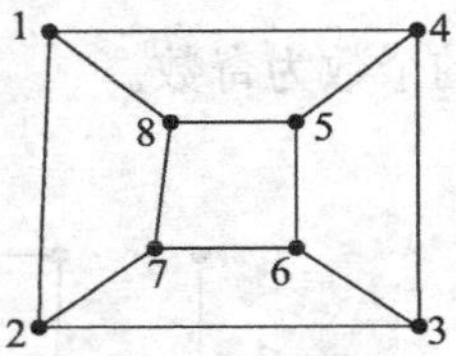

附图 8

2. 我们知道，哈密尔顿回路 H 中的每个结点的度均为 2。如果有哈密尔顿回路，则边 (a,b)，(a,e)，(b,c)，(c,g) 和 (b,d) 必在 H 中，此时结点 b 的度数大于 2。因此，图中没有哈密尔顿回路。
3. 如附图 9 所示。

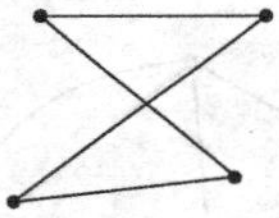

附图 9

5. 用数学归纳法证明：当 $n=3$ 时，完全图 K_3 有哈密尔顿回路。假设当时 $n=k$ 时，完全图 K_k 有哈密尔顿回路 $(v_1,v_2,\cdots,v_{k-1},v_k,v_1)$。对于 $n=k+1$，因为 K_{k+1} 是完全图，所以第 $k+1$ 结点 v_{k+1} 与其他的每个结点之间都存在一条边，也就与 v_k，v_1 之间都有边，此时取消结点 v_k，v_1 之间的边 (v_k,v_1)，换成另两条边 (v_k,v_{k+1})，(v_{k+1},v_1)。这仍是一个哈密尔顿回路。

习题 4.4

1. 完全图 K_5 的邻接矩阵为

$$\begin{array}{c} \\ a \\ b \\ c \\ d \\ e \end{array}\begin{array}{c} \begin{array}{ccccc} a & b & c & d & e \end{array} \\ \begin{pmatrix} 0 & 1 & 1 & 1 & 1 \\ 1 & 0 & 1 & 1 & 1 \\ 1 & 1 & 0 & 1 & 1 \\ 1 & 1 & 1 & 0 & 1 \\ 1 & 1 & 1 & 1 & 0 \end{pmatrix} \end{array}$$

完全偶图 $K_{2,3}$ 的邻接矩阵为 $v_1=\{a,b\}, v_2=\{c,d,e\}$

$$\begin{array}{c} \\ a \\ b \\ c \\ d \\ e \end{array}\begin{array}{c} \begin{array}{ccccc} a & b & c & d & e \end{array} \\ \begin{pmatrix} 0 & 0 & 1 & 1 & 1 \\ 0 & 0 & 1 & 1 & 1 \\ 1 & 1 & 0 & 0 & 0 \\ 1 & 1 & 0 & 0 & 0 \\ 1 & 1 & 0 & 0 & 0 \end{pmatrix} \end{array}$$

2. 邻接矩阵为

$$\begin{array}{c} \\ a \\ b \\ c \\ d \\ e \end{array}\begin{array}{c} \begin{array}{ccccc} a & b & c & d & e \end{array} \\ \begin{pmatrix} 0 & 1 & 1 & 1 & 1 \\ 1 & 0 & 1 & 0 & 0 \\ 1 & 1 & 0 & 1 & 1 \\ 1 & 0 & 1 & 0 & 1 \\ 1 & 0 & 1 & 1 & 0 \end{pmatrix} \end{array}$$

关联矩阵为

$$\begin{array}{c} \\ a \\ b \\ c \\ d \\ e \end{array}\begin{array}{c} \begin{array}{cccccccc} x_1 & x_2 & x_3 & x_4 & x_5 & x_6 & x_7 & x_8 \end{array} \\ \begin{pmatrix} 1 & 0 & 1 & 0 & 1 & 1 & 0 & 0 \\ 1 & 1 & 0 & 0 & 0 & 0 & 0 & 0 \\ 0 & 1 & 0 & 1 & 0 & 1 & 1 & 0 \\ 0 & 0 & 0 & 1 & 0 & 1 & 0 & 1 \\ 0 & 0 & 1 & 0 & 0 & 0 & 1 & 1 \end{pmatrix} \end{array}$$

3. 如附图 10 所示。

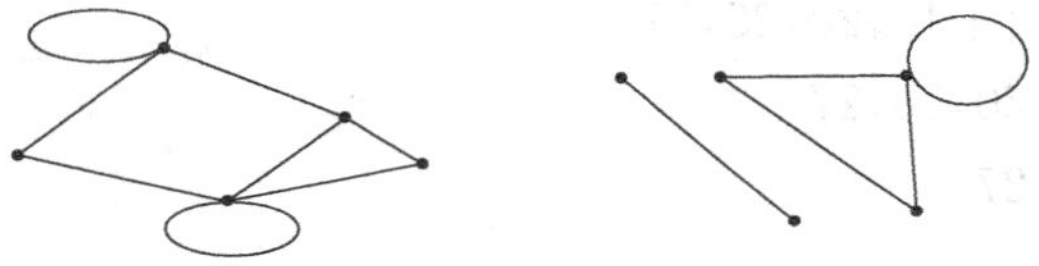

附图 10

6. 如附图 11 所示。

附图 11

习题 4.5

1. (1) 从 a 到 i 的最短路径 (a,e,f,i)。
   (2) 从 a 到 z 的最短路径 (a,e,f,i,g,z)。
   (3) 从 a 经过 c 再到 z 的最短路径 (a,b,c,d,z) 或 (a,b,c,f,i,g,z)。
2. 不能。

第 5 章

习题 5.1

4. (1) PEN, (2) LAP, (3) DEAL, (4) SALAD, (5) 0111100010, (6) 010000001111, (7) 01110001001111, (8) 11001001111。
5. 用二进制对计算机中所使用的符号进行编码时，要考虑两个点：一是码长要尽可能地短，频率高的字符用较短的码，从而使所需的存储空间较小；二是保证编码不产生歧义。

6. 5,6,6,11,20→5＋6,6,11,20

11,6,11,20→11＋6,11,20

17,11,20→17＋11,20

28,20

如附图 12 所示。

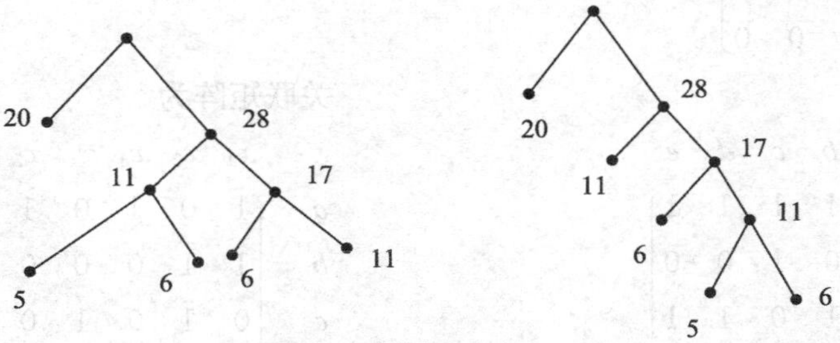

附图 12

7. 2,5,7,10,20,25,27→2＋5,7,10,20,25,27

7,7,10,20,25,27→7＋7,10,20,25,27

14,10,20,25,27→14＋10,20,25,27

24,20,25,27→24＋20,25,27

44,25,27→44,25＋27

44,52

如附图 13 所示。

9. 2,2,3,6,8→2＋2,3,6,8

4,3,6,8→4＋3,6,8

7,6,8→7＋6,8

13,8

如附图 14 所示。

A＝01,B＝0001,C＝001,D＝0000,E＝1,

比尔教授建议方法的平均长度为：(6×1＋2×2＋3×2＋2×2＋8×1)/21＝28/21＝1.33。霍夫曼码的平均长度为：(6×2＋2×4＋3×3＋2×4＋8×1)/21＝45/21＝2.14。可见，用比尔教授建议的编码储存文本文件所需空间比使用最优霍夫曼码的空间还要小。但是，比尔教授建议的编码将会产生解码错误。

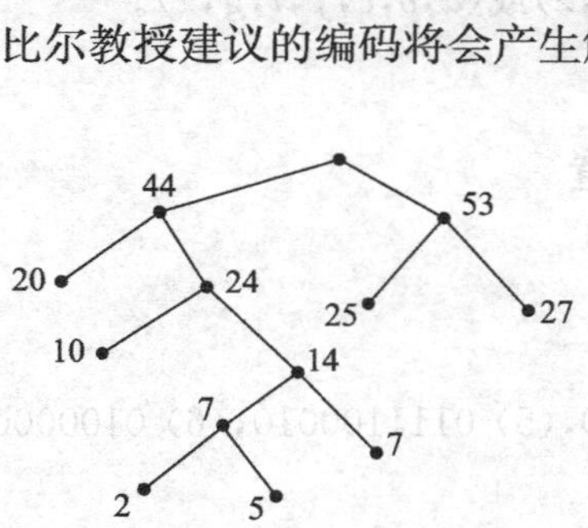

附图 13

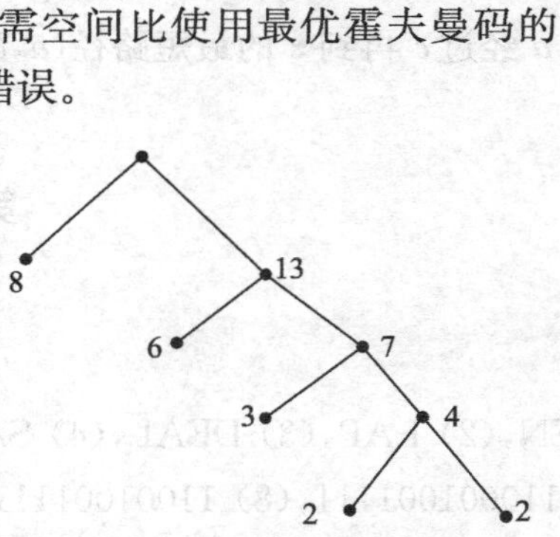

附图 14

习题 5.2

4. (1) 树不存在，因为 n 阶无向树 T 至少有 2 个叶子，因而不可能每个结点的度均为 2。

(2) 如附图 15 所示。

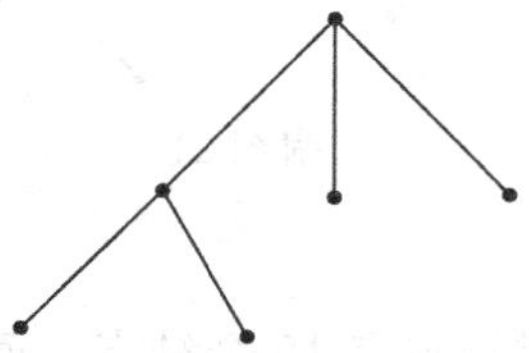

附图 15

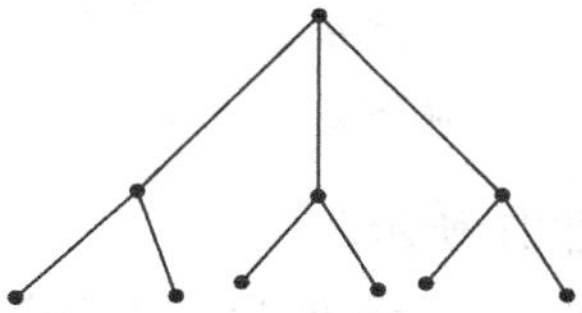

附图 16

(3) 如附图 16 所示。

5. **解**：设 T 有 x 个结点的度数为 1，则 T 的结点总数为 $2+3+x=x+5$。由无向树的定理知，T 恰有 $x+4$ 条边。根据握手定理，$2\times4+3\times3+x\times1=2(x+4)$，于是 $x=9$，所以 T 有 14 个结点。满足条件的一个树如附图 17 所示。

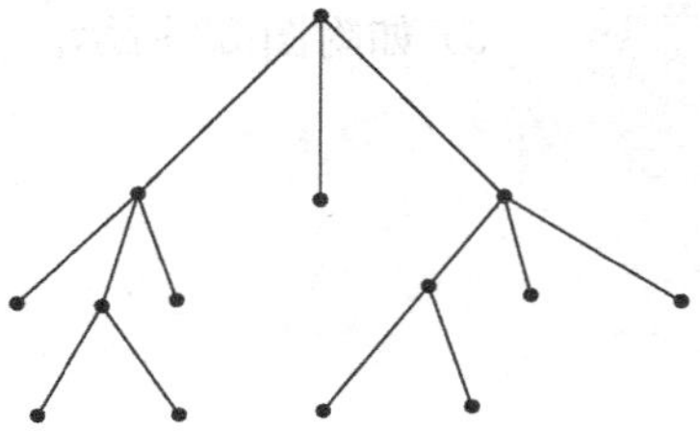

附图 17

习题 5.3

3. (2)如附图 18 所示。

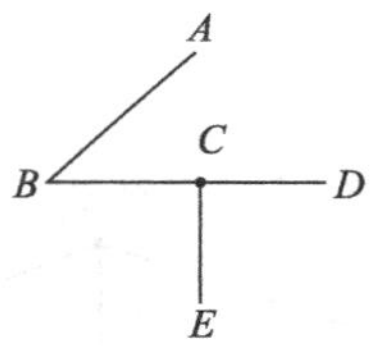

附图 18

4. 设 v 是 prim 算法考查的第一个结点，而 e 是与 v 相关联的权值最小的边，那么边 e 将包含在由该算法构造的最小生成树之中。

习题 5.4

1. 如附图 19 所示。

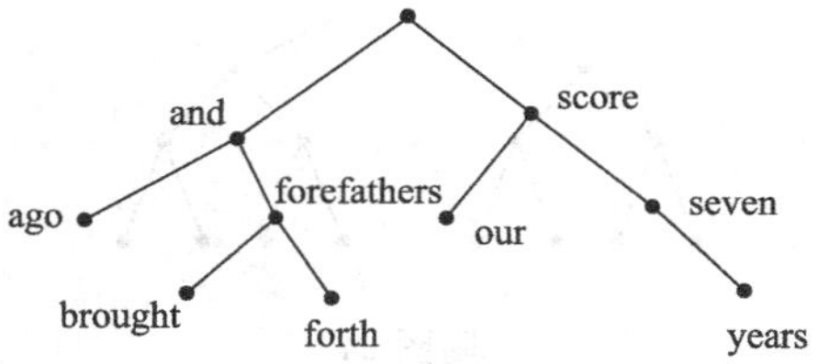

附图 19

2. 错,如附图 20 所示。

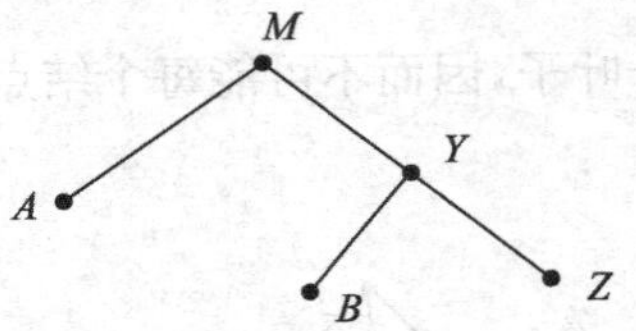

附图 20

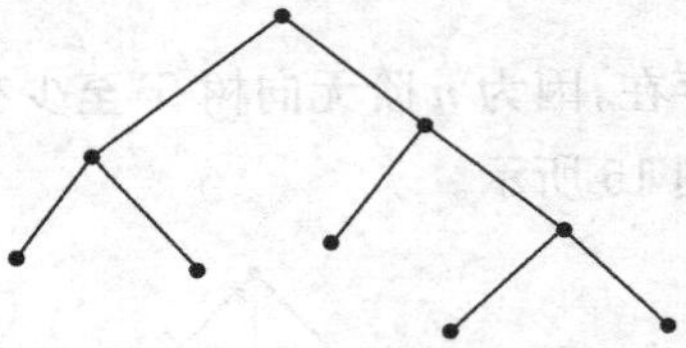

附图 21

3. (1) 如附图 21 所示。

(2) 不存在。因为深度为 3 的完全二叉树最多有 15 个结点。而本题中有 9 个外部结点,那么有 8 个内部结点,总计有 17 个结点。这是不可能的。

(3) 如附图 22 所示。

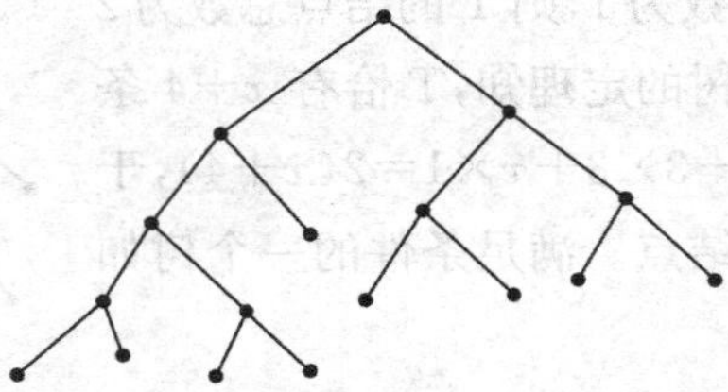

附图 22

习题 5.5

1. 如附图 23 所示。

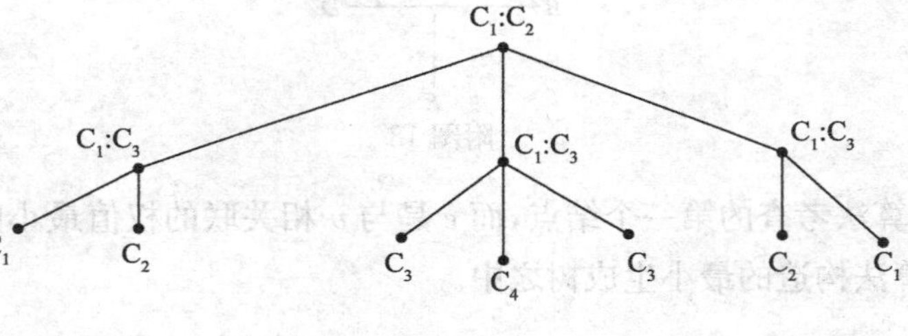

附图 23

3. 如附图 24 所示。

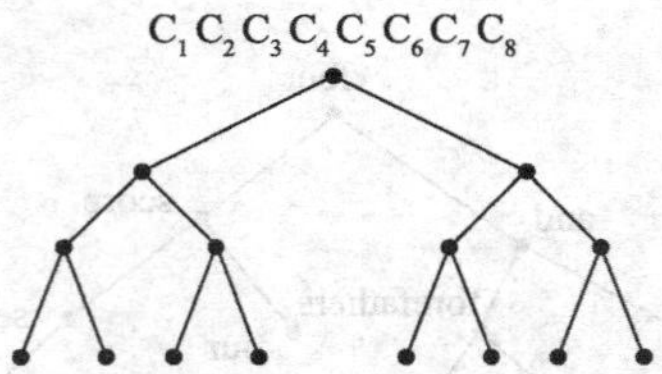

附图 24

参考文献

[1][美] David Makinson 著，曹爱文等译．计算机数学．北京：清华大学出版社，2010 年

[2][美] Richard Johnsonbaugh 著，王孝喜等译．离散数学(第 4 版)．北京：电子工业出版社，1999 年

[3][美] Kenneth H. Rosen 著，袁崇义等译．离散数学及其应用(第 6 版)．北京：机械工业出版社，2011 年

[4][美] Cliford Stein，Robert L. Drysdale，Kenneth Bogart 著．离散数学(英文版)．北京：电子工业出版社，2010 年

[5][美] Ralph P. Grimaldi 著，林永钢译．离散数学与组合数学(第 5 版)．北京：清华大学出版社，2007 年

[6]邓辉文编著．离散数学(第 2 版)．北京：清华大学出版社，2010 年

[7]谭浩强编著．C 程序设计．北京：清华大学出版社，1991 年